基于"4+1"安全管理组合的双重预防体系

朱生贵　李红军　薛岚华　杨玉中　著

北 京

冶金工业出版社

2022

内 容 提 要

本书针对煤矿作业环境不良、从业人员安全意识薄弱、安全风险较多的现状，运用理论分析、现场调研、头脑风暴等研究方法，分析构建煤矿双重预防体系，以提高煤矿安全生产水平。本书主要内容包括"4+1"的逻辑关系及理论基础、安全红线管理、薄弱环节管控、岗位作业流程标准化、班组长绩效考核、双重预防体系的构建等。

本书可供采矿工程技术人员、研究人员和安全管理人员阅读，也可供大专院校安全科学与工程专业的师生参考。

图书在版编目（CIP）数据

基于"4+1"安全管理组合的双重预防体系/朱生贵等著.—北京：冶金工业出版社，2022.1
ISBN 978-7-5024-9021-8

Ⅰ.①基… Ⅱ.①朱… Ⅲ.①煤矿—矿山安全—研究 Ⅳ.①TD7

中国版本图书馆 CIP 数据核字（2022）第 013948 号

基于"4+1"安全管理组合的双重预防体系

出版发行	冶金工业出版社	电　话	(010)64027926
地　址	北京市东城区嵩祝院北巷 39 号	邮　编	100009
网　址	www. mip1953. com	电子信箱	service@ mip1953. com

责任编辑　郭冬艳　美术编辑　彭子赫　版式设计　禹　蕊
责任校对　梁江凤　责任印制　禹　蕊
三河市双峰印刷装订有限公司印刷
2022 年 1 月第 1 版，2022 年 1 月第 1 次印刷
710mm×1000mm　1/16；20 印张；390 千字；308 页
定价 46.00 元

投稿电话　(010)64027932　投稿信箱　tougao@ cnmip. com. cn
营销中心电话　(010)64044283
冶金工业出版社天猫旗舰店　yjgycbs. tmall. com
（本书如有印装质量问题，本社营销中心负责退换）

前　　言

我国能源结构具有"富煤、贫油、少气"的特点，已探明的煤炭储量占世界煤炭总储量的33.8%。2020年全国原煤总产量38.4亿吨，占世界煤炭总产量的51%，煤炭产量已连续多年位居世界第一。煤炭在我国一次能源结构中一直处于主导地位，20世纪50年代煤炭消费占全部能源的比例曾高达90%以上。近年来，虽然煤炭消费增速有所放缓，在我国能源消费总量结构中的比重不断下降，但2020年仍然高达56.8%。随着国家对安全生产工作的日益重视，安全管理政策措施日趋完善，煤矿安全生产事故大幅减少，但事故总量依然偏高。

2016年1月6日，习近平总书记在中共中央政治局常委会会议上就安全生产工作提出了五点要求，其中一点是：必须坚决遏制重特大事故频发势头，对易发重特大事故的行业领域采取风险分级管控、隐患排查治理双重预防性工作机制，推动安全生产关口前移，加强应急救援工作，最大限度减少人员伤亡和财产损失。2016年4月6日，国务院安委会办公室印发《国务院安委会办公室关于印发标本兼治遏制重特大事故工作指南的通知》（安委办〔2016〕3号），提出了"坚持标本兼治、综合治理，把安全风险管控挺在隐患前面，把隐患排查治理挺在事故前面，扎实构建事故应急救援最后一道防线"的指导思想。为进一步推动《国务院安委会办公室关于印发标本兼治遏制重特大事故工作指南的通知》的有效实施，2016年10月9日，国务院安委会办公室印发《国务院安委会办公室关于实施遏制重特大事故工作指南构建双重预防机制的意见》（安委办〔2016〕11号），提出了"构建安全风险分级管控和隐患排查治理双重预防机制，是遏制重特大事故的重要举措"，并对如何构建双重预防机制提出了具体意见。此后，全国各地陆续出台有关双重预防机制的文件，全面开始构建双重预防机制。

　　本书针对煤矿作业环境不良，从业人员安全素质较低，安全管理基础薄弱，安全风险较多的现状，运用理论分析、现场调研、头脑风暴等研究方法，结合焦作煤业（集团）有限责任公司安全管理工作的特点，分析构建基于"4＋1"安全管理组合的煤矿双重预防体系，以提高安全生产水平。

　　本书由焦作煤业（集团）有限责任公司的朱生贵、李红军、薛岚华和河南理工大学的杨玉中教授共同撰写，在撰写过程中，焦煤公司安全环保部的刘一新总工、张红芒原总工，赵固二矿有关领导和安监科的相关人员以及河南理工大学的研究生赫蒙蒙、李金蓉、赵梦洁等也做了一定的工作，作者在此一并表示衷心的感谢。另外，本书参考了有关文献资料，对相关文献资料的作者表示真诚的谢意！

　　由于作者水平所限，书中不妥之处，敬请读者不吝指正！

作　者
2021 年 9 月

目　录

1 绪 论

1.1 双重预防体系概述

各种灾害和事故，往往造成惨重的人员伤亡和财产损失，给受伤人员和死亡者亲属带来巨大的、终生难以抚平的痛苦，使一个个幸福的家庭突然失去完整性，进而引发一系列社会问题，甚至造成地区乃至社会的不稳定，影响正常的生产和生活秩序。因此，安全生产及其管理工作历来为党和国家所高度重视，也为全社会和民众所关注。

《国务院关于坚持科学发展安全发展促进安全生产形势持续稳定好转的意见》（国发 2011〔40〕号）明确指出，安全生产事关人民群众生命财产安全，事关改革开放、经济发展和社会稳定大局，事关党和政府的形象和声誉。要求各地区、各部门、各单位必须始终把安全生产摆在经济社会发展重中之重的位置，自觉坚持科学发展安全发展，把安全真正作为发展的前提和基础，使经济社会发展切实建立在安全保障能力不断增强、劳动者生命安全和身体健康得到切实保障的基础之上，确保人民群众平安幸福地享有经济发展和社会进步的成果。2013 年进一步完善了安全生产责任体系，明确提出了党政同责和生命红线观。

2013～2016 年，全国各地有关行业连续发生了几起特别重大生产安全事故。如 2013 年 11 月，发生了青岛输油管道泄漏爆炸事故，导致 62 人死亡；2014 年 8 月，发生了昆山中荣铝粉尘爆炸事故，导致 146 人死亡；2015 年 8 月，发生了天津港危险品仓库特别重大火灾爆炸事故，导致 165 人死亡；2016 年 11 月，发生了江西丰城发电厂冷却塔坍塌事故，导致 74 人死亡。尤其是天津港"8·12"瑞海公司危险品仓库特别重大火灾爆炸事故发生后，国家层面开始重新思考和定位当前的安全监管模式和企业事故预防水平问题。

2016 年 1 月 6 日，习近平总书记在中共中央政治局常委会会议上就安全生产工作提出了五点要求，其中一点是：必须坚决遏制重特大事故频发势头，对易发重特大事故的行业领域采取风险分级管控、隐患排查治理双重预防性工作机制，推动安全生产关口前移，加强应急救援工作，最大限度减少人员伤亡和财产损失。这是第一次提出"风险分级管控、隐患排查治理双重预防性工作机制"。

2016 年 4 月 6 日，国务院安委会办公室印发《国务院安委会办公室关于印发标本兼治遏制重特大事故工作指南的通知》（安委办〔2016〕3 号），提出了"坚持标本兼治、综合治理，把安全风险管控挺在隐患前面，把隐患排查治理挺在事故前面，扎实构建事故应急救援最后一道防线"的指导思想和"到 2018 年，构建形成点、线、面有机结合、无缝对接的安全风险分级管控和隐患排查治理双重预防性工作体系"的工作目标。

为进一步推动《国务院安委会办公室关于印发标本兼治遏制重特大事故工作指南的通知》的有效实施，2016 年 10 月 9 日，国务院安委会办公室印发《国务院安委会办公室关于实施遏制重特大事故工作指南构建双重预防机制的意见》（安委办〔2016〕11 号），提出了"构建安全风险分级管控和隐患排查治理双重预防机制，是遏制重特大事故的重要举措"，并对如何构建双重预防机制提出了具体意见。国家煤矿安监局在 2018 年 12 月 7 日出台了《高风险煤矿安全"体检"指导意见》，进一步要求煤炭企业应重视排查重大安全风险，做好风险预控管理工作，超前消除重大安全隐患，防范煤矿重特大事故发生。此后，全国各地陆续出台有关双重预防机制的文件，全面开始构建双重预防机制。

河南能源化工集团焦作煤业（集团）有限责任公司（以下简称焦煤公司）作为我国历史最悠久的煤矿企业之一，在长期的生产和管理实践中积累了丰富的煤矿安全生产管理经验，探索形成了一套行之有效的安全生产管理模式，为焦煤公司安全生产做出了巨大贡献。随着我国经济进入新常态，为了适应国家政策新要求和市场新变化，焦煤公司安全生产管理模式逐渐形成了基于安全红线管理、薄弱环节管控、标准化作业流程管理、班组长安全管理考核体系以及贯穿全过程的安全教育（事故警示教育）构成的"4 + 1"组合管理的双重预防体系。

1.2 国内外研究现状

1.2.1 风险辨识与评估研究现状

风险具有未知和不确定性，需要采用合适的方法对其进行识别、评估和管控，以降低其危害。相较于其他行业，煤炭行业属于高风险类别，受到地质因素、井下作业环境、人的不安全行为、机械设备的不安全状态和管理的局限性等风险的威胁，这些风险作为国内外相关学者的研究热点，成果颇丰。

对风险进行分级管控，最重要的环节之一就是风险辨识。风险辨识是指针对不同风险种类及特点，识别其存在的危险、危害因素，分析可能产生的直接后果以及次生、衍生后果。在国内，汪刘凯等通过因子分析和层次聚类分析方法来进行煤矿事故风险识别，主要包含 5 个风险因素层和 22 个风险因子，并从人、机、环、管、信息五个方面展开，对煤矿风险进行分析，并依此框架构建了煤矿安全事故风险因素的 CA-SEM 模型[1]。荆树伟等提出了一种将 FMEA 和模糊 VIKOR 相结合方法来识别潜在风险，运用传统 FMEA 分析方法提取了 20 个潜在风险因素，并将模糊 VIKOR 方法引入到潜在风险因素的最终评价中以解决在计算 RPN 时不够精准、主观性较强的问题[2]。闫振国等提出了一种基于子图同构的煤矿高风险区域自动识别方法，通过分析典型高危区域的拓扑结构特性，构建了高风险区域的等效图模型，实现了通风系统的属性图转换、高风险区域的等效图例化[3]。谢国民等通过将主成分分析（PAC）和支持向量机（SVM）相结合进行瓦斯爆炸预测，将通过 PCA 提取的新特征值作为 FOA-SVM 模型输入，从而实现准确性高的瓦斯爆炸风险模式识别[4]。陈全等从人、设备设施、工艺过程、操作程序、场所环境 5 个要素出发分析生产系统中的风险，利用 4 种危险源辨识方法：工作危害分析、故障类型与影响分析、危险与可操作性分析以及能量源分析，给出了 2 类危险源辨识的实例[5]。温廷新等构建了一种 KPCA-GA-BP 模型，采取核主成分分析方法（KPCA）对涉及的 19 种特征指标进行属性约简，并使用遗传算法（GA）对 BP 神经网络的权值和阈值进行全局寻优，对瓦斯爆炸灾害风险等级具有高识别精度和高效率[6]。在国际上，Debi 等人通过研究印度矿山安全总局和一家公共部门煤矿公司的事故数据建立了一个已识别危害的初步数据库，共确定了 172 个危险事件并分为 6 类危险组：地面运动、机械、化学、电气、有害气体和粉尘、掩埋，该数据库可以帮助矿山管理层在分析和评估已识别危害的安全风险后改进决策[7]。Muhammad Athar 等指出风险识别是风险评价的关键步骤，可以通过过去事故分析（PAA）以实现目标的风险识别，此外，加强事故信息的收集和整理也可以有效提高风险识别的效率[8]。Dimitris Boukas 等提出了一个煤矿安全生产的系统动力学模型，该模型整合了安全文化、员工积极性和人的可靠性因素，可以对风险随时间的变化进行评价[9]。

风险评估最早出现在保险行业，随着工业化水平的不断提高，风险评估的发展和更新也在这段时期内得到了不断的完善和应用。风险评估是通过量化测评煤矿某一风险事件或事物带来的影响或损失的可能程度，累积成为对煤矿整体安全性的综合评价。由于我国煤矿事故发生较为频繁，国内评价方法的研究较国外更活跃。如鲁锦涛等为了有效预防煤矿瓦斯爆炸构建了一种基于灰色理论和物元可拓的风险评估模型来梳理风险因素，评价风险等级[10]。靳江红等对于煤矿事故中的粉尘爆炸采用层次分析法和熵值法进行组合赋权，建立粉尘爆炸风险评估模型来定量评估粉尘爆炸风险[11]。韩艳杰等通过把 Delphi、AHP、灰色关联聚类法以及 FCE 有机结合建立了新型综合集成评价法，对矿井通风系统的安全性进行了较为客观的定量评价[12]。郭隆鑫等为解决煤矿风险因素多、指标间关联度复杂等问题，提出了一种融合权与集对云的安全评价模型[13]。郗彤等通过大数据分析平台，构建煤矿安全分析体系，对系统安全生产态势进行动态监测，挖掘出了事故发生规律[14]。在国际上，Wang 等运用非线性模糊层次分析法得到风险因素的优先级，并采用对数模糊偏好规划（LFPP）方法对数据进行分析，建立矿山安全管理模型[15]。Bakhtavar Ezzeddin 等提出了一种使用多目标模糊认知图（FCM）和基于敏感性分析的多标准决策制定的方法来评估与地下煤矿作业事故相关的风险[16]。Kasap Yasar 使用层次分析法进行分析，评估了 2005～2010 年土耳其煤炭企业（TCE）Garp 褐煤装置在露天煤矿生产过程中发生的工业事故，得出风险最大的职业群体是非熟练工人，最常见的危害是滑坡和运输/手工工具/坠落[17]。Mottahedi Adel 提出了一种模糊理论与故障树分析相结合的方法进行煤爆发生概率分析，使用模糊故障树分析法分析了作为故障树顶事件的煤爆的发生[18]。Zarei Esmaeil 提出了一种模糊贝叶斯网络（FBN）方法来更有效地处理不确定性，使用专家启发和模糊理论来确定概率，结果表明 FBN 在提供更详细、透明和现实的结果方面表现出色[19]。

1.2.2　隐患排查与治理研究现状

在煤矿隐患排查治理方面，吴兵等对危险源和隐患进行了辨析，指出了两者之间的区别与联系，介绍了两者不同的管理原则，为煤矿事故的预防奠定了基础[20]。杨勇等针对煤矿企业隐患管理中存在的问题，构建了"4 机 5 级 6 步"安全隐患管理模型，实现了隐患的实时闭环管理[21]。谭章禄等基于 LDA-Gibbs 模型挖掘煤矿安全问题中的隐患主题，该模型能够很好地揭示煤矿隐患数据潜在的规律，并通过实例验证了该模型的科学性和可行性，为煤矿隐患的排查治理提供了重要参考[22]。赵红泽等基于煤矿企业、科段、班组以及全矿从业人员，构建了煤矿安全隐患排查绩效考核管理的评价指标体系，并运用集对分析法和层次分析法建立了煤矿安全隐患排查绩效考核评估模型[23]。韦钊等基于手持终端系统以及闭环管理思想建立了煤矿企业班组隐患排查体系，通过实例验证了该体系能够实现全方位的隐患排查闭环[24]。张瑞新等对露天煤矿生产中存在的隐患进行了分级分类，提出了隐患排查治理的重点，并利用词云可视化技术分析了一级达标露天煤矿存在的问题[25]。Luo 等针对煤矿隐患预测的问题，开发了基于 OSELM 的定量学习算法 TMELM，有效地提高了煤矿隐患的预测精度和稳定性[26]。Zhao 等建立了基于灰色神经网络的煤矿隐患数量预测模型，通过实验表明该模型能够较好地预测煤矿隐患的发生及其数量，实现了对隐患的动态预测，提高了煤矿企业的应急管理能力[27]。

在煤矿隐患排查信息系统方面，何国家等基于事故因果连锁等理论，开发了实时监控信息系统，建立了煤矿事故隐患实时监控预警体系[28]。罗大伟等针对井下事故隐患问题，基于物联网技术设计了煤矿事故隐患监控系统，提高了煤矿生产的安全性[29]。崔超基于 PDA 建立了井上井下一体化办公系统，该系统使隐患信息的上传更具时效性，煤矿隐患排查治理更加精准、及时[30]。曹庆贵等结合煤矿企业隐患排查治理的工作需求，设计了基于信息网络技术的煤矿隐患管理与预警系统，使煤矿企业隐患管理更加科学、规范，提高了煤矿隐患排查治理的整体效果[31]。韦钊等利用数据传输技术建立了井下隐患排查信息传输系统，引入移动手持终端,保证了井下隐患排查信息的时效性[32]。许俊等针对我国煤矿事故频发的问题,开发了基于 GIS 技术的隐患排查治理信息管理平台,实现了煤矿隐患多级闭环管理,提高了隐患排查治理的效率[33]。原江涛等基于案例推理构建了煤矿隐患排查信息系统,针对煤矿事故建立规则库,结合隐患引发事故的严重程度确定预警级别,提高了隐患的整改效率,有效地避免了同类隐患事故的发生[34]。Wang 等基于 GIS 建立了矿井隐患识别决策系统,实现了井下煤矿隐患的预警和在线决策分析[35]。

在煤矿隐患文本挖掘方面,赵作鹏等提出了煤矿隐患数据挖掘的概念,设计了数据挖掘模型,并采用关联算法对煤矿隐患数据进行分析,得出煤矿隐患紧密的关联规则[36]。李仕琼运用 Fp-Crowth 算法总结了矿井安全隐患规律,为煤矿的安全生产提供了有效的支持[37]。刘双跃等借助改进 Apriori 算法对物态煤矿隐患数据进行数据挖掘,得到其关联规则,并构建了煤矿物态隐患系统[38]。陈运启基于数据挖掘技术,在多个维度上对隐患数据进行数据挖掘和关联分析,为煤矿隐患的治理工作提供了有力的支持[39]。谭章禄等对煤矿安全隐患数据所包含隐患信息的关联关系及其分布规律进行文本分析,提高了煤矿企业对隐患数据的认知,为隐患治理措施的合理制定提供了依据[40]。陈梓华等基于 RNN 构建了煤矿隐患信息关键语义智能提取模型,提高了煤矿隐患排查治理的效率[41]。

1.2.3 双重预防体系研究现状

近年来,安全生产风险分级管控与隐患排查治理双重预防体系在我国逐步形成并发展起来,在安全生产发展领域具有较鲜明的中国特色,国外关于风险隐患双重预防体系的直接研究目前较少。在国内,陈颖等明确了非煤矿山风险分级管控和隐患排查治理的具体实施步骤,并将非煤矿山双重预防体系与安全生产标准化体系进行融合,促进两者共同发展[42]。姚璐等利用 SPSS 软件对 123 处煤矿的评审结果进行定量分析,并构建多元线性回归方程,得出煤矿安全生产标准化与双重预防机制之间存在正向相关关系[43]。张旋基于风险 – 隐患 – 事故演化过程对双预控体系中的一些关键技术展开研究并进行了改进,并在山东省张集煤矿应用,为煤矿双预控建设提供新的思路和方法[44]。靳涛分析了风险超前预知、超前控制、源头综合治理,提出了应与现场生产实际相结合,并与风险预控管理体系、职业健康安全管理体系、安全生产标准化体系相互补充、融合建设,不断强化安全生产监督管理,预防和减少事故的发生[45]。王磊等针对煤矿企业双重预防机制运行效力设计了评价指标体系,并运用 BP 神经网络对搜集的指标数据进行训练评价,运用评价模型进行评价并验证了模型的可靠性[46]。Liu 等建立了地下矿井风险预控管理系统,制定了相对完整的指标体系,大大提高了煤矿安全生产风险控制的前瞻性,系统包括 8 个一级指标和 46 个二级指标[47]。高晓旭等以

J2EE 为开发平台、SSM 为开发架构，借助 Java 语言开发了包括安全风险分级管控、隐患排查治理、安全生产标准化以及系统管理在内的双重预防机制信息系统，为煤矿提供辅助决策[48]。张瑞基于风险评价和隐患排查的基础方法和理论，结合肖家洼煤矿的实际情况，建立了肖家洼煤矿风险分级管控和隐患排查治理体系，利用煤矿现有的安全综合化信息系统进行了现场应用，并对应用效果进行分析[49]。对于双重预防机制在实际中的应用，郑功、陈新生、张伟等分别分析了其在建设和运行过程中存在的问题，并提出了相应的解决对策和建议[50~52]。

2 "4+1"的逻辑关系及理论基础

2.1 "4+1"的逻辑关系

焦煤公司"4+1"组合管理体系主要包含安全红线管理、薄弱环节管控、作业流程标准化、班组长安全考核和安全教育五大手段，这几种手段和双重预防体系之间的逻辑关系如图2-1所示。

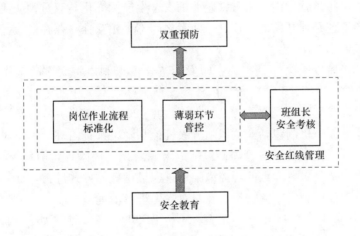

图 2-1 "4+1"逻辑关系图

在整个安全管理体系中，安全教育尤其是事故警示教育是基础，通过不断提升员工的安全意识和安全素质，从而从根本上消除或控制人的不安全行为和物的不安全状态，所以发挥着基础性的作用。班组长安全考核是岗位作业流程标准化和薄弱环节管控的组织领导与保障，是实现基层单位作业标准化和消除风险与隐患的基础。所有的生产活动均在安全红线管理的范围内进行，所以安全红线是安全生产活动的底线，是不可触碰或逾越的标准。薄弱环节管控和作业流程标准化又可以有效实现隐患和风险的预控，从而保证矿井的安全生产。

2021年9月1日开始实施的《中华人民共和国安全生产法》第四条："生产经营单位必须遵守本法和其他有关安全生产的法律、法规，加强安全生产管理，建立健全全员安全生产责任制和安全生产规章制度，加大对安全生产资金、物资、技术、人员的投入保障力度，改善安全生产条件，加强安全生产标准化、信息化建设,构建安全风险分级管控和隐患排查治理双重预防机制,健全风险防范化解机制,提高安全生产水平,确保安全生产。"

第二十一条:"生产经营单位的主要负责人对本单位安全生产工作负有下列职责:(一)建立健全并落实本单位全员安全生产责任制,加强安全生产标准化建设;(二)组织制定并实施本单位安全生产规章制度和操作规程;(三)组织制定并实施本单位安全生产教育和培训计划;(四)保证本单位安全生产投入的有效实施;(五)组织建立并落实安全风险分级管控和隐患排查治理双重预防工作机制,督促、检查本单位的安全生产工作,及时消除生产安全事故隐患;(六)组织制定并实施本单位的生产安全事故应急救援预案;(七)及时、如实报告生产安全事故。"

从以上这些条款的内容来看,企业的安全生产标准化与双重预防机制都是企业安全生产管理必须开展的工作,但两者之间不是相互独立存在的,而是存在着有机联系。

在《国务院安委会办公室关于印发标本兼治遏制重特大事故工作指南的通知》(安委办〔2016〕3 号)和《国务院安委会办公室关于实施遏制重特大事故工作指南构建双重预防机制的意见》(安委办〔2016〕11 号)中,已经非常明确地指出,双重预防机制包括安全风险分级管控和隐患排查治理。安全风险分级管控,就是日常工作中的风险管理,包括危险源辨识、风险评价分级、风险管控。隐患排查治理就是对风险点的管控措施通过隐患排查等方式进行全面管控,及时发现风险点管控措施潜在的隐患,及时对隐患进行治理。

《企业安全生产标准化基本规范》(GB/T 33000—2016)中第 5 个核心要求"5.5 安全风险管控及隐患排查治理",恰恰就是双重预防机制的内容。

因此,风险管理(即安全风险分级管控)与隐患排查治理是安全生产标准化的两个重要或核心要素,也就是说,双重预防机制是安全生产标准化的重要或核心要素。这就是双重预防机制与安全生产标准化相对客观的关系定位。

综上所述,双重预防机制与安全生产标准化不是并列的关系,二者也不是毫不相关的两项工作,双重预防机制更不是一项全新的工作。双重预防机制是安全生产标准化的重要组成部分、是重要或核心要素;双重预防机制包含于安全生产标准化,更不可能代替安全生产标准化。

安全生产标准化是企业做好安全生产工作最基础、最全面的一个工具,双重预防机制则重点强调要做好安全生产标准化中的两个核心要素。风险分级管控和隐患排查治理对这两个要素进行了再细化、再严格、再科学的要求。因此,推行双重预防机制,不需要抛开安全生产标准化再重新开展双重预防机制的重复性工作,只需要把原来安全生产标准化中的风险管理和隐患排查治理工作按要求再进一步细化、规范化即可。

2.2 安全红线管理

2.2.1 安全红线管理的概念

（1）红线。"红线"不仅具有字面上的意思，还具有更深刻的含义。红线最初起源于城市规划学，规划部门用红笔在图纸上圈出要建设的地块，由此被称为"红线"。红线即为不可逾越的边界线，并具有法律强制力，因此红线在各个领域都有广泛应用，如生态红线、耕地红线以及水资源红线等等。随着红线在各个领域的应用，红线的内涵也逐渐深入和发展，它不仅仅只局限于空间约束，而且还拓展到数量约束，并从初始的空间规划延伸至管理制度。

（2）安全红线。纵观我国安全事业的发展，其发展历程经历了四个时期，即"抓革命，促生产"时期、"抓生产，要安全"时期、"抓安全，促生产"时期、"坚守安全红线"时期。随着时代的发展，党和国家对人民生命安全越来越重视。习近平总书记于2013年6月6日就做好安全生产工作做出重要批示："人命关天，要始终把人民生命安全放在首位，发展决不能以牺牲人的生命为代价。这必须作为一条不可逾越的红线。"从该讲话内容来看，安全红线即为安全控制线，是安全禁止事项，是指在不以牺牲人的生命为代价的前提下，在发展生产的过程中所要遵守的底线。对于煤矿企业而言，煤炭安全红线即煤矿安全控制线，是安全严禁事项，是确保煤矿安全生产，规范煤矿安全管理行为和煤矿职工的安全操作行为。

（3）安全红线管理。安全红线管理是指管理者对安全生产进行计划、组织、指挥、协调和控制的一系列活动，它将一切可能会发生的事故进行梳理，并制定相应的操作标准和实施规范，确保安全生产，规范安全操作和安全管理行为，杜绝事故发生，严肃安全责任追究，实现安全过程管理。安全红线管理为避免意外事故的发生奠定了理论基础，如果说安全红线是保障人民生命财产安全的警戒线，那么安全红线管理则是保障生命财产安全的前提基础。煤炭安全管理中有三条基本红线，即煤矿安全生产红线、矿长安全红线和矿工安全红线。这三条基本红线组成一个稳定的煤矿安全红线管理三角形。煤矿、矿长、矿工也是煤矿安全红线管理的三大核心元素。

2.2.2 安全红线管理的发展历程

新中国成立以来，我国的安全管理工作主要经历了三个阶段，即经验式管理阶段、制度化管理阶段以及风险管理阶段。风险管理阶段是最高层次的安全管理，它从事故的危险源出发，能够有效地做到防患于未然。随着社会的发展和安全生产的逐步深入，风险管理将是安全管理的重中之重，同时也是社会发展的必然结果。而安全红线管理正是从事故的根源出发，制定相应的安全操作标准，从源头遏制事故的发生。

我国是世界第一产煤大国，煤炭产量占世界煤炭总产量的50%以上。我国煤矿企业经历了从"生产至上，永争第一"的生产时期，到"安全促进生产，生产必须安全"的安全为主时期，再到"强化红线意识，促进安全发展"的坚守安全红线新时期。从习近平总书记的"人命关天，发展决不能以牺牲人的生命为代价。这必须作为一条不可逾越的红线"，到李克强总理的"安全生产是人命关天的大事，是不能踩的'红线'"，到以"强化红线意识、促进安全发展"为主题的第13个全国安全生产月活动的举办，再到"以人为本，安全发展"理念的提出，党和国家都对安全红线管理给予了高度的重视。煤炭行业作为高危行业，具有事故突发性强、损失严重等特点，所以要遏制住煤炭行业事故的发生，不触碰牺牲人的生命的安全红线，就必须采取相对应的安全红线管理对策。

2.2.3　实施安全红线管理的依据

（1）降低煤矿事故的需求。我国的煤矿95%以上都是井工开采，地质条件较为复杂，生产的过程较为烦琐，在开采过程中容易出现水灾、火灾、瓦斯爆炸等灾害，稍有不慎就会造成巨大生命财产损失。安全红线观提出后，全国煤矿事故总量、较大事故、百万吨死亡率持续下降，煤矿安全生产形势持续稳定向好。但是由于部分煤矿安全管理不完善，安全红线理念不深入，安全隐患仍然还存在，煤矿较大以上事故还时有发生。

煤矿事故的发生有多种因素造成，其中安全隐患是造成煤矿事故的主要原因，为了避免煤矿事故的发生，一定要从事故的根源出发制定安全红线标准来规范工作人员的操作。

（2）保障员工生命安全的需求。近年来，大部分煤矿都建立了严格的管理制度，提高了设备的安全可靠性，但重特大事故仍频繁发生，且事故的复杂性越来越高。而煤矿绝大多数事故发生的直接原因是人的不安全行为和物的不安全状态。相较于物的不安全状态，人的不安全行为更为复杂。据国内近30年的重大事故调查统计研究，由人的不安全行为导致的事故占事故总数的97%以上。因此，不安全行为的干预及控制是改善当前煤矿安全严峻形势的重要途径，同时也是保障员工生命安全的重要办法。

在煤矿的生产过程中，员工仍然存在意向或者非意向的不安全行为。意向的行为就是指经过深思而采取的行为，操作者由于知识或经验水平不足，对采取行动而产生的后果认识不清而造成失误；非意向的行为是指未经过太多考虑或漫不经心而发生的失误，失误的原因是疏忽或者遗忘。很显然，意向的不安全行为可能是由不具备专业知识、没有掌握安全的操作标准或者是经验不足、自身存在侥幸心理等因素所引起的。而非意向的安全行为则是由于没有经过专业的培训就独自操作设备、对危险的信息无法感知，不能观察到意外的产生或者是自身的经验不足、知识储备不够等因素而导致的。总的来说，无论是意向的还是非意向的不安全行为，其出现的根本原因是安全管理体系存在缺陷，直接原因是员工的安全意识薄弱、安全知识欠缺、安全习惯不佳，对不安全行为的认识不足，没有把安全生产标准牢记在心。

（3）保证煤矿安全生产的需求。安全生产事关人民群众生命财产安全，事关改革开放、经济发展和社会稳定大局，党中央、国务院高度重视。《矿山安全法》规定，矿山企业必须具有保障安全生产的设施，建立、健全安全管理制度，采取有效措施改善职工劳动条件，加强矿山安全管理工作，保证安全生产。《安全生产法（2020 修正案）》指出，安全生产工作要坚持以人民为中心，树立安全发展理念。同时，要完善安全生产责任制，坚持党政同责、一岗双责、失职追责，坚持管行业必须管安全、管业务必须管安全、管生产经营必须管安全。《安全生产法》规定我国安全生产工作的方针为：安全第一，预防为主，综合治理。对于煤炭行业来讲，"安全第一"就是煤炭企业要始终把安全放在第一位，始终把保证人的生命健康作为发展的前提。"预防为主"则是强调煤炭企业在安全生产的过程中始终把预防放在核心的地位，从根源上减少和控制隐患的发生，做到防患于未然。"综合治理"则强调了全方位的治理模式，它要求煤炭企业从政治、经济、法制、科技等多个方面抓好安全生产工作。《煤炭工业发展"十三五"规划》提出，要建立责任全覆盖、管理全方位、监管全过程的煤矿安全生产综合治理体系，健全安全生产长效机制。从《矿山安全法》的实施，到《安全生产法》的出台与修订，再到《煤炭工业发展"十三五"规划》等一系列文件的出台都在强调安全生产的重要性。

近年来，我国安全生产总体稳定、持续好转，但安全生产形势依然严峻，特重大事故仍有发生，没有得到根本遏制。主要原因为政府政策虽然一再推进，但是部分企业仍未落实，安全生产主体责任落实不到位，安全红线观没有深入煤矿生产的各个环节。

2.2.4 安全红线管理的实施流程

安全红线管理是建立在安全生产底线基础上的管理方式，通过系统的学习、科学的指引以及严格的执行，使被管理目标充分了解并掌握安全红线标准，并持续固化转化为安全操作准则，最终达到安全生产管理的目的。建立完善的安全红线管理实施流程对于安全生产是非常重要的，在安全红线管理实施的过程中，能够及时纠正煤矿工人的违章行为，培养煤矿作业人员的安全行为和安全意识，创造良好的企业安全文化，改善煤矿整体的安全生产环境。安全红线管理的实施流程可以包括三个阶段，即前期准备阶段、中期执行和观察阶段、后期干预和反馈阶段。安全红线管理实施流程如图2-2所示。

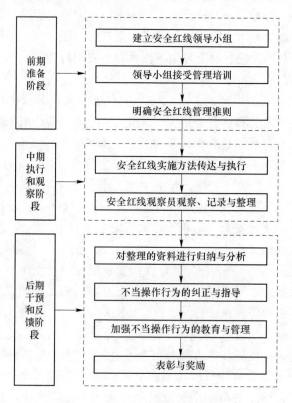

图2-2　煤矿安全红线管理实施流程

2.2.4.1　前期准备阶段

（1）建立安全红线领导小组。建立安全红线领导小组的目的就是实现煤矿事故的归责问题。领导小组应由煤矿主要负责人、安全生产矿级管理人员（生产矿长、通风矿长、安全矿长）、区队级管理人员以及特种作业人员所组成。领导小组的主要职责就是带领该小组员工遵守安全红线准则，对生产现场进行监督管理，并对员工操作过程中存在的问题进行观察、记录与分析，保证安全红线管理制度的顺利实施。

（2）领导小组接受管理培训。安全红线领导小组要进行安全红线的管理培训，明确安全红线的具体注意事项及其实施流程，能够分辨哪些操作是有安全隐患的，能够对安全红线实施过程中出现的问题做到准确且及时地判断，并能及时地解决。

（3）明确安全红线管理准则。以小组的形式进行学习安全红线管理准则，明确具体岗位安全生产的底线，牢记安全红线标准。作为安全红线领导小组人员应该主动与小组成员进行交流，了解员工的具体想法，讲解岗位所存在的安全隐患以及需要注意的安全问题。为进一步落实安全红线管理准则，可定期以小组的形式进行知识研讨，并对不安全行为进行讲解，使员工充分理解，并能应用到实际操作的过程中。

2.2.4.2 中期执行和观察阶段

（1）安全红线实施方法传达与执行。将安全红线标准以及具体的操作方法和实施流程传达给全体员工。员工在作业的过程中一定要明确作业规程和操作规程，严格遵守安全红线的操作规范。为进一步做到传达的有效性，小组可以定期举办安全交流会，将小组人员组织起来集体学习和交流安全操作及其他规章制度。对于煤矿企业来说，安全红线就是企业的高压线和责任线，更是员工的生命线，所以在作业过程中一定要将规范性落实到每一个操作环节。

（2）安全红线观察员观察、记录与整理。作为安全红线观察员必须要有一定的领导能力、强烈的责任心以及有效的沟通能力和学习能力，能够对存在安全隐患的不当操作做出有效的判断，能够合理地纠正不当行为，并指导其进行安全的操作，最后能够将逾越安全红线的不当行为进行记录和整理。安全红线观察员可以是领导小组的成员，也可以是现场作业人员。

2.2.4.3 后期干预和反馈阶段

（1）对整理的资料进行归纳与分析。领导小组的管理人员应该对整理的逾越安全红线的不当行为进行归纳分类，并分析不同类别不当行为发生的规律和具体原因。总结出一些频繁出现的不当行为，并提出改善不当行为的合理建议，为降低煤矿事故的发生和安全红线的有效实施作保障。

（2）不当操作行为的纠正与指导。在员工作业的过程中，对于有违反安全红线管理准则的行为，作为安全红线观察人员一定要及时制止并对其进行警告。之后要了解其出现违规操作的具体原因，指出可能出现的危害，并提出规避违章行为的办法，讲解正确的操作方法，并加以指导。

（3）加强不当操作行为的教育与管理。对于不当操作行为，特别是频繁出现的不当行为一定要加强教育和管理。企业可以定期开展小组总结活动，将不当行为所造成后果的案例展示给工作人员，让员工明白不当操作带来的危害，让其在工作的过程中做到用心、细心、专心。当然，不当行为是一个动态出现的过程。比如，某个不当行为出现之后，通过加强安全教育和管理就不再频繁出现了，但是可能还会出现新的不当行为，所以说安全红线管理也是一个动态的管理过程，各个小组对安全的监管时刻都不能松懈，为健全安全长效机制做保障。

（4）表彰与奖励。在团队管理的过程中，激励是一个非常有效的管理手段。

对遵守安全红线管理准则的工作人员以及有违章操作但能够及时改正的人员进行正向激励，如精神奖励或经济奖励，对于提高工作人员的积极性、提升操作人员的安全意识、保证安全红线管理的实施都有积极的作用。

2.2.5　实施安全红线管理的意义

随着我国经济的快速发展和人民生活水平的提升，人们对安全的要求也不断提高。作为高危行业——煤炭行业，其安全问题一直受到党和国家以及人民群众的密切关注。实施严格的安全红线管理制度，建立长效的安全红线管理机制，能够有效提高全体煤矿员工的安全意识、全面提升安全管理水平，使煤炭企业实现持续健康发展，有效地实现安全生产。

（1）实施安全红线管理，是落实"以人为本，安全发展"发展理念的重大举措。煤炭安全是全国安全生产的重中之重。随着安全生产政策的不断提出，大多数煤炭企业都结合自身企业的特点建立了严格的管理制度，但是仍然会有特重大安全事故的发生。其中最主要的原因就是没有把安全红线观深入到每个员工心中，没有将安全生产底线落实到实际生产过程中去。煤矿安全状况不改善，就无法真正做到发展为了人民，无法做到以人为本，更无法实现安全发展。开展安全红线管理，学习、落实安全红线准则，能够强化员工的安全意识、提升员工的安全知识水平、培养更好的安全习惯，从而降低安全隐患的发生率，保证员工的生命健康和安全，真正做到以人为本，安全发展。

（2）实施安全红线管理，是实现煤炭企业持续健康发展的迫切要求。我国是一个"富煤、贫油、少气"的国家，煤炭产量占世界煤炭总产量的50%以上，煤炭是我国的基础能源和重要原料。在我国一次能源结构中，煤炭将长期是主体能源。同时，煤炭工业是关系国家经济命脉和能源安全的重要基础产业。随着国民经济的快速发展，人们对煤炭的需求量也在不断提升，这对煤炭企业的生产工作也提出了更高的要求。有些煤炭企业的安全红线意识不强，时常出现重生产、轻安全，重效益、轻安全，该停产时下不了决心停，该减少产量时下不了决心减等情况。甚至有的煤矿不具备安全生产条件，但仍然继续生产。以上这些情况都会对安全生产造成严重的干扰。事实证明，只有开展安全红线管理，明确煤矿安全生产红线、矿长安全红线、矿工安全红线，明确每个员工的职责所在，明确煤矿事故的归责问题，规定各个部门员工在生产的过程中应该执行的安全生产标准，遵守安全生产底线，才能进一步完善安全管理体系，全面提高煤矿安全生产水平，保证煤炭企业持续健康发展，保证煤炭资源持续稳定供应。

（3）实施安全红线管理，是实现煤炭企业安全生产状况稳定好转的重要途径。自安全红线观提出以来，全国煤炭百万吨死亡率从2013年的0.293，降到2020年的0.059，总体趋势呈现逐年下降的状态，全国安全生产形势保持稳定好转。对于仍然还存在的特重大煤矿安全事故，其根本原因是安全管理体系的不完善，直接原因是人的不安全行为和物的不安全状态，主要原因是人的不安全行为。对于已发生的煤矿事故大多数都是可以避免的，这是因为人为因素所造成的煤矿事故占大多数。所以，加强对人员的管理，落实安全红线管理制度，有利于降低煤矿事故的发生，逐步实现煤炭企业安全生产状况持续稳定好转。

（4）实施安全红线管理，是提升煤炭企业竞争力的重要保证。安全是煤炭生产的永恒主题，是保证企业经济效益的基础，更是保证员工生命健康的前提。煤矿事故的教训告诉我们，无论企业的规模大小如何、经济收益好坏，都经不起煤矿事故的发生，煤矿企业的安全问题直接关系着企业的发展形势，甚至关系着企业的存亡。大量煤矿事故启示我们，只有杜绝特重大事故的出现，才能保证企业健康发展，立于行业稳定位置。因此，只有实施有效的安全红线管理，才能从根源杜绝安全隐患的发生，使企业在激烈的竞争中立于不败之地。

2.3 薄弱环节管控

2.3.1 薄弱环节概述

2.3.1.1 薄弱环节的含义

薄弱环节为系统中人为设置的容易出现故障的部分。其作用是使系统中积蓄的能量能够通过薄弱环节得到释放，以小代价避免严重事故的发生，来达到保护人和设备的目的。

2.3.1.2 薄弱环节的分类

在煤矿安全生产中，薄弱环节主要包括安全风险和事故隐患。

A 安全风险的定义和特性

ISO31000《风险管理标准》把风险定义为：不确定性对目标的影响。总体上来说，安全风险可归纳为：来源于可能导致人员伤亡或财产损失的危险源或各种危险有害因素，是生产安全事故或健康损害事件发生的可能性和后果严重性的组合。其包含风险因素、风险事件（事故）和风险度三个内涵。

风险具有主观性和客观性。主观性指对风险的认识和评价是以辨识和评价人员的经验和认识为基础。客观性是指风险因素的存在不以人的意志为转移，风险事件发生与否、发生的时间、规模大小不以人的意志为转移，不可准确预测。虽然风险事件的发生不可准确预测，但有其发生条件和逻辑规律。风险的客观性为风险的预防和管理奠定了基础。

B 事故隐患的定义和特性

2008 年，国家安监总局颁布的《安全生产事故隐患排查治理暂行规定》，对

"事故隐患"定义为：生产经营单位违反安全生产法律、法规、规章、标准、规程和安全生产管理制度的规定，或者因其他因素在生产经营活动中存在可能导致事故发生的物的危险状态、人的不安全行为和管理上的缺陷。简而言之，安全生产领域所指的"隐患"就是指风险管控不到位导致可能发生人的不安全行为、物的不安全状态或管理上的缺陷。

隐患是现实存在的不合规的状态或缺陷，由于人的不安全行为往往是由于从业人员的技能水平、纪律意识不足产生，可以通过技能培训、纪律和法规教育，增强其安全意识，来改变其行为，使其行为不具有危险性；物的不安全状态可以通过技术措施、更换工艺方法、改变生产环境等手段，改变其不安全的状态；管理缺陷可以通过定期的管理效果评审、改变管理制度和方法、落实责任来消除。因此，隐患是可以也必须消除的，即具有可消除性。

隐患的可消除性也造就了隐患的时效性，隐患的高峰出现在事故爆发的临界点，如果前期能够排查且得到及时有效地治理，则隐患会降到一个较低的水平。除此之外，若由于某隐患造成事故爆发，在事故爆发后该隐患会降到最低。

隐患的时效性并不意味着引发过事故的隐患不会再次导致事故，由于井下工作具有重复性，隐患会随着下一个工作周期的到来再次显现，因此隐患还具有重复性。

C　安全风险与事故隐患的区别及联系

a　安全风险与事故隐患的区别

安全风险具有客观存在性和可认知性，要强调固有风险，采取管控措施是为了降低风险；事故隐患主要来源于风险管控的薄弱环节，要强调过程管理，通过全面排查发现隐患，通过及时治理消除隐患。

安全风险辨识是对生产作业区域内未知危险进行探查认知的过程。它与每天、每班都要进行事故隐患排查不同，在区域、系统、环境等没有发生重大变化前，这种未知危险是固定和客观存在的，一旦探查认知清楚，就不需要频繁进行辨识。因此，安全风险辨识是低频，而事故隐患排查是高频的。

b　安全风险与事故隐患的联系

事故隐患来源于安全风险的管控失效或弱化，安全风险得到有效管控就会出现或少出现隐患。若隐患得不到及时治理，控制失败就容易发生事故。风险、隐患与事故的关系如图2-3所示。

安全风险和事故隐患是相辅相成、相互促进的关系。安全风险分级管控是隐患排查治理的前提和基础，通过强化安全风险分级管控，从源头上消除、降低或控制相关风险，进而降低事故发生的可能性和后果的严重性。隐患排查治理是安全风险分级管控的强化与深入，通过隐患排查治理工作，查找风险管控措施的失效、缺陷或不足，采取措施予以整改。同时，分析和验证各类危险有害因素辨识评估的完整性和准确性，进而完善风险分级管控措施，减少或杜绝事故发生的可能性。

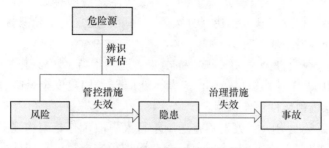

图 2-3 风险、隐患与事故的关系

2.3.1.3 风险、隐患、事故的关系及过程分析

安全风险分级管控和隐患排查治理共同构建起预防事故发生的双重机制，构成两道保护屏障，有效遏制重特大事故的发生。

风险、隐患、事故过程分析：

第一阶段：在初始阶段，事件处于原始状态，若作业人员操作规范，设备实现本质安全，环境无害，管理模式先进恰当，并且煤矿系统执行正确标准，那么在这个阶段系统运行过程不会出现明显的变化，处于稳定状态。

第二阶段：该阶段是事故的发展阶段又称不稳定阶段，该阶段的危险性不高，但仍存在爆发事故的可能性。煤矿系统中的风险因素应经过辨识、评估、分级，并针对不同级别的风险制定相应的管控办法。管控措施生效，则系统持续在低风险状态，管控措施失效后，系统存在的风险则会上升。

第三阶段：该阶段在事故发生的前夕，即隐患 - 事故的临界阶段。在这个时期，若隐患治理措施生效，则不会发生事故，但是系统的危险性处于较高水平。一旦设备出现故障、人员操作失误或系统运行过程出现偏差，则可能爆发事故。此阶段是防止事故的最后一道屏障，若及时发现隐患并采取有效的措施处理，则系统可以维持在安全水平。

第四阶段：事故阶段，若第二阶段的风险管控措施失效，第三阶段的隐患治理措施也失效，则会发生事故。事故发生后，风险与隐患会消亡直至系统下次运行。

2.3.2 薄弱环节管控理论依据

2.3.2.1 相关规定与意见

《中华人民共和国安全生产法》第四十一条规定：生产经营单位应当建立

健全的安全生产事故隐患排查治理制度，县级以上地方各级人民政府负有安全生产监督管理职责的部门应当建立健全重大事故隐患治理督办制度。

《中共中央国务院关于推进安全生产领域改革发展的意见》提出：企业要定期开展风险评估和危害辨识，建立分级管控制度；建立健全隐患排查治理制度，实行自查自改自报闭环管理。

《国务院安委会办公室关于印发标本兼治遏制重特大事故工作指南的通知》（安委办〔2016〕3号）提出：生产经营企业应着力构建安全风险分级管控和隐患排查治理双重预防性工作机制。

《国务院安委会办公室关于实施遏制重特大事故工作指南构建双重预防机制的意见》（安委办〔2016〕11号）提出：全面推行安全风险分级管控，进一步强化隐患排查治理，推进事故的预防工作向着科学化、信息化、标准化转变，在安全隐患产生之前建立起风险控制措施，及时把安全隐患处理好。

《国务院安委会办公室关于印发标本兼治遏制重特大事故工作指南的通知》（安委办〔2016〕3号）文件中指出，"要把安全风险管控挺在隐患前面"，体现了管控隐患产生的根源，即预防隐患的意图。

《国务院安委会办公室关于实施遏制重特大事故工作指南构建双重预防机制的意见》中，明确指出要"参照 GB 6441—1986《企业职工伤亡事故分类》，综合考虑起因物、引起事故的诱导性原因、致害物、伤害方式等，确定安全风险类别"，"要通过隔离危险源、采取技术手段、实施个体防护、设置监控设施等措施，达到回避、降低和监测风险的目的"。

2.3.2.2　相关管理理念

A　GB/T 45001—2020 职业健康安全管理体系

《职业健康安全管理体系——要求及使用指南》（GB/T 45001—2020）规定了职业健康安全（OHS）管理体系的要求，并给出了其使用指南，以使组织能够通过防止与工作相关的伤害和健康损害以及主动改进其职业健康安全绩效来提供安全和健康的工作场所。该管理体系强调做实做细危险源辨识及风险和机遇的评价，由于对危险源辨识的范围有所扩大，由生产作业现场拓展到产品研发、工艺设计、新产品试制、调试、产品交付、售后服务等产品全寿命周期的其他环节，这是需要企业重点关注的变化，这些环节的危险源不像生产现场的危险源一样容易发现和辨识，进行风险和机遇的评价也相对较为困难，是企业必须下大力气解决的问题。

B　管理控制论的相关观点

任何系统总是存在一些不确定性，这些不确定性造成了系统不能稳定地保持或达到所需要的状态，这也同样是安全管理难度所在。这就需要通过调节使系统处于控制之下，以达到所需要的状态，安全管理控制机制需要各环节之间、体系和子系统之间以及系统内部层次之间相互作用、相互制约，以克服随机因素、个人观点因素等的影响，达到预期的安全管理目的。通过实施控制，使安全管理范围内的人员行为、设备状况、系统在各自变化区间里，能从一种状态变革到一种新的、更高层次的状态。

C GB/T 24353—2009 风险管理

任何一项管理的关键是其实践性。人们把 GB/T 24353—2009 风险管理原则作为薄弱环节管控的基本方针，把其实施指南作为基本方法。风险管理通过考虑不确定性及其对目标的影响，采取相应的措施，为组织的运营和决策及有效应对各类突发事件提供支持，旨在保证组织恰当地应对风险，提高风险应对的效率和效果，增强行动的合理性，有效地配置资源。它适用于组织的全生命周期及其任何阶段，其适用范围包括整个组织的所有领域和层次，也包括组织的具体部门和活动。

2.3.3 安全风险分级管控

2.3.3.1 人员组织

煤矿矿长组织各分管负责人和相关业务科室、区队进行全面、系统的年度安全风险辨识评估；组织区队、班组和岗位人员进行岗位安全风险评估。年度辨识的过程和结果应在煤矿内部进行充分的沟通、参与和反馈协商。

矿长和各分管负责人按要求组织人员开展专项风险辨识评估。

2.3.3.2 风险点划分与辨别对象识别

A 风险点划分

风险点是指存在较大风险的某些具体部位、设备设施、区域场所等物理实体、作业环境或空间。

（1）按风险点种类可分为"一通三防"、水害、顶板、电气、提升、运输、设备、消防、安全管理和其他风险点。

（2）按风险点整改难易程度可分为 A 级、B 级、C 级、D 级、E 级风险点。

1）A 级风险点：整改难度大，矿井解决不了，需上报组织帮助整改；

2）B 级风险点：整改难度较大，生产井解决不了，需由矿井统一组织整改；

3）C 级风险点：整改难度一般，区队解决不了，需由生产井统一组织整改；

4）D 级风险点：整改难度较小，班组解决不了，需由区队组织整改；

5）E 级风险点：班组能够现场立即整改。

（3）按风险点的严重程度可分为重大风险点、较大风险点、一般风险点。重大风险点是指严重危及安全生产，可能导致人员伤亡或财产损失，危害和整改难度大，应当全部或局部停产停业，需要投入资金、实施工程、更换装备并经过较长时间整改方能治理的风险点，或者因外部因素影响致使生产经营单位自身难以排除的风险点；较大风险点是指危及安全生产、可能导致人员伤亡或财产损失、危害或整改难度较大，需要暂时局部停产停业，并经过一定时间整改方能治理的风险点；一般风险点是指已经危及安全生产，任其发展可能导致人员伤亡或财产损失，危害或整改难度小，发现后能立即整改的风险点。

B　辨识对象

煤矿应根据风险点台账识别各风险点中的辨识对象，辨识对象可分为四种类型：设备设施（系统）类、作业活动类、作业环境类及其他。

（1）设备设施（系统）类指风险点内有毒有害物质或能量的载体，如采煤机、综掘机、瓦斯抽放系统等；

（2）作业活动类指作业过程中存在安全风险的常规和非常规作业活动，常规作业活动如割煤作业、移架作业、探放水作业等，非常规作业活动如启封密闭、排放瓦斯等；

（3）作业环境类指风险点中可能包含的水、火、瓦斯、顶板、煤尘、冲击地压、热害等环境类因素；

（4）其他是依据实际情况，不能归于上述三种类型的辨识对象。

2.3.3.3　安全风险辨识

风险辨识是确定系统中可能潜在风险并定义其特征的过程，包括识别风险源、影响区域、风险事件以及其致因因素和潜在后果，目的是要形成一份关于会对组织安全目标造成影响的全面的风险因素清单，风险辨识是风险管理的基础环节，如果风险不能在此阶段辨识出来，风险管理就必然存在漏洞，因此使具备适当知识的人员尽可能广泛地参与到风险识别过程中，采用适当的风险辨识工具和技术以保证风险辨识的全面性，对整个风险管理过程来说至关重要。安全风险辨识评估的流程如图 2-4 所示。

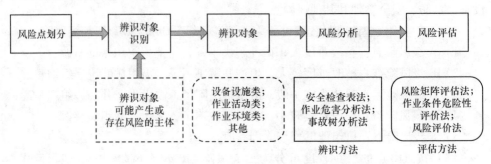

图 2-4　安全风险辨识评估的流程

A　风险辨识类型

a　年度辨识

煤矿每年应在矿长的组织下，开展年度辨识工作，对所有生产区域划分风险点、识别辨识对象，重点对井工煤矿瓦斯、水、火、煤尘、顶板、冲击地压、提升运输系统、露天煤矿边坡、爆破、机电运输等容易导致群死群伤事故的辨识对象开展安全风险辨识。

煤矿应组织相关人员对作业活动类辨识对象伴随的风险进行全面辨识，并制作岗位风险告知卡。

年度辨识应编制年度风险辨识报告和安全风险台账，制定《煤矿重大安全风险管控方案》。辨识结果应用于确定下一年度安全生产工作重点，《煤矿重大安全风险管控方案》对下一年度生产计划、灾害预防和处理计划、应急救援预案、安全培训计划、安全费用提取和使用计划等提出意见。

非首次年度辨识时，各部门和人员可在年度持续改进工作基础上，按年度辨识评估职责分工对现有风险进行剩余风险评估，重点对上一年度重大安全风险进行评估，根据评估结果调整风险等级、管控措施、管控责任，并补充、更新安全风险台账、《煤矿重大安全风险管控方案》内容，编写年度风险辨识报告。年度风险辨识报告至少包括危险因素、风险辨识范围、风险辨识评估、重大安全风险清单、重大安全风险管控措施及应用、年度生产计划表等部分。

b　专项辨识

当出现下列情况时，应组织开展专项风险辨识：

（1）新水平、新采（盘）区、新工作面设计前，由总工程师组织有关科室（部门），重点辨识评估地质条件和重大灾害因素等方面存在的安全风险。有新增重大风险或需调整措施的补充完善《煤矿重大安全风险管控方案》，辨识评估结果应用于完善设计方案，指导生产工艺选择、生产系统布置、设备选型、劳动组织确定等。

（2）生产系统、生产工艺、主要设施设备、重大灾害因素（露天煤矿爆破参数、边坡参数）等发生重大变化，由分管负责人组织有关科室（部门），重点辨识评估作业环境、生产过程、重大灾害因素和设施设备运行等方面存在的安全风险。有新增重大风险或需调整措施的补充完善《煤矿重大安全风险管控方案》，辨识评估结果应用于指导编制或修订完善作业规程、操作规程等。

（3）启封密闭、排放瓦斯、反风演习、工作面通过空巷（采空区）、更换大型设备、采煤工作面初采和收尾、综采（放）工作面安装回撤、掘进工作面贯通前；老空区探放水、煤仓疏通作业、突出矿井过构造带及石门揭煤等高危作业实施前；露天煤矿抛掷爆破前；新技术、新工艺、新设备、新材料试验或推广应用前；连续停工停产1个月以上的煤矿复工复产前，由分管负责人（复产复工前专项辨识评估由矿长）组织有关科室（部门）、生产组织单位，重点辨识评估作业环境、工程技术、设备设施、现场操作等方面存在的安全风险。有新增重大风险或需调整措施的补充完善《煤矿重大安全风险管控方案》，辨识评估结果作为编制安全技术措施依据。

（4）本矿发生死亡事故或涉险事故、出现重大事故隐患，全国煤矿发生重特大事故，本省或所属集团其他煤矿发生较大事故后，由矿长组织分管负责人和科室（部门），对本矿存在的类似安全风险进行专项风险辨识，识别安全风险辨识评估结果及管控措施是否存在漏洞、盲区。有新增重大风险或需调整措施的补充完善《煤矿重大安全风险管控方案》，辨识评估结果应用于指导修订完善设计方案、作业规程、操作规程、安全技术措施等技术文件。

（5）相关方开展井（坑）下作业前，由分管负责人组织有关科室（部门）和相关方，重点辨识评估相关方的作业在作业环境、工程技术、设备设施、现场操作等方面存在的安全风险，辨识评估结果应用于指导编制安全技术措施等技术文件。有新增重大风险或需调整措施的补充完善《煤矿重大安全风险管控方案》。专项辨识完成后应编制专项辨识评估报告并补充安全风险台账。

B　风险类型

风险的最终结果是导致危害事故的发生，辨识出可能发生的风险类型，有利于进一步确定系统中存在的风险因素。1986年5月31日发布的《企业职工伤亡事故分类标准》（GB 6441—1986）将企业职工伤亡事故类型划分为20种，即：物体打击、车辆伤害、机械伤害、起重伤害、触电、淹溺、灼烫、火灾、高处坠落、坍塌、冒顶片帮、透水、放炮、火药爆炸、瓦斯爆炸、锅炉爆炸、容器爆炸、其他爆炸、中毒和窒息、其他伤害，该标准是目前国内各行业常用的事故类别和危险类型划分依据，但由于这是各行业的通用分类标准，对煤矿企业来说过于宽泛，缺乏针对性的指导意义。1995年煤安字第50号文《煤炭工业企业职工伤亡事故报告和统计规定》划分的伤亡事故统计分类标准，更具针对性地将煤炭工业行业生产伤亡事故分为顶板事故、瓦斯事故、机电事故、运输事故、放炮事故、火灾事故、水害事故、其他事故8类，按照可能导致的事故及伤害类型对辨识出的风险进行划分，包括：

（1）瓦斯。指瓦斯爆炸、燃烧或窒息（中毒）、煤（岩）与瓦斯突出等事故发生的风险。

（2）煤尘。指煤尘爆炸、燃烧等事故，或对职业健康产生影响的风险。

（3）顶板（边坡）。指冒顶、片帮、顶板掉矸、顶板支护垮倒、底板事故、露天煤矿边坡滑移垮塌等事故发生的风险。

（4）机电。指机电设备（设施）导致事故发生的风险。

（5）爆破。指爆破崩人、触响瞎炮造成事故发生的风险。

（6）水害。指地表水、老空水、地质构造水、工业用水造成的事故及溃水、溃沙导致事故发生的风险。

（7）火灾。指煤与矸石自然发火和外因火灾事故发生的风险。

（8）提升运输（运输）。指提升和运输设备（设施）在运行过程导致事故发生的风险。

（9）冲击地压。指冲击地压事故发生的风险。

（10）其他。以上各类以外的风险。

C　风险辨识依据

辨识设备设施（系统）类和作业环境类辨识对象所伴随的安全风险时，可采用安全检查表法（SCL）；辨识作业活动类辨识对象中所伴随的安全风险时，可采用作业危害分析法（JHA）；辨识可能导致群死群伤事故的辨识对象所伴随的风险时，可采用事故树分析法（FTA）。除此之外还有头脑风暴法、查表法、专家打分法等，辨识工作可结合经验采用多种方法开展辨识。

SCL安全检查表法是依据相关的标准、规范，对工程、系统中已知的危险类别、设计缺陷以及与一般工艺设备、操作、管理有关的潜在危险性和有害性进行判别检查，为了避免检查项目遗漏，事先把检查对象分割成若干系统或子系统，以提问或打分的方式形成检查项目列表，这种列表就成为安全检查表，是系统安全工程中最基础、最简便、最广泛应用的风险辨识方法。

JHA作业危害分析法是把工作分成若干步骤，一步一步分析其中人、任务、工具、环境相互之间的关系，在事故发生之前辨识出未得到控制的危险因素，以帮助员工认识危险，并逐步消除，减少危险到一个可接受的水平。JHA一般由领班（工头）、班组长及主管来做，可识别与工作任务相关的危害因素并建立更安全的工作程序，改进工作场所的安全、生产率和质量。

FTA事故树分析法是20世纪60年代以来迅速发展的系统可靠性分析方法，采用逻辑方法将事故因果关系形象地描述为一种有方向的"树"，把系统可能发生或已经发生的事故作为分析起点，将导致事故发生的原因事件按因果逻辑关系逐层列出，构成一种逻辑模型，然后定性或定量地分析事件发生的各种可能途径及发生的概率，确定避免事故发生的各种方案并选出最佳安全对策。

2.3.3.4　安全风险分析与评估

A　安全风险分析

风险分析是分析危害事件产生的原因和影响，对风险后果发生的可能性和严重程度进行估量，为风险评估和风险控制措施的制定提供依据。

按是否运用数学方法对危险性进行量化分析，风险分析可分为定性分析和定量分析。定性风险分析是借助经验和知识从生产工艺、设备、环境、人员配置和管理等方面分析风险事件产生的原因路径和后果影响；定量风险分析是依据统计数据、检测数据、标准资料、同类或类似统计的数据资料，运用事故树、事件树、指数法等科学评价方法或建立数学模型对风险事件的原因和后果进行量化分析。

按逻辑分析方式，风险分析可分为归纳分析和演绎分析。归纳分析法是从原因推理结果的方法，即从危险因素出发分析可能导致的事故；演绎分析法是从结果推论原因的方法，即从事故出发分析、查找导致事故发生的危险因素。

针对煤矿风险分析，这里介绍下蝴蝶结模型分析法。蝴蝶结模型是 2001 年由欧洲多家研究机构和公司联合推出的风险分析模型，如图 2-5 所示，它是一种综合性的风险分析方法，从细节上分析每一个危害释放途径，找到相应的控制措施和应对措施，确定相关的关键风险管理活动及矫正措施以阻止顶端危害事件的发生或减轻该事件的后果。该模型包括 5 个要素：

（1）危险因素。事件发生的可能原因。

（2）控制措施。事件发生前，为降低事件发生可能性而采取的措施。

（3）事件。可能造成不良后果的意外危害事件。

（4）应对措施。事件发生后，为降低后果严重程度所采取的措施。

（5）后果。事件可能造成的后果。

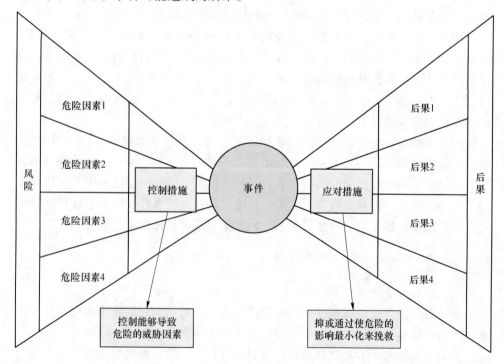

图 2-5　蝴蝶结风险分析模型

利用蝴蝶结模型分析各子过程中可能发生的危害事件的原因，从预先控制措施和事后应对措施两个方面归纳系统中存在的安全管理漏洞，使得风险事件发生可能性和后果严重性的估值更具全面性和准确性，风险控制措施的制定也更具针对性。

B 安全风险评估方法

a 风险矩阵评估法（LS）

风险矩阵评估法在英国化工行业最先采用，就是识别出每个作业活动可能存在的危害，并判定这种危害可能产生的后果及产生这种后果的可能性，二者相乘，得出所确定的危害风险。然后进行风险分级，根据不同级别的风险，采取相应的风险控制措施。风险的数学表达式为

$$R = L \times S$$

式中，R 为风险值；L 为发生伤害的可能性；S 为发生伤害后果的严重程度。

事故发生的可能性 L 取值可对照表 2-1 从偏差发生频率、安全检查、操作规程、员工胜任程度、控制措施五个方面对危害事件发生的可能性进行评估取值，取五项得分的最高分值作为其最终的 L 值。

表 2-1　危害事件发生的可能性 L

赋值	偏差发生频率	安全检查	操作规程	员工胜任程度	控制措施
5	每次作业或每月发生	无检查标准或不按标准检查	无操作规程或从不执行操作规程	不能胜任	无任何监控措施或有措施从未投用；无应急措施
4	每季度都有发生	检查标准不全或很少按标准检查	操作规程不全或少执行操作规程	不够胜任	有监控措施但不能满足控制要求，部分投用或有时投用；有应急措施但不完善
3	每年都有发生	发生更改后检查标准未及时修订或多数不按标准检查	发生变更后未及时修订操作规程或多数不执行操作规程	一般胜任	监控措施能满足控制要求，但经常停用或变更后不能及时恢复；有应急措施但未根据变更及时修订
2	每年都有发生或曾经发生过	标准完善但偶尔不按标准检查	操作规程齐全但偶尔不执行	能够胜任	监控措施能满足控制要求，但供电、联锁偶尔失电或误动作；有应急措施但每年只演练一次
1	从未发生过	标准完善且按标准检查	操作规程齐全且严格执行	高度胜任	监控措施能满足控制要求，供电、联锁从未失电或误动作；有应急措施且每年至少演练二次

事故发生的严重程度 S 取值可对照表 2-2 从人员伤亡情况、财产损失、法律法规符合性、环境破坏和对企业声誉损坏五个方面对后果的严重程度进行评估取值，取五项得分最高的分值作为其最终的 S 值。

表 2-2　危害事件发生的严重程度 S

等级	人员伤亡情况	财产损失、设备设施损坏	法律法规符合性	环境破坏	声誉影响
1	一般无损伤	一次事故直接经济损失 5000 元以下	完全符合	基本无影响	本岗位或作业点
2	1~2 人轻伤	一次事故直接经济损失 5000 元以上，1 万元以下	不符合单位规章制度要求	设备、设施周围受影响	没有造成公众影响
3	造成 1~2 人重伤，3~6 人轻伤	一次事故直接经济损失 1 万元及以上，10 万元以下	不符合单位程序要求	作业点范围内受影响	引起省级媒体报道，一定范围内造成公众影响
4	1~2 人死亡，3~6 人重伤或严重职业病	一次事故直接经济损失 10 万元及以上，100 万元以下	潜在不符合法律法规要求	造成作业区域内环境破坏	引起国家主流媒体报道
5	3 人及以上死亡，7 人及以上重伤	一次事故直接经济损失 100 万元及以上	违法	造成周边环境破坏	引起国际主流媒体报道

风险矩阵确定了 S 和 L 值后，根据 $R=L\times S$ 计算出风险度 R 的值，依据表 2-3 的风险矩阵评估分级。根据 R 的值的大小将风险级别分为以下四级：

（1）$R=L\times S=20\sim25$，重大风险。（2）$R=L\times S=15\sim16$，较大风险。（3）$R=L\times S=6\sim12$，一般风险。（4）$R=L\times S=1\sim5$，低度风险。

表 2-3　风险矩阵 R

L＼S	1	2	3	4	5
1	1	2	3	4	5
2	2	4	6	8	10
3	3	6	9	12	15
4	4	8	12	16	20
5	5	10	15	20	25

b　作业条件危险性评价法（LEC）

LEC 是一种简单易行的半定量风险评价方法，用与系统风险有关的三个因素指标值之积来评价系统的风险大小，三个因素分别是：L 为事故发生的可能性，评价分值见表 2-4；E 为人体暴露在危险环境中的频繁程度，评价分值见表 2-5；

C 为一旦发生事故可能造成的损失后果，评价分值见表2-6。先确定三个因素的分值，再以三个分值的乘积表征系统风险的大小 $D = L \times E \times C$，以这种半定量的方式判断系统的危险性，确定是否需要增加安全措施将风险控制在容许的范围内，分级见表2-7。

表2-4　事故发生的可能性评价分值表

分数值	事故发生的可能性
10	完全可能
6	相当可能
3	可能，但不经常
1	可能性小，完全意外
0.5	很不可能，可能设想
0.2	极不可能
0.1	实际不可能

表2-5　接触危险环境频繁程度评价分值表

分数值	人员接触危险环境的频率
10	持续
6	一日
3	一周
2	一月
1	一年
0.5	不接触或极少接触

表2-6　发生事故产生的后果评价分值表

分数值	发生事故产生的后果
10	10 人以上死亡
6	3 ~ 9 人死亡
3	1 ~ 2 人死亡
2	危重工伤
1	伤残
0.5	轻伤

表2-7　安全风险评价分级表

风险分级	D 值	危 险 程 度
红色/一级	≥320	极其危险，必须高度关注，重点预防
橙色/二级	320 > D ≥ 160	高度危险，应采取有效防控措施
黄色/三级	160 > D ≥ 70	中度危险，应采取有效防控措施
蓝色/四级	<70	一般危险，严格按章正规操作

c　风险评价法（MES）

MES 法其实为 LS 法的延伸。人身伤害事故发生的可能性 L 主要取决于人体暴露于危险环境的频繁程度，即时间 E 和控制措施的状态 M。人体暴露的时间 E 的评分见表 2-8，控制措施的状态 M 评分见表 2-9，事故的可能后果 S 评分见表 2-10。风险程度可以表示为

$$R = M \times E \times S$$

表 2-8　人体暴露的时间 E

分数值	发生事故产生的后果
10	连续暴露
6	每天工作时间内暴露
3	每周一次或偶然暴露
2	每月暴露一次
1	每年暴露几次
0.5	更少的暴露

注：8h 不离开工作岗位，算"连续暴露"；8h 内暴露一至几次，算"每天工作时间暴露"。

表 2-9　控制措施的状态 M

分数值	控制措施的状态
5	无控制措施
3	有减轻后果的应急措施，包括警报系统
1	有预防措施，必须保证有效

表 2-10　事故的可能后果 S

分数值	伤　害	职业相关病症	设备、财产损失	环　境　影　响
10	有多人死亡		>1 亿元	有重大环境影响的不可控排放
8	有一人死亡	职业病（多人）	1000 万~1 亿	有中等环境影响的不可控排放
4	永久失能	职业病（一人）	100 万~1000 万	有较轻环境影响的不可控排放
2	需医院治疗、缺工	职业性多发病	10 万~100 万	有局部环境影响的不可控排放
1	轻微、仅需急救	职业因素引起的身体不适	<3 万	无环境影响

风险程度的分级参见表 2-11。

对于单纯的财产损失事故，不必考虑暴露问题，只考虑控制措施的状态 M，则风险程度可以表示为

$$R = M \times S$$

表2-11　风险程度（人身伤害事故 $R = M \times E \times S$）

$R = M \times E \times S$	风险程度
>180	一级
90~150	二级
50~80	三级
20~48	四级
<18	五级

风险程度的分级参见表2-12。

表2-12　风险程度（单纯财产损失事故 $R = M \times S$）

$R = M \times S$	风险程度
30~50	一级
20~24	二级
8~12	三级
4~16	四级
≤3	五级

C　安全风险等级划分

风险等级从高到低划分为重大风险、较大风险、一般风险和低风险，分别用红、橙、黄、蓝四种颜色标示，见表2-13。煤矿应绘制包含所有风险点的风险管控四色图，风险点等级可由风险点内固有风险的最高级别确定。

表2-13　风险分级

等级	应采取的行动、控制措施	实施期限
重大风险（红）	在采取措施降低危害前，不能继续作业，对改进措施进行评估	立刻
较大风险（橙）	采取紧急措施降低风险，建立运行控制程序，定期检查、测量和评估	立即、近期整改
一般风险（黄）	可考虑建立目标、操作规程，加强培训及沟通	2年内治理
低风险（蓝）	可考虑建立操作规程、作业指导书但需定期检查或无须采用控制措施需保存记录	有条件、有经费时治理

2.3.3.5　风险管控措施制定

A　管控措施制定原则

对风险进行分级后，针对事件风险水平的高低依据风险标准判断风险是否可被接受，是否需要采取进一步的安全措施。风险标准的确定一般依据ALARP原则，即最低合理可行原则。在任何工业系统中风险都是客观存在的，不可能通过预防措施将其彻底消除，且当风险水平越低时，要进一步降低就越困难，其成本往往呈指数曲线上升，即安全改进措施投资的边际效益递减。因此，需要在风险水平和安全改进措施成本之间做出一个折中，折中的原则也就是 ALARP 原则，如图 2-6 所示。

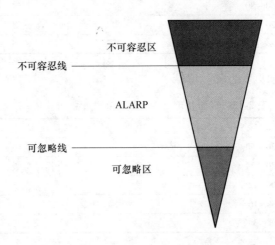

图 2-6   ALARP 决策图

不可容忍的准则包括法律法规、公司标准和项目安全健康合同要求等。如评估出的风险指标值在不可容忍线之上，则落入不可容忍区，除特殊情况外，该风险无论如何是不能被接受的；如评估出的风险指标值在可忽略线之下，则落入可忽略区，此种状况下的风险是可以被接受的，无须再采取安全改进措施；如评估出的风险指标值在可忽略线和不可容忍线之间，则落入"可容忍区"，该风险水平符合 ALARP 原则，需要进行安全措施投资成本和风险的综合分析，若进一步增加安全措施投资，对系统风险水平的降低贡献不大，则风险是"可容忍的"，即可以允许该风险的存在，以节省一定的成本。基于 ALARP 原则的风险处理流程如图 2-7 所示。

B   管控措施

针对不同等级的风险依据 ALARP 原则制定适当的应对措施。风险等级从高到低分别为：重大风险、较大风险、一般风险和低风险。其中重大风险需要来自高级管理层的直接干涉以消除或降低此风险；较大风险需要在工作人员中通过引入控制措施来强制消除或降低风险，高级管理层需要有管理计划；一般风险需要确定的行为矫正，管理职责必须具体化；低风险需要切合实际的行为矫正，按照日常程序管理。

具体的风险控制对策按优先级从高到低分别是：消除、代替、工程控制、管理控制、个人防护用品。

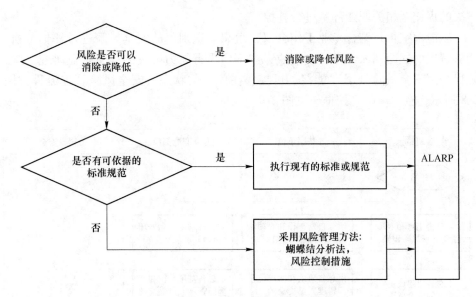

图 2-7　基于 ALARP 原则的风险处理流程

（1）消除：重新设计作业系统以排除危险；

（2）代替：用低危险性的材料或作业方法代替原有的材料或方法；

（3）工程控制：安装或使用附加的隔离装置来控制风险；

（4）管理控制：通过制定执行安全管理程序、提供安全培训、进行风险评估等手段减少人员暴露于危险环境的机会；

（5）个人防护用品：在实施以上措施对控制风险无效时可考虑采用个人防护用品，挑选适合每个使用者的个人防护品以外，还必须对其培训个人防护用品上的每项功能和限制条件。

2.3.3.6　管控责任与管控清单

A　分级管控

在对风险等级进行管控时，需要按照风险等级内容进行判断，从而对其设置不同的管控方案，确保活动开展过程中运用不同的风险管控模式。职责分工如下：重大风险由煤矿矿长（企业）管控；较大风险由分管负责人和科室（部门）管控；一般风险由区队（车间）负责人管控；低风险由班组长和岗位人员管控。

班组每周结合安全日活动，对上周识别出的风险进行汇总、梳理和评估分析，本班组有能力解决的制定整改措施；没有能力解决的制定临时控制措施，提出整改建议，并提交至车间。

车间每月结合安全分析会议对工区专业管理辨识出的和班组提交车间的安全风险开展工区级辨识定级，审定班组制定的控制措施是否得当，对车间没有能力解决的提交至相关职能部室进行管控。

职能部室每月结合专业工作会议，组织对识别出的安全风险进行评估分析，能够解决的立即列入工作计划解决，本部门没有能力解决的提交企业研究决策，确保全部安全风险处于"能控、可控、在控"的状态。安全风险管控流程如图 2-8 所示，企业风险管控框架见图 2-9。

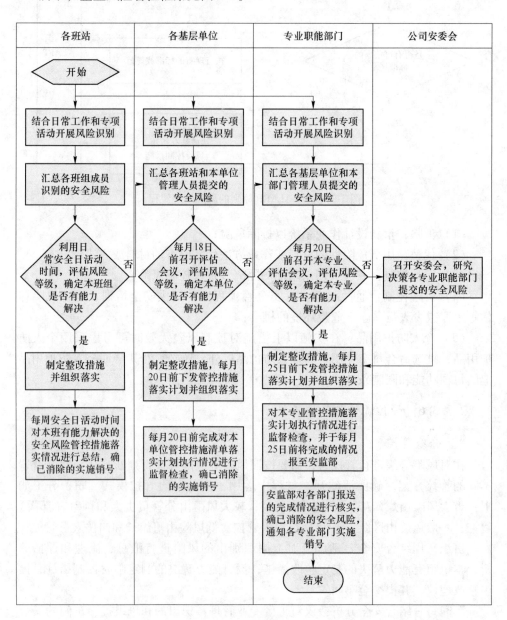

图 2-8 安全风险管控流程

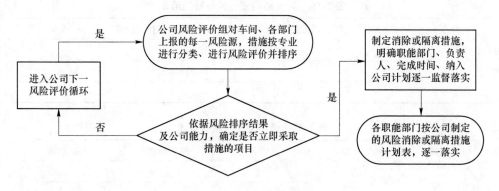

图 2-9 企业风险管控框架

B 管控清单

煤矿应根据年度风险辨识结果编制煤矿年度安全风险点台账（见表 2-14）作为年度风险辨识报告的组成部分，从中提取重大安全风险清单（见表 2-15）。

表 2-14 ××年度安全风险点台账

风险点	辨识对象	风险描述	风险类型	风险等级	管控措施	管控单位和责任人	管控时限	辨识名称	辨识时间

表 2-15 ××年度重大安全风险清单

风险点	风险描述	风险类型	风险评估					管控措施	责任单位及分管责任人
			可能性	暴露率	后果	风险值	风险等级		

煤矿应根据风险管控要求和责任，制作部门风险管控清单（见表 2-16）、管理和技术人员的个人安全风险管控清单，配发岗位作业人员的岗位安全风险告知卡（见表 2-17）。

专项辨识评估后应更新完善煤矿年度安全风险台账、部门风险管控清单、管理和技术人员个人安全风险管控清单，按本矿制度更新岗位作业人员岗位安全风险告知卡。

表 2-16　××部门安全风险管控清单

风险点	风险类型	风险等级	管控部门及责任人	排查日期	预计解除日期

表 2-17　岗位安全风险告知卡　　　　编号：

岗位名称	危险因素	危害方式	风险等级	控制措施

2.3.4　隐患排查治理

2.3.4.1　隐患分级与辨识

A　隐患分级

煤矿隐患分为重大事故隐患和一般事故隐患。

重大事故隐患要严格按照《安全生产法》和《国务院关于预防煤矿生产安全事故的特别规定》(国务院令第 446 号) 等法律、法规认定。

一般事故隐患可按严重级别分为三级：

(1) A 级。指煤矿治理有一定难度，需要集团公司协调指导，或治理期限在 10 天以上的一般隐患 (包括风险等级达到"极高"，现场不能立即处理的隐患)。

(2) B 级。指井口或区 (队) 治理有一定困难，需要煤矿协助解决的，或治理期限在 3~10 天内的一般隐患 (包括风险等级达到"高"，现场不能立即处理的隐患)。

(3) C 级。指井口或区 (队) 3 天内能够自行治理的一般隐患。

一般事故隐患依据紧急程度，填写不同颜色的隐患反馈单，分红、黄、白三种：

(1) 红色。可能威胁到人的生命安全的较高安全隐患，立即停止现场生产作业，组织隐患整改。

(2) 黄色。可能造成工伤的较大安全隐患，责令停止相关作业，先组织整改隐患。

(3) 白色。一般的工程质量问题或不会造成人员伤害的隐患，限定时间和责任人进行整改。

影响事故的隐患因子可区分为：矿尘、瓦斯、液体、气体、火电、支护方式、支护设备等，由这些因子所造成的事故隐患较重，通常归类为重大事故隐患：

（1）超负荷运行设备，如长时间不停歇使用采煤机，并且不对其进行检修。

（2）矿尘等细微颗粒的扩散或遇明火的产生。

（3）规划指导书以及相关图纸资料与所采矿区实际情况不符。

（4）对支护设备的保护行为，如对保安煤柱的开采等。

（5）对井底煤矿安全设备的使用或行为操作的不达标，如瓦斯密度监测仪器的摆放位置不合理，锚杆、锚网和顶板的搭建不稳固，对支架设备的任意倚靠磕碰等。

（6）其他可能导致煤矿重大事故的危险性因素。

B 隐患辨识

a 辨识流程

由于煤矿机械设备占据大量空间，再加上井下环境比较复杂，工人遇到危险时自救难度就很大，所以对安全隐患的辨识就尤为重要。在煤矿生产过程中，应对环境以及安全进行及时排查，找出潜在危险因素，对其进行分析，确定隐患，并根据相关标准进行分级。煤矿安全隐患辨识流程如图 2-10 所示。

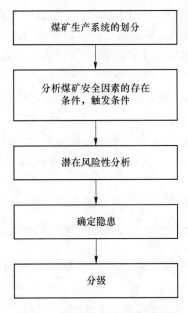

图 2-10 煤矿安全隐患辨识流程

b 辨识方法

煤矿隐患辨识是煤矿安全管理的基础，辨识方法可分为两类：理论分析法和现场调研法。理论分析法主要包括资料查阅法、预先危险分析法、系统安全分析法、直观经验法、安全检查表法；现场调研法包括事故统计分析、现场观察法等。

2.3.4.2 "五级" 事故隐患排查

A "五级" 事故隐患排查的确定

按照一般煤矿企业的级别设置，煤矿中会有矿长、副矿长、各专业系统（区队）负责人、班组长、岗位工这五个大的层级，各级都需要进行隐患排查治理工作。在进行隐患排查治理前需根据煤矿企业的实际情况和需求，建立必需的隐患排查治理管理制度及责任制度，分别有对应的矿长、副矿长、各专业系统（区队）负责人、班组长、岗位工等，五级组织开展矿井综合排查、专业系统排查、区队自主排查、班组巡回排查、岗位风险排查等五个层级的排查。并根据企业实际情况对隐患排查频次及违规排查考核等做出规定，以保证企业内部事故隐患排查工作的有效顺利进行。

B "五级" 事故隐患排查责任制的制定

组织开展各级责任排查都需要由人来完成，有具体的组织人员、参与人员，并且需要在排查完隐患以后落实隐患汇总、通报及整改工作，再由隐患责任单位组织开展隐患整治及反馈工作，如此完成一个隐患排查治理的全过程。因此在开展隐患排查治理工作前必须对相关人员的职责进行规定。

（1）矿长是隐患排查治理工作的第一责任人，对煤矿企业的事故隐患排查治理工作负责，在煤矿隐患排查治理工作中起到统一指挥、领导的作用。

（2）安全副矿长是监督部门的负责人，由其对隐患排查治理工作的实施过程进行监督。

（3）各专业系统、区队的主要负责人是本系统、区队事故隐患排查治理工作的第一责任人和执行者，需要对本区域隐患排查管理工作进行综合管理和协调。

（4）班组长是班组事故隐患排查治理工作的第一责任人，要检查班前、班中、班后隐患，发现问题立即组织开展整改，对于整改不了的问题要立即上报请求上一级协调解决。

（5）岗位工是岗位的事故隐患排查责任人，要做到随时排除隐患、治理隐患。

C "五级" 事故隐患排查工作运行机制

（1）煤矿综合事故隐患排查实施。首先，每月组织一次综合全面的检查，由矿长担任组织者，且检查区域做到"全覆盖、无死角"。在排查前矿长可以委派安全科制定详细的检查方案，明确检查的具体时间、参加人员、检查内容和检查范围等。这一级别的检查，各业务主管副矿长、各系统及区队的一把手都应该参加。其次，包括矿长、党委书记在内的副科级以上干部，需履行"一岗双责"制，深入现场开展日常隐患排查工作。再次，企业内部其他部门例如矿工团部门需组织青年岗员、群监员进行现场日常事故隐患排查治理工作。最后，企业内部专职负责安全管理的安全科成员需要履行自己的岗位职责，每日进行隐患排查工作，排查工作要做到范围全面、细致。

（2）专业系统（部门）事故隐患排查。煤矿企业涉及很多的专业设备和操作程序，而这些设备和作业程序很多都具有很大的危险性，一旦出现故障或问题就可能引发性质较大的安全生产事故，因此必须重点对待。但是在实际工作开展过程中，这些设备和作业程序中存在的问题和隐患并非普通管理人员可以发现的，需要专业的人员进行排查整治。例如对通风及地质灾害的防治、专业特种设备的隐患排查等。因此煤矿企业需要根据设备使用情况至少每旬组织开展一次分专业的系统和岗位隐患排查。充分调动设备管理人员、生产工艺管理人员乃至外界对口部门的力量，实现"多合一"事故隐患排查，并做好排查记录，制定排查计划，按计划进行隐患整改工作。

（3）区队事故隐患日常巡查。区队检查是指区队层次的检查，一般由区队长组织，参加人员可以包括支部书记、副队长、技术人员等，区队长有事不能参加时，可以委派支部书记或副队长带队检查，原则上每天要进行事故隐患日常巡查，并做好巡查问题排查、通报和验收工作。

（4）班组事故隐患排查。班组事故隐患排查的排查频次是每班，由班组长负责组织，全班组人员参与。班组事故排查又可以包括班前交接班排查、班长巡查及班后交接班隐患排查等。通常所说的班组排查是指班前检查，必须在检查隐患消除后方可作业。

（5）岗位事故隐患排查。岗位人员上岗以后必须对岗位危险因素进行全面检查确认，发现隐患及时处理，在隐患未处理前禁止作业。

2.3.4.3　隐患治理

A　治理方法

排查发现重大事故隐患后，及时向当地煤矿安全监管监察部门通过书面报告或信息化手段报告，并向企业职工代表大会或其常务机构报告，由矿长按照责任、措施、资金、时限、预案"五落实"的原则，组织制定专项治理方案，并组织实施。"五落实"原则：

（1）抓落实隐患排查治理责任。要求企业建立健全隐患排查治理责任制和规章制度，明确排查人、排查频率、整改人、复查人，避免事故隐患"视而不见""查而不治""久病难医"。真正将隐患排查治理工作落实到岗，落实到人。

（2）抓落实隐患排查治理措施。要求企业制定合理的隐患治理方案，科学、有序的安排生产和隐患治理工作，在确保安全的前提下，既尽早把隐患治理措施落到实处，又把对生产秩序的影响降到最低。

（3）抓落实隐患排查治理资金。要求企业将事故隐患排查、治理费用列入企业安全费用计划，并按照有关规定，依法列支安全生产费用，确保隐患排查治理资金充足。

（4）抓落实隐患排查治理时限。要求企业不但要落实隐患排查治理责任人，更要落实治理时限，实现隐患排查治理的闭环管理，确保隐患排查治理工作落实到位。

（5）抓落实隐患排查治理预案。要求企业制定隐患排查治理预案，明确和细化隐患排查的事项、内容和频次，制定符合企业实际的隐患排查治理清单，真正在隐患排查工作中做到隐患查得出、治得了。

事故隐患记录传达包括：首先，各级事故隐患排查治理工作的开展，都需要做好排查记录，并安排专人进行隐患汇总整理、通报，及时将排查出的隐患告知责任单位和个人。其次，责任单位在接到隐患整改通知通报时需要根据隐患描述来确认隐患地点和性质，再有针对性地去安排人员进行事故隐患成因排查，并针对隐患出现原因制定合理的隐患整改方案，不仅要明确治理责任人、整改资金、整改期限、整改标准等，还要从根上解决问题、处理问题。对于特别小的隐患应该立即整改，对于暂时无法整改的隐患，应该设置警示标识或者隔断、监督措施，避免无关人员接近。对各级查出的重大事故隐患，除按规定制定整改方案外，还需要根据隐患的实际情况采取其他措施，例如停止区域内作业活动、撤出作业人员等。

现场管控包括：将煤矿隐患排查治理落实到具体人员身上，这样如果出现事故，便可以从管理层、技术层各方面对相关人员进行责任追究。这样能够有效提高相关人员的严谨性以及负责态度，避免了工作怠慢等现象。严格对管理流程进行把关，以此实现现场安全防控。

定期对安全隐患进行排查，不仅只是排查出隐患还要对隐患进行分析，找出其源头，并制定相关预防措施。建立专门的安全小组，可以采取突击检查等方法，对煤矿安全问题进行检查，防止工作人员玩忽职守，并对相关人员制定终身责任制，提高管理的针对性。

研发信息全面的事故隐患排查治理管理软件。全集团公司通过局域网实现事故隐患在线上报、实时查询、时限提示、责任追究、领导批示、统计分析、档案管理等信息化管理，为各级管理人员及时掌控事故隐患排查治理工作情况提供了高效便捷的手段。

完善应急措施（应急预案）。对发生的事故进行统计，进行应急情景分析，每一种应急情景分析都应遵循以下 4 个步骤：

（1）选择一种应急情景，该情景可能在矿上发生，并影响井下工作人员的安全与健康。

（2）针对该应急情景，分析其存在的风险因素及可能产生的影响。

（3）对每一种风险因素的现行应急预案（现有反应措施）从程序、人员、技术三个方面进行评估。

（4）提出对现行应急预案（程序、人员、技术）的改进方案与改进措施。

此外还需采取以下措施：

（1）组织专门的小组对员工进行安全培训，如在不同的事故中自救或他救等相关方法，包括急救培训、灭火培训、其他应急程序培训。

（2）可以在煤矿开采中构建多个逃生通道以及避险区，当事故发生时，能够尽量减轻人员损伤以及财产损失程度，有效预防重大事故发生。

（3）在应急装备方面，需要配备井下急救箱、机车携带急救车厢，所有阀门旁都存放灭火水管、逃生绳，存放备用自救器，改善井下人员定位系统、空气压缩器出口一氧化碳监控，运人车厢提供担架、医疗设备等，且应急处理装备应布置在矿工满意的位置，强制穿戴个人防护装配。

（4）可以建立网络信息区，通过网络实时对开采工作进行监督，能够及时发现并调整在机器运输、人员操作等过程出现的问题，能够更加保障开采的安全问题。

（5）制定明确的应急反应程序，包括：坠罐、辉绿岩大面积冒落、长壁工作面灭火、使用压缩空气呼吸器程序、紧急供电程序、改善医疗程序、提高对应急信息的要求、自然发火控制程序等。

B 分级治理

煤矿企业要有事故隐患分级管理的意识，有针对性地制定事故隐患分级管理制度。对排查出来的隐患进行分级，对不同级别的隐患采取不同的管控方法。其次，事故责任单位在接到事故整改通报通知时需要根据单位建立的事故隐患分级管理机制开展工作。在进行隐患分类时不仅要考虑隐患的大小，还要考虑责任单位或责任人。

煤矿安全负责人，对本单位安全隐患排查评估有关工作的开展和运行情况负责，进行日常管理和监督，每旬至少组织一次各级管理人员对全矿井进行安全健康管控体系运行情况的专项检查，留有检查人员签字的原始检查记录，并召开专门会议，研究解决安全健康管控体系运行过程中存在的问题，考核各专业风险评价和隐患排查治理工作，并留有会议记录。

煤矿专业负责人，对本专业风险评估和隐患排查治理工作负责，每旬至少组织一次本专业人员进行专业风险评估和隐患排查治理情况检查，要留有检查人员签字的原始记录，排查出的隐患在评估后要及时汇总传递到本矿安全管理部门，并向集团公司业务保安部门报告；每旬召开专业会议对风险评估和隐患排查治理情况进行总结分析，安排本专业风险评估和隐患排查治理工作，解决存在的问题，并留有会议记录；对本专业治理完成的隐患，负责组织进行治理效果风险再评价。

煤矿各井口或区（队）正职，对本井口或区（队）安全健康管理工作负责，每天组织对本井口或区（队）作业范围进行风险评估和隐患排查，总结风险评估和隐患排查治理情况，分析隐患产生的原因，对班组风险评估和隐患排查治理上报资料及时收集汇总，每日将经过签字确认后的隐患排查治理与风险评估结果向煤矿安全管理部门报告。

井口或区（队）跟班副职，负责本区当班作业场所隐患排查治理与风险评估工作，并对单人岗位和流动作业人进行不少于一次的巡查，每班对其安全可靠程度进行综合评价并留有被巡查人签字的文字记录，风险评估和隐患排查治理结果要向井口或区（队）报告。

各班组长负责对本班作业范围进行至少三次隐患排查（班前、班中及班末），随时发现工作过程中出现的新隐患，并对发现的隐患进行风险评估，确认风险等级：

（1）辨识出的风险处于"中等及以下"，是可以接受的程度，则直接进入治理控制程序，保证治理过程的安全，并填写隐患排查评估表（见表2-18），班后交区（队）审查保管。

（2）风险是"较高"，是不可以接受的程度，要立即停止该项工作或该风险影响到的工作，向跟班区长报告，制定安全措施，在保证治理控制过程安全的前提下立即整改治理，治理控制后由跟班区长组织再评估，认定为可以接受的程度，才可恢复工作，填入隐患排查评估表。

（3）如果风险达到"高"，可能发生事故，要立即停止该项工作或该风险影响到的工作，员工可进入应急救援室，并立即向跟班区长报告，同时汇报矿调度室（负责通知跟班矿领导）。具备立即整改条件的，由跟班区长现场组织制定安全措施，在保证治理控制过程安全的前提下立即整改治理，治理或控制后由区组织再评估，认定为可以接受的程度，方可恢复工作，填入隐患排查评估表；如果现场治理或控制难度较大或当班不能治理控制的，要立即向矿调度汇报（负责通知跟班矿领导），矿责成有关部门，制定"四项措施"（即安全技术措施、安全保证措施、专项技能培训措施和强制执行措施）进行治理或控制，并由矿组织再评估为可以接受范围，方可恢复工作。必要情况下可以先采取停电、撤人等措施或启动区域应急救援预案。

（4）如果风险达到"极高"，必须立即停止工作，发出事故警报，撤出事故可能发生的地点和风险影响范围内人员，迅速向矿调度汇报（负责通知跟班矿领

表 2-18　隐患排查评估表

日期：　　年　　月　　日　　　　　　　　　　　　　　　　班次：

隐患排查	风险评估	风险水平	治理措施	治理后评价
安全评价	班前			
	班中			
	班后			
本班排查人				

导），可启动现场应急救援预案，由矿组织制定"四项措施"进行治理或控制，并由矿组织再评估，认定为可以接受的程度后，方可恢复工作。

单人作业岗位和流动作业人员，要随时对本岗位或作业范围进行隐患排查和风险评估，及时向跟班区（队）领导报告情况，班后将结果报区（队）审查保管。其隐患风险评估等级与相应处置措施，与班组要求相同。

2.3.5　薄弱环节管控实施流程

2.3.5.1　安全风险管控实施流程

对煤矿企业进行风险管理的最终目的，就是保障煤矿企业安全运行，降低煤矿企业在生产活动中事故发生的概率，甚至不会发生事故。风险管控的流程如图 2-11 所示。

（1）资料收集和整理。包括确定评价目标和范围、收集煤矿地质条件资料、了解相关的法律法规和操作规程、配备合适的人员和装备、制定预防灾害计划、现场调研、了解相似的事故案例以及制定评级实施任务等。

（2）风险辨识。组织相关专家和经验丰富的技术人员参与到风险辨识活动中。通过风险辨识方法，详细全面地找出煤矿企业存在的风险，分析风险的特点、风险出现的区域、影响风险识别的因素、风险的来源、风险造成的后果，最终制定出全面的风险辨识清单。

（3）风险分析。风险分析的目的是确保能够有效的控制住风险。对于新辨识出的风险，需要分析该风险的风险类型和可能导致的事故后果，以便为制定有针对性的控制措施提供决策方案。如果在现有风险的基础之上演化出新的风险，要对现有的控制措施进行分析，判断现有的控制措施能否控制新演化出的风险。煤矿企业通过对各个生产环节参与者进行探讨，描述风险的后果及发生的可能性，为风险评估和风险管控措施的落实提供参考依据。

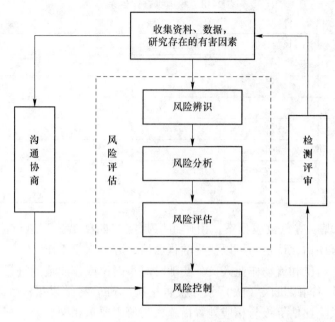

图 2-11　风险管控流程

（4）风险评估。整理汇总风险辨识环节中辨识出的每一条风险，评估风险造成事故的可能性以及事故后果的严重程度。通过分析事故可能造成的后果，制定风险管控措施计划。风险管控措施计划应当包括管控措施、管控期限、复查时间和负责人。

（5）风险管控。依据风险评估的记录，组织各部门负责人和生产技术人员对风险进行分析，确定风险管控方案。首先控制较大的风险。风险管控工作本身就是一项系统性的工作，在进行风险管控的过程中可能会出现新的风险。风险管控是一个循序渐进的过程，在风险管控措施落实后，要判断衍生风险是否处在可接受的范围，如果衍生风险超出了可接受的范围，需要重新制定风险管控措施，直到衍生风险处于可以接受的范围。

（6）检查和改进。在检查和改进环节中，不仅要实时监控整个风险管理过程，还要对风险评估、分级的结果进行检查。在确保风险管控措施有效的同时，及时更新风险的相关信息，定期检查生产作业环境的改变是否带来新的风险以及对现有风险管控措施的影响。

2.3.5.2　隐患闭环管理实施流程

《煤矿事故隐患排查治理办法》的实施明确定义了各类事故对应的负责单位及负责机制，规定矿井总工程师组织矿井各部门人员对矿井开采的有序工作进行每月一次的隐患检查，并按类别和处理方法进行整理，评定隐患等级。若为一般事故隐患则可按程序直接进行事故现场确认指正，若为重大事故隐患则需对煤矿部门及安监部门进行报备，由他们制订方案解决问题。

煤矿的事故隐患处理过程包括如下步骤：排查、公示、上报、验收、考核，构成一个闭环的事故隐患处理过程，如图2-12所示。

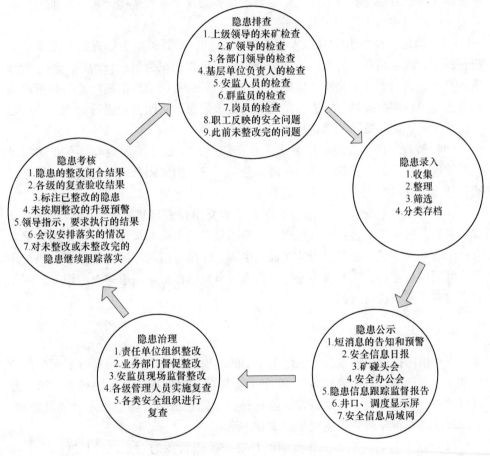

图2-12　隐患闭环管理实施流程

（1）排查。由矿长组织、总工程师主持召开月度隐患排查会议，参加人员为：分管专业副矿长、副总工程师、专业部室负责人及专业技术人员及区队主要负责人、主管技术员等，负责对全矿井范围内安全生产隐患进行月度隐患排查并制定安全技术措施（或方案）、落实责任部门和责任人，安监处负责编制会议纪要并上报集团公司安监局，月度隐患排查结果应在安全信息网发布，各区队要学习该月度隐患排查纪要精神，"三基"办负责各单位学习贯彻情况的日常检查。

（2）公示。由矿隐患排查治理办公室负责，对每月进行的安全隐患排查结果在安全信息网进行公示，要具体包含隐患类型、处理形式、负责人、所属部门、整改意见以及整改期限等。各区队在施工现场悬挂的隐患治理牌板上要公示矿井月度排查出的 C 级以上隐患。

（3）上报。由隐患排查治理办公室负责，于每月 25 日前，将矿井本月隐患治理情况及下月隐患排查情况，形成隐患排查会议纪要报集团公司，其他有关矿井安全生产隐患按上级规定及时进行上报。

（4）治理。排查出的 B 级及以上安全隐患，按照矿隐患排查纪要安排由隐患所属专业的人员负责，由各专业分管副矿长负责组织力量进行治理。隐患治理由各专业负责制定技术措施并实施，安监处对分管部门治理措施的落实和治理进程的速度进行跟踪监管，若查出结果为重大级隐患需集团公司进行处理，并报之安监局知情，由其确认接管进行协商治理。

（5）验收。由分管副矿长牵头，专业部门、安监处参加验收，专业部门出具验收单、存档，并报隐患排查治理办公室一份，由集团公司对各隐患结果进行协调处理，并最终交由安监处审查验收。

（6）考核。一般事故隐患在治理完成后交由排查治理办公室进行综审，具体检查其改善成果是否达标，是否会有隐患复现的可能并最终上报总集团，重大事故隐患治理完成后要对集团公司提交申请，安排专门的专家组包括安监科工作人员共同进行考核，矿井级隐患排查和治理考核工作由矿隐患排查治理办公室负责，对有关人员进行奖罚。

2.3.5.3　双重预防管理机制流程

双重预防控制机制是安全生产工作中的一项基础性工作，是新时期安全生产领域的一大创举。具体流程包括 10 个重点环节：前期准备、风险辨识、风险分析与评估、风险分级、风险管控、隐患排查、隐患分级、隐患治理、效果评估、持续改进。双重预防管理流程如图 2-13 所示。

（1）建立前期的准备工作。明确好安全生产管控的对象，对其进行安全风险分析管控，相关管理人员进行该方面的教育培训工作，为进行风险源辨识和评估建立起详细的数据资料。

（2）对安全危害进行辨识，并进行风险识别判断。依据安全管理相关规范中的内容，需要对生产系统、设备和装置、施工作业环境、生产活动等进行危险因素的识别和分析。

（3）安全风险分析与评估。针对不同类型的安全风险，需要应用有效的分析和风险评价办法，对安全生产风险程度的大小进行确定。重点对重大安全事故，人员比较集中的场所，重大危险源，具有高度危险性的施工作业工序进行风

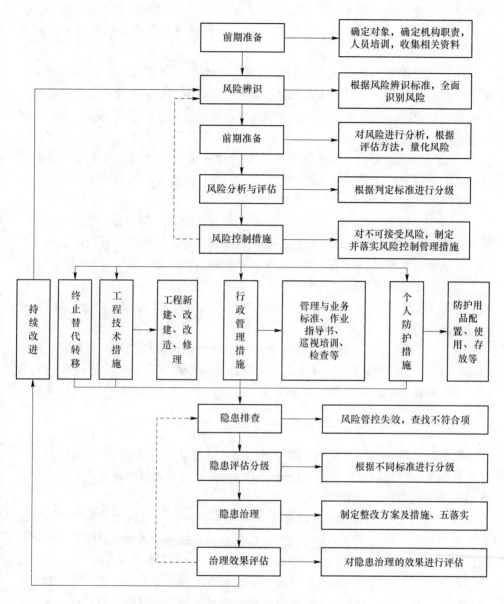

图 2-13 双重预防管理流程

险评估。

（4）安全风险等级的划分。把安全生产风险根据发生的可能性和产生损失的程度划分为重大风险、较大风险、一般风险及低风险4个不同的级别，采用不同颜色标注出来。制定出安全风险数据信息清单，再编制采用不同颜色来区分的风险空间布置图。不同的企业可依据实际情况来对风险等级进行划分。

（5）风险管控。根据安全风险的实际特点，采用对危险源进行有效隔离、制定出安全技术措施、进行个体防护、安装监控装置等办法来减小和监控安全风险。

（6）安全隐患排查。对风险管控措施失效情况进行检查，避免形成新的安全隐患，编制出满足生产实际需求的安全隐患排查单，制定出安全隐患排查的内容、事项和频次，促进全员参加安全隐患排查中来，加强对重点风险场所，生产环节和部位安全隐患的检查。

（7）安全隐患分级。需要从安全隐患治理所需要的时间、资金投入情况来对安全隐患分级。针对一些重大的安全事故隐患，需要及时汇报给安全生产监督管理部门。

（8）安全隐患的治理。制定并落实安全生产隐患治理方案，使岗位责任、治理措施、治理资金、所需要的治理时间以及安全应急预案得到有效的落实。在进行事故隐患治理时，对于一些无法保证安全的生产环节，需要进行停产或者使生产设备处于停止状态，相关的工作人员需离开安全隐患区域。

（9）整治效果评估。应该安排专业技术人员以及专家，来对安全事故隐患治理状况进行评价。

（10）需要采取持续改进的办法。对安全风险进行分级管控，并对安全隐患排查和治理工作进行总结和归纳，并对效果进行检查和分析，改进优化风险辨识、等级划分、风险评估和控制等环节，创建起科学合理的闭环风险控制体系。

2.3.6　薄弱环节管控意义

推出双重预防机制，并非主观臆断，而是通过认真分析安全生产管理经验、总结各类事故教训所提出的重大理论和实践创新，是有效遏制重特大生产安全事故的科学的认识论、方法论和实践论。

（1）体现了"预防为主"的思想，实现安全管理关口再次前移。"预防为主"是我国安全生产工作的基本方针。目前，在事故预防方面，已经完成了关口的两次（隐患排查治理和安全准入）前移，由应急处置转向事故预防，实现了全国安全生产形势明显好转。提出建立双重预防机制，要求生产经营单位对风险进行辨识、评估、分级和预先采取措施进行控制，是主动对危险源进行控制的措施，是对安全管理体系的又一次完善，推动了安全生产治理关口再一次前移，实现安全管理由被动式经验管理向主动式风险预控管理的转变。

（2）体现了风险管理全过程的思想。双重预防机制对风险进行全过程管理。首先，在产生隐患之前对风险进行预控，即通过对风险进行识别、评估、分级，并采取有效预防管控措施，达到减少风险、降低风险危害程度的目的，在隐患产生的源头起到控制作用，防止隐患产生；其次，在作业过程中，对已经产生的隐患进行排查，即对风险控制情况进行监测，随时关注风险失控情况；再次，对排查中发现的风险失控（即隐患）情况采取措施进行治理（即隐患治理），总结分析风险管控环节失效的原因，不断对安全风险分级管控的机制和措施进行完善，形成安全的闭环管理。

（3）科学揭示了风险、隐患和事故三者关系。风险与隐患都存在引发事故的可能性，但是风险未必是错误的结果，而隐患一定是由错误引起的。风险具有客观性，这是无法改变的事实，但是，有风险未必就会有事故，只要能够对其提前辨识，并采取有效措施进行管控，风险就会处于可控状态。风险是隐患之源，隐患是事故之源，风险管控不好，就会转化为隐患，隐患排查治理不到位，多种隐患叠加，就会转化为事故。而仅通过辨识、评估、管控风险解决"认不清、想不到"问题还不够，必须在此基础上，针对人的不安全行为、物的不安全状态、管理上的缺陷等，开展隐患排查治理，及时有效解决因管控低效、失效而产生的隐患，使风险永远处于受控状态，这也是将安全风险分级管控和隐患排查治理有机结合，而不是将两者分割开来的根本原因、科学性所在。

2.4 岗位作业流程标准化

2.4.1 标准化概述

2.4.1.1 标准化的定义

国际标准化组织和有关国家或标准化专家对标准化给出了不同的定义，其中较有代表性的有：

（1）桑德斯的定义。1972 年桑德斯在《标准化的目的与原理》一书中提出了标准化的概念，该定义为："标准化是为了所有相关各方的利益，在考虑产品的使用条件与安全要求的前提下，通过各方面协调统一，进行有秩序的活动并且制定并实施各项规定的过程"。

（2）日本工业标准定义。日本工业标准 JISZ 8101《品质管制术语》将标准化定义为："制定并贯彻标准的有组织的活动"。

（3）国际标准化组织的定义。依据国际标准化组织（ISO）和国际电工委员会（IEC）发布的 ISO/IEC 第 2 号指南《标准化和相关活动的通用词汇》，中国国家标准 GB/T 20000.1—2002 中将标准化定义为："为了在一定范围内获得最佳秩序，对潜在问题或现实问题制定重复使用和共同使用的条款的活动。"标准化活动主要包括制定、发布及实施标准的过程。

上述定义中，桑德斯定义局限于工业标准化；日本工业标准定义虽然把标准化领域扩展到人类社会活动领域，但没有明确标准化的目的和本质；而国际标准化定义明确，内容深刻，文字简明，使用范围清楚。因此，我国修改采用了国际标准化组织的"标准化"定义。

不同行业的标准化由于行业要求、作业环境等条件会存在一些差别。本文以煤炭领域为例具体说明标准化的含义。

所谓煤炭标准化就是为在煤炭领域的生产、经营、管理范围内获得最佳秩序，对实际的或潜在的问题制定共同的和重复使用的规则活动，该活动包括制定、实施、监督和评价四个过程。煤炭标准化包含了下列三个方面的含义：

（1）由于煤炭行业属于能源领域，煤炭标准化必须以提高经济效益和促进行业可持续发展为中心。煤炭行业很多标准化管理活动都需要以提高经济效益和促进可持续发展为中心。追求经济效益的同时要注重资源的节约，不断提高资源利用效率，是行业可持续发展的客观要求，因此，煤炭标准化也必须以提高经济效益和促进行业可持续发展为中心，要把能否取得良好的经济效益并最终有效促进行业可持续发展作为评价标准化工作好坏的一个重要标志。

（2）煤炭标准化贯穿生产、技术、经营活动的全过程。现代煤炭企业的生产经营活动要实现其经济目标以及可持续发展目标，必须进行全过程管理。全过程管理，就必须实行全过程的标准化。全过程的标准化，要求把煤炭行业标准化看成一个系统，用系统的观点指导标准化工作。

（3）煤炭标准化是煤炭行业制定、实施标准的一种有组织的活动。综上所述，煤炭标准化是以煤炭领域获得最佳秩序和效益并有效促进行业可持续发展为目的，以企业生产、经营、管理等大量出现的重复性事物和概念为对象，以先进的科学、技术和生产实践经验的综合成果为基础，以制定和组织实施标准体系及相关标准为主要内容的有组织的系统活动。

2.4.1.2　标准化的发展历史

A　近代标准化

标准化的发展源头可以追溯到以机器生产、社会化大生产为基础的近代标准化阶段。近代标准化是机器大工业生产的产物，是伴随着 18 世纪中叶产业革命而产生和发展的。随着蒸汽机和机床等现代生产工具的使用，工业生产的面貌发生了根本性的变化，从家庭手工作坊式的生产向依靠机械装备的工厂化生产转变。生产越来越专业，工序越来越复杂，分工越来越精细，协作越来越广泛。因此，作为生产和管理重要手段的标准和标准化也相应得到了迅速的发展。

英国的布拉马（Joseph Bra-mareh，1748～1814 年）和莫兹得（Henry Maudslay，1771～1831 年）发明了机床溜板式刀架，配合齿轮机构和丝杠，就可以生产具有互换性的螺纹。

美国的惠特尼（Eli. Whitney，1765～1825 年）根据轧棉机与镜床的发明和研制经验，运用互换性原理生产出标准化的零部件，使组装的一万支步枪都能安全发火射击，取得了巨大的成功，为大批量生产开辟了途径。

被称为科学管理之父的泰勒（Frederick Winslow Taylor，1856～1915年），通过对工人生产过程中所采用的动作和时间的研究，建立并实行了操作方法和工作方法、工时定额和计件工资以及培训方法方面的标准化。他在1911年出版的名著《科学管理原理》一书中，把"使所有工具和工作条件实现标准化和完美化"列为科学管理原理的首要原理，为管理标准化和以标准化为基础的科学管理奠定了基础。另外，泰勒主张计划、执行和检验应严格区分，摒弃了把三者包揽于一体的手工业生产方式。这三者区分的结果，使标准理所当然地成为计划、执行和检验过程中的媒介和依据。

美国的福特（Henry Ford，1863～1947年）根据泰勒的理论，运用标准化的原则和方法，依据产品标准、管理标准和工艺标准，组织了前所未见的工业化大生产。他对汽车品种进行简化，把相应工序也进行了相应的简化，进行了零部件的规格化、标准的单一化和生产的专业化，创造了制造汽车的连续生产流水线，大幅度地提高了生产效率并降低了成本，使汽车进入寻常百姓家成为可能。因而福特公司在当时世界汽车市场上获得了垄断地位。应该说，福特的成就首先得益于标准化。

1895年1月，英国钢铁商斯开尔顿（H. J. Skelton）在《泰晤士报》上发表了一封反映桥梁设计中钢梁和型材尺寸规格繁多的信件，指出了其中的危害性。斯开尔顿的观点在英国产生了广泛的影响，代表了当时产业界的普遍愿望。1900年他又把一份主张实行标准化的报告材料交给英国钢铁业联合会，结果引起了各方面的高度重视。1901年英国工程标准委员会（1931年改名为英国标准学会BSI）便应运而生。这是世界上第一个国家标准化组织，它标志着标准化从此步入了一个新的发展阶段。此后不久，荷兰（1916年）、菲律宾（1916年）、德国（1917年）、美国（1918年）、瑞士（1918年）、法国（1918年）、瑞典（1919年）、比利时（1919年）、奥地利（1920年）、日本（1921年）等国都相继成立了本国的国家标准化组织。到1932年已有25个国家成立了国家标准化组织。与此同时，1906年成立了国际电工委员会（IEC），1928年又创立了国家标准化协会国际联合会（ISA），该组织因第二次世界大战爆发于1942年解体。1947年国际标准化组织（ISO）成立，人类的标准化活动，由企业规模步入到国家规模，进而扩展为世界规模。

近代标准化具有明显的特点，主要表现在以下六个方面：

（1）标准化的领域和标准的作用范围扩大。近代标准化以机器大工业为基础，首先在工业方面广泛开展，以后迅速发展，领域不断扩大，涉及工业、农业、工程、商业、运输、食品、卫生、贸易、文化、教育等各方面。

在近代，由于科学技术的进步，大机器工业迅速发展，生产的社会化特征明显，国际贸易和科学技术交流日益增加，对标准化提出了新的要求。于是促使标准的作用范围也迅速扩大，各种类型的标准在很短的时间内，就由企业扩大到协会，随后又扩大到国家和国际之间。而且随着时间的推移，标准的国际化发展趋势越来越明显。

（2）职业标准化队伍形成，标准化工作受到各国政府的普遍重视。随着标准化工作范围的不断扩大和技术内容的日益复杂，标准化活动中许多工作都需要由专门的人员才能完成，而且还需要各方面相互合作，于是促使社会上职业标准化队伍的形成。另外，国家各级行政部门还设立了专门的职业机构，于是社会上职业标准化队伍便形成了。

由于标准化工作在国民经济中的地位越来越重要，所以受到了各国政府的普遍重视。从 ISO 的成员看，有 70% 以上的团体成员是各国的政府机构，其余的与本国政府也有密切的联系。

为了提高标准化人员的业务素质和培养专门的标准化技术人才，还进行了各形式的培训和教育。一些国家在部分高等院校中设立了标准化专业课程，系统地对标准化专业人员进行培养和教育，使职业标准化队伍具有了一定的社会基础。

（3）标准化工作日趋规范化。由于有了一套完整的工作体系和一系列互相配套的规章制度，标准的制定、修订、审批和贯彻执行，都形成了一整套较严格的规范化程序，并以一定的形式颁布实施。标准文本也形成了自己的独特格式，对出版、印刷及归档等各项管理工作也有了统一的要求。

（4）标准化理论研究广泛开展。职业标准化队伍形成以后，一系列的实践活动都需要有理论来指导，因而促进了标准化理论研究工作的开展。在各方面的研究中，出现了许多有名的人物，提出和解决了不少理论与实践方面的问题，并发表了相应的文章和专著。所有这些，都丰富了标准化学科的知识体系，有效地指导了各个行业的标准化实践活动。

（5）标准化对象日益复杂，配套标准逐渐增多。由于科学技术的发展、产品构成的复杂程度增加，生产过程出现新的特点：加工一种产品有时需要贯彻许多标准，而且这些标准相互之间必须协调，不然将无法满足要求。对于大型系统工程项目，这方面的问题更为突出，为适应生产的发展，于是在实践中提出了标准配套的概念。随着范围的不断扩大，配套标准数量越来越多，这样使所贯彻的标准成为一个完整、系统的整体，进而又在一些方面促使标准体系概念的出现，把标准化理论研究与实践活动推向新的阶段。

（6）标准技术内容成熟，理论基础也比较扎实。近代标准化发展过程中所制定的标准，其内容都是技术和实践中比较成熟和成功的经验，因为在实践中经过了长期的验证，所以基础比较扎实。另外在许多标准的内容中包含大量的数学、物理等方面的基础知识和成果。而且不少科学家都将自己的研究成果应用于实践，亲自参加制定标准的工作。例如，煤的抽样方法标准是 20 世纪 30 年代在两位著名的英国物理学家对十多万辆煤车取样进行研究的基础上提出的。在后来各国制定的抽样标准中，抽样方法也都是以数学理论做指导，并进行了大量的统计与试验后确定的。

B 现代标准化

20 世纪 60 年代后，随着新技术革命的深入发展以及电子计算机的普及应用，社会生产力发生了巨大的飞跃，人类社会生产和生活也发生了一系列重大变革，标准化随之进入到现代标准化阶段。

20 世纪 90 年代后，电子、生物工程、航天、超导材料等高新技术日益产业化，信息、服务等方面的技术加速发展，计算机日益普及，进入到社会、家庭和生活，机器人向智能化方向发展，多种技术日趋融合，军事技术和民用技术互相结合等新趋势都给现代标准化提出了新的课题和任务。

在现代化企业中，生产过程日益呈现现代化、专业化、综合化的特点，要生产一项产品或从事一项工程的施工，需要不同行业、众多的企业共同参与，也涉及多个学科门类，因此，要实现这些计划需要调动全国甚至世界上相关国家的资源，体现出现代产品或工程较强的系统性。

随着高新技术的飞速发展，产品更新换代的速度明显加快，产品结构趋于复杂，性能要求向高质量、高可靠性方面发展，这就对现代标准化提出了新的要求，过去仅仅制定单个标准的时代已远远不能适应。因此，标准化就必然要摆脱传统的方式，步入现代标准化的新阶段。进入 20 世纪 60 年代以后，由于科学技术的迅猛发展和国际交往日益频繁，促进标准化工作发生了重大转变。现代标准化的主要形式和方法是：

（1）综合标准化。综合标准化是现代标准化的基本形式和方法，其含义是针对不同的标准化对象，为了实现其整体效果，要综合考虑其所涉及的全部因素，进行系统的处理，以保证标准化对象达到最佳效果。为此，GB/T 12366《综合标准化工作导则》将"综合标准化"定义为"为了达到确定的目标，运用系统分析方法，建立标准综合体，并加以贯彻实施的标准化活动"。

（2）超前标准化。超前标准化是根据科学预测，对标准化对象提出在一定期限后应达到的超前指标，使其高于目前实际的水平要求，其成果就是超前标准，这样可以避免标准落后于实践的发展，它是适应现代科技迅速发展的标准化方法。

（3）电子计算机成为现代标准化的重要工具。电子计算机从 1946 年发明至今，运算速度日益提高，已成为现代标准化不可或缺的重要工具。在标准信息数据库的建立、标准中技术指标计算与定量分析以及标准化经济效果的研究等方面，都发挥着重要作用。

综上所述，标准化产生与发展的历史表明：标准化是人类社会实践的产物，它随着生产的产生而产生，又随着生产的发展而发展；既受生产力水平的制约，又为生产力的发展创造条件、开辟道路。历史证明，国民经济和科学技术的发展是标准化向前发展的动力，而标准化又为科学、技术、经济和文化的发展提供服务。

2.4.1.3　标准化的理论依据

在标准化实践活动中，为了及时选择标准化对象，以及对标准的计划、实施、管理、修订、废止等环节采取适当的措施，使其更加有组织、有计划，就必须加强理论的研究。否则，这种实践既不可能取得成功，更不可能上升到高级阶段。标准化作为一门学科要建立自己的理论体系，以指导标准化工作，就必须研究标准化的理论依据。

1974 年，中国标准化工作者第一次提出"标准化的基本方法是选优、简化、统一""标准化最基本的特点是在选优基础上的统一和简化"等观点。其后，众多学者开始对这些问题进行探索。1980 年前后，新观点普遍认为"统一""简化""选优"再加上"协调"是标准化的基本原理。总结标准化的传统理论和现代标准化发展的趋势，标准化的理论依据可概括为：简化节约原理、统一效能原理、协调一致原理、总体最优原理、有效竞争原理。

（1）简化节约原理。从桑德斯和松浦四郎关于标准化原理的论述可以看出，他们把简化看成标准化最基本的原理。如果全面来看，简化节约才是标准化的重要原理，因为简化是手段，节约是最终目标。

标准化的规律表明，简化是标准化最基本的手段，通过标准化可以使需要标准化的对象减少复杂性，加强物品的互联互通和兼容性，降低社会成本，更好地满足消费者的利益。

从节省社会成本的角度来说，当一个产品的功能超出了其所能承载的必要范围，其生产成本就会上升，消费者为之承担的成本也会上升，整个社会的成本必然也会随之上升，因此，通过简化，就会在保证产品必要功能的前提下，降低产品成本、消费者负担的成本和整个社会的成本，这对全社会来讲就是社会资源的节约和集约利用。

遵循这一原理，需要处理好两个必要的关系：

第一，简化要有必要的界限。简化并不是越简化越好，它需要有一个适当的范围，这个范围要通过标准所确定对象的规模与客观实际的需要相比较来确定。只有当多样性的发展规模超出了必要的范围时，才应该简化。正如克努特·布德林（Knut Blind）所说"品种简化可能带来采用成本，或者造成用户的效用损失，因为用户偏好的规格与所能提供的规格之间的分歧增加了"。也就是说，如果简化不能满足用户必要的功能需求，简化的作用就会适得其反。

第二，简化要有一定的合理性的范围。简化的最终目标是实现产品的最佳功能。这就要从全局上来看，要通过简化实现全局功能的最优化，如果只是局部的优化，而使全局的功能受到影响，那么，简化的效果就要大打折扣。

（2）统一效能原理。标准化的目的是要使复杂的事物达到统一，通过统一实现结构的优化，从而实现最佳的经济和社会效能。按照管理学家德鲁克的理论，"效能"就是"做正确的事"，是目标和效果的统一。在现代经济条件下，需要统一的对象非常多，其相互关系也非常复杂，因此，要通过标准化，使需要统一的对象在功能、形式、技术性能等方面趋于一致，使社会通过实施标准，将复杂的对象一致化，从而更好地实现社会效能。执行统一效能原理要做到：

1）统一是前提，效能是目标。

2）统一是一个渐进的过程，并非一劳永逸。在目前已经统一的基础上，随着事物的发展和时间的推移，还需要在新的前提下确立新的一致性。

3）统一的目标是实现应有的效能。如果"统一"的事物不能实现应有的效能，那么统一就没有意义。

4）要实现效能，必须做到等效。也就是说，通过标准化的方法，被统一的事物在功能上要与统一后的事物在效能上相等。这样，才能使事物和系统的总体功能达到最佳。

（3）协调一致原理。在标准系统中每一项标准都是一个基本的组成单元，它一方面要受到系统的制约，同时又会影响整个系统功能的发挥。所以在制定或修订每一项新标准的过程中都要进行协调，通过协调达到一致，从而增强标准的社会认可度和实施效果。因此，协调一致是从事标准化活动的重要方法。

按照贝塔兰菲（L. V. Bertalanffy）提出的系统论的原理，整个系统的性能并不是直接来自系统的各个组成部分，而是来自组成全系统的统一整体，即我们通常所说的：整体的各部分相加大于整体。根据这一原理，标准系统的功能并非取决于各个部分简单地相加，而是取决于各部分之间相互适应、相互结合的程度。因此，要实现标准系统整体功能最佳的目标，就必须在各个系统之间进行必要的协调，通过协调使系统中各个组成部分及相关因素之间建立起合理的秩序和必要的平衡关系。只有当各个标准系统的各组成部分之间达到功能的协调一致，其整体系统功能才能实现最佳。

（4）总体最优原理。在标准化的过程中，必须十分注重"总体最优"的思想。一方面，标准化的最终目标是要实现最佳效益，因此，标准化的结果必须追求最优化；另一方面，标准化活动的最优化，并非局部的最优，而是整体的最优。如果只是从局部出发，看似合理，但从总体上说，制定出的标准的适应性十分有限；随着科学技术和生产活动的日益发展，标准化活动所涉及的范围和程度也日益复杂，要实现标准化活动和效能的总体最优就显得更为突出、更为重要。在这方面，需注意遵循以下几个程序：

1）确定总体最优的目标。要从整体出发提出最优化的目标及效能准则（即衡量目标的标准）。

2）要广泛收集资料。要收集、整理并提供必要的数据和给定一部分约束条件。

3）建立数学模型。在充分了解情况的基础上，找出反映问题本质因素的数学方程（即某些变量或参数之间的关系）和逻辑框图。

4）计算。编制程序，通过计算求解，提出若干可行方案并加以比较。

5）评价和决策。经过对方案的分析、比较，从中选出最优方案由执行部门选定、决策。

（5）有效竞争原理。这是在经济全球化条件下，针对标准化的最新特点所提出的最新原理。

标准化的作用并非仅仅是产品的简化与节约、目标的统一与效能，过程的协调与一致、功能的总体与优化，还在于发挥市场竞争中的行业准入规则这一作用。这正是新形势下，标准化战略作用的具体体现。其表现是：

第一，标准化是市场竞争的有效手段。在市场经济条件下，标准化已成为市场准入的重要门槛。谁掌握了标准，谁就掌握了行业准入的规则和市场竞争的主动权。因此，在制定标准的过程中，必须争夺必要的话语权。

第二，标准化手段的运用必须有效。这就意味着要合理运用国际国内标准化的规则，积极参与标准的制定，通过组成标准联盟等形式实现标准的合纵连横，赢得广泛的支持，使标准的制定和实施更多地反映自身的利益。

第三，标准在竞争中的作用必须体现出有效性。其含义是：通过制定标准能使国家、产业和企业抢占竞争的制高点，获得应有的利益，不能"为了标准而标准"。如果不是在产业竞争中能获得优势的标准，即使制定得再多也没有意义。反之，如果对产业竞争有积极影响，一项关键的标准就会价值无穷。

上述标准化原理，是从标准化的实践和发展中总结和概括出来的。简化节约是标准化的基础，统一效能是标准化的目的，协调一致是标准得到广泛认可的必然过程，总体最优是标准化所要实现的功能，而有效竞争则是标准化战略作用的具体体现。它们之间又是相互联系，相互统一的，如果没有简化节约，就难以实现统一和效能；如果没有协调一致，也难以达到总体最优；如果没有效能和最优，标准化也很难发挥有效竞争的作用。因此，这些原理共同组成标准化的统一整体，反映了标准化发展的必然规律。

2.4.1.4　标准化的内涵和特点

上述定义揭示了标准化的内涵如下。

（1）标准化的目的。标准化的目的就是为了建立有利于人类社会发展，有利于社会经济发展的最佳秩序，从而取得经济效益和社会效益。基于这样的目的，开展标准化工作时，不能盲目追求标准的数量，要慎重地论证标准项目的必要性，要做深入细致的科研和试验工作，要从标准系统全局出发，从实际出发，重视整体和实践的效果。

（2）标准化是一项有组织的活动。为了达到标准化的目的，需要进行有组织的活动。这种活动主要通过制定和贯彻每个具体标准来体现，这与中国标准化法规定的标准化工作的任务是一致的。当然，这项活动还包括标准化原则和方法在各个领域中的运用。这里必须明确，标准化不可能自发地产生，是人类有组织地开展的。因此，标准化组织的管理工作十分重要。

（3）标准化不仅限于技术领域。如果只有先进的技术标准，缺乏相应的管理标准和工作标准，则各项管理措施很难得到落实，员工的分工也不明确、职责不清楚，从而影响工作效率和办事效率，最终导致技术标准无法得到实施。标准化脱颖于科学技术，汇流于现代管理，具有自然科学与社会科学的双重属性，渗透到社会生产和生活的各个领域之中。

（4）标准化概念的相对性。标准与非标准是相对的，它们之间可以相互转化。已经实现了标准化的事物，随着时间的推移，科学技术的进步，人类对自然界认识的加深，先进的方法得到应用，如果标准还停留在原来的水平上，先进的技术反而成了非标准的东西，这就要求对原有的标准进行修订或废除一些阻碍生产力发展的老标准，使非标准的内容又纳入标准化的范畴。这种由标准到非标准，然后再由非标准转化为标准的过程，是肯定—否定规律在标准化过程中的表现。

从标准化的演变历程可以看出，标准化是随着社会生产的发展而发展的，从标准所固有的属性来说，它主要有四个特点。

（1）科学性。标准是关于产品性能、质量安全指标、检测方法、管理要求的统一规定，是总结技术进步和生产实践的成果，经科学验证和协商一致所形成的技术文件，是保证产品质量和实施科学管理的技术依据，比行政管理规定带有更强的科学性。比如目前在生产实践中广泛运用的产品标准和ISO9000系列管理标准就是这样。

（2）兼容性。随着专业化协作的发展，产业分工越来越细，产品规格越来越多，任何一个企业都不可能也不需要包揽整个产业链或产品生产的全部环节，这就需要制定产业和产品间协作配套的标准，以实现整个产业和产品的互连对接，标准正是最具兼容性的纽带。比如物流、插头插座和大型机械配件的接口标准就是如此。

（3）经济性。标准把产品的种类、规格等技术指标限定在一定范围内，能够简化产品品种，统一产品规格，实现原材料投入、生产过程和产品流通的规模化，从而大大降低单位产品的成本。同时，产品、产业间通过标准的互联互通也可以降低因重复生产和资源浪费带来的经济损失。比如，据英国统计，由于制定了钢材的规格标准，大大减少了钢材的种类，提高了钢材的适用性，减少了资源的浪费。

（4）可验证性。标准既是生产和管理的依据，又是检验和认证认可的依据，它可以通过一定的技术和管理手段来量化评定，验证标准所规范的对象与标准之间的差距，并找出具体差距所在，为品质检验和持续改进提供技术依据。比如检测方法标准和卫生、环保等方面的标准就是如此。

2.4.2　标准作业流程

2.4.2.1　标准作业流程的定义

标准作业流程即 SOP（Standard Operating Procedure），是将某一事件的标准操作步骤和要求以统一的格式描述出来，用来指导和规范日常工作。标准作业流程大致可分为形成、发展以及成熟 3 个阶段。

下面以煤矿岗位为例说明标准作业流程的概念：

煤矿岗位标准作业流程是经过长时间的经验积累而总结出的一种最安全、最高效的工作方式。按照作业步骤、作业内容、作业人员等将某项工作简洁而精炼地描述出来，并配以相应的作业标准、制度、表单等来把控作业的质量和效率，最后将作业过程中存在的危险因素以危险源及风险提示的形式给予警示，即将某项工作总结出合理的工序并制定成标准，通过流程管理工具进行管理，用来指导和规范生产活动的一种工具。它的核心是以各类相应的标准、规程、制度等对作业的关键点进行量化和细化，以及在操作过程中可能出现的危险源及风险给予警示，其优点是对员工的工作前准备、工作实施过程、工作后达到效果整个过程进行更加严格、规范的规定，它能规范员工操作，达到控制风险、提高安全管理水平的目的。

2.4.2.2　标准作业流程的发展历史

标准作业流程的发展历史如图 2-14 所示，可以划分为形成阶段、发展阶段和成熟阶段等三个阶段。

（1）形成阶段。现代意义上的标准作业流程是在近代社会形成的，大规模的机械化生产为标准作业流程的发展和成熟奠定了物质基础。标准作业流程理论创始人是被称为"科学管理之父"的美国著名管理学家泰勒，他在大量生产试验的基础上，提出并逐渐完善了科学管理和标准化思想。

泰勒认为，科学管理是过去曾存在的多种要素的结合。他把老的知识收集起

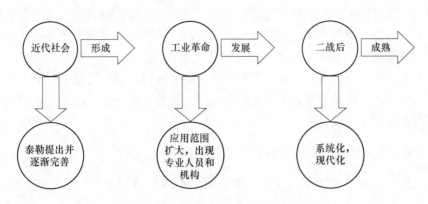

图 2-14 标准作业流程发展历史

来加以分析组合并归类成规律和条例，于是构成了一种科学。工人提高劳动生产率的潜力是非常大的，人的潜力不会自动跑出来，怎样才能最大限度地挖掘这种潜力呢？方法就是把工人多年积累的经验知识和传统的技巧归纳整理并结合起来，然后进行分析比较，从中找出其具有共性和规律性的东西，然后利用上述原理将其标准化，这样就形成了科学的方法。用这一方法对工人的操作方法、使用的工具、劳动和休息的时间进行合理搭配，同时对机器安排、环境因素等进行改进，消除种种不合理的因素，把最好的因素结合起来，这就形成一种最好的方法。

泰勒还进一步指出，管理人员的首要责任就是把过去工人自己通过长期实践积累的大量的传统知识、技能和诀窍集中起来，并主动把这些传统的经验收集起来、记录下来、编成表格，然后将它们概括为规律和守则，有些甚至概括为数学公式，然后将这些规律、守则、公式在全厂实行。在经验管理的情况下，对工人在劳动中使用什么样的工具、怎样操作机器，缺乏科学研究，没有统一标准，而只是凭师傅教徒弟的传授或个人在实际中摸索。泰勒认为，在科学管理的情况下，要想用科学知识代替个人经验，一个很重要的措施就是实行工具标准化、操作标准化、劳动动作标准化、劳动环境标准化等标准化管理。因为只有实行标准化，才能使工人使用更有效的工具，采用更有效的工作方法，从而达到提高劳动生产率的目的；只有实现标准化，才能使工人在标准设备、标准条件下工作，才能对其工作绩效进行公正合理的衡量。

（2）发展阶段。20世纪中叶，特别是第二次世界大战结束以后，标准作业流程的理论与实践已经进入了成熟期，出现了流程研究的专业人员和专业机构，其在各行各业中的应用已经相当普及。标准作业流程的制定、修改、审批过程也发展得十分规范。

（3）成熟阶段。标准作业流程目前已经在高科技领域，如航空航天、生物工程、智能机器人、核能技术等领域得到广泛应用，这使得当前标准作业流程中使用的工具越来越现代化、科技含量越来越高、技术手段也越来越有创新性。

2017 年 7 月，国家发布了《新一代人工智能发展规划》，指出当前人工智能已经进入新的阶段，对人工智能发展态势进行了分析，同时提出了发展人工智能的重点任务。无论是开展人工智能的理论研究还是现实场景应用研究，都需要以标准作业流程为基础。

2.4.2.3　标准作业流程的作用

（1）标准作业流程是科学管理的基础。标准作业流程在制造管理、品质管理和效率管理中有很明显的正面效应。它通过规范操作步骤和方式，总结在制造过程中形成的系统化工作流程，从而为整个制造过程的平稳运行提供有效保障；与此同时，标准作业流程中描述的操作流程是在科学理论指导下通过长期生产实践得出的结果，这些流程能够使得生产过程具有高效率，并且能够有效地进行设备的维护和检修；此外，规范的生产流程也将进一步提高产品的质量稳定性。可以看出，在整个生产过程的各个方面都实行作业标准化可以有效地改善效率和质量，并能够合理协调各部分之间的关系。更进一步，标准作业流程可以带动整个企业范围内与生产活动相关的管理系统的完善，从而为企业的科学管理奠定基础。

（2）标准作业流程是现代化生产的前提条件。现代化生产具有高科技化、工艺复杂化、多组织参与等特点，这些特点强调对生产过程和组织过程进行有效的管理，以使其分工清晰并紧密合作，这样才能在最大程度上简化生产过程，提高生产效率。因此，对统一标准的需求在现代化生产的大背景下日益凸显，并且标准作业流程的制定和执行也能够有效地促进现代化生产的发展。从这个意义上讲，标准作业流程是现代化生产的前提条件和基础。

（3）标准作业流程是提高产品质量的可靠保证。狭义的产品质量概念，与产品或服务的性能和技术要求有关。质量好意味着产品或服务的性能和技术参数达到了预先设定的目标。广义上的产品质量概念不仅包含产品性能和技术方面的内容，而且包含产品的包装、运输、储存等各方面的内容，标准作业流程的制定和执行对于两种意义下的产品质量提高均具有重大意义：它通过规范整个生产过程、操作动作及设备的使用方法，在提高生产效率的同时也有效地保证了产品性能和技术要求达到预定目标，为实现狭义的质量提供保障；它也可以规范产品在包装、运输、储存过程中涉及的流程和操作（如包装流程、装卸货物方式、储存环境条件等），从而为广义上的质量提高提供保证。

（4）标准作业流程是科技成果与生产实际的联系纽带。科技成果与实际生产之间最大的区别在于，科技成果的评判只需对实验室内个别生产样品进行考察甄别，即只需生产出一两件成品便可，而实际生产则要求通过一系列可行的生产过程产出大量的稳定的合格产品，并保证质量的均一性。为了将新进科研成果运用到实际生产中去，提高生产技术和产品的科技含量进而提高产品质量、降低生产成本，必须同时考虑到实验室条件和实际生产条件，找出其中的差异、矛盾并制定相应的解决方法，将科学技术与实际生产过程有机地结合起来，在保证运用新科技成果的同时还要满足大批量生产的要求。此时针对新技术的运用来制定标准作业程序便是最好的选择，标准作业程序可以根据新成果对生产过程的要求制定出一套标准的操作流程，在尽量满足新科研成果要求的同时达到最高的生产效率，同时标准作业流程的实施也有助于企业员工尽快适应新技术在生产过程中的合理运用。

（5）标准作业流程是促进国际贸易的有效手段。随着全球化趋势的不断加强，国与国之间的交流日趋频繁，国际贸易量也在不断上升。对于大多数国家而言，国际贸易收支都直接影响着本国经济发展状况，中国之所以能维持稳定的GDP高增长率，直接原因是中国保持着较高的国际贸易顺差。从整体上看，加强国际贸易可以有效地促进全球经济发展，提高人们的平均生活水平。

国际贸易的促进和发展，首要条件是存在统一的产品标准，即一个国家生产的某种产品能满足别国的要求，能在其他国家正常使用。这就要求世界各国对其生产的用于出口的产品进行标准化，包括规格、性能、使用环境等，尽量保证同类产品的重要技术参数接近。因此针对同类产品制定类似的标准作业程序就成为可能甚至必须，只有规定相同或相近的产品性能参数，才能使产品能够满足不同国家、地区的需求。因此，应用标准作业程序是促进国际贸易的有效手段。

2.4.2.4 煤矿企业标准作业流程的作用

（1）将煤矿岗位作业流程标准化可以预防煤矿开采过程中"三违"（矿山企业员工在生产、建设中所发生或出现的违章指挥、违章作业（操作）和违反劳动纪律的现象和行为）事故的发生。同时企业充分考虑到生产各个安全因素制定的岗位作业流程、标准规章制度能够及时发现生产期间的安全隐患，并对安全隐患进行等级划分，根据安全隐患事故发生的可性能和危害程度逐步对作业中各步骤的安全隐患进行防范，实现了安全防范的流程化，保证了作业安全。

（2）提升煤矿单产单进水平。综采工作面自初采至末采挂网期间均有相应的标准作业流程，按照岗位作业流程指导综采工作面的生产，可以不同程度地提高综采工作面的日产量，保证了综采工作面的高产高效。

（3）降低机电设备故障率和运行成本。煤矿开采是一个动态过程，这一个过程需要煤矿区域内多种工作系统、设备高度协调有序的工作。煤矿岗位作业流程标准化不仅能够约束员工的违规行为，提高劳动生产效率，还能够通过完整的设备、机电系统安全操作规章制度降低设备及机电系统发生故障的频率，提高设备的工作使用寿命，降低生产期间的能耗，进而提高企业的经济效益。

（4）提升员工岗位操作技能。岗位作业流程标准化建设将复杂、烦琐的安全生产以文字、教案等形式向员工输出新知识、新技能、新理念。员工也可以随时随地学习岗位作业标准流程，实现员工生产经验和生产理论知识水平的齐头并进，大幅度提高员工的技能水平。此外，通过岗位作业流程标准化建设可以缩短员工上岗培训时间，优化了员工工作效率，对安全生产管理工作提供了便捷条件。因此，总体来说，岗位作业流程标准建设无论是对煤矿安全生产、安全管理、资源利用等方面都有非常显著的促进作用。

（5）煤矿岗位标准作业流程是煤炭行业生产作业由经验管理向流程管理的质的飞跃，是实现作业标准化管理的科学手段，同时也是提升企业核心竞争力的重要体现。流程推广应用是一项长期的工作，推广应用中，要注意根据实际情况及时修改、补充、完善；要发挥系统功能，实现现有流程、岗位、人员的有效匹配，逐步强化员工的执行意识，使流程真正起到保安、提效的作用，切实提升煤矿安全生产管理水平。

2.4.3　标准作业流程的制定

2.4.3.1　标准作业流程的制定范围

标准作业流程的范围受其特点的影响和决定，一套完整的标准作业程序应该包含以下几个方面的内容。

（1）标准作业流程的企业背景。企业背景应包括相关硬件设备基础、人员分布情况、生产工作地点和具体的生产工作环节。相关背景信息的厘清和明确，能够使作业人员从宏观上把握生产环境、工作流程和操作条件等信息，有利于其深入理解和掌握标准作业流程的具体内容。

（2）目标操作的具体流程和操作参数。目标操作的具体流程和操作参数是标准作业流程的重点内容。它们的目的在于帮助操作人员掌握某项作业的操作顺序、操作方法、要求使用或必须使用的工具以及一些技术上的参数要求等。以汽车生产厂的组装标准作业程序为例，其要求首先组装汽车底盘，然后组装车体，最后组装内饰等；同时，需要明确在组装过程中要求使用的特定型号的螺钉、螺母，在不同阶段要求使用的不同生产线区域，以及对组装时的一些具体参数（如发动机距离车前、车后的位置等）做出相应的量化要求。操作流程是标准作业流程中对具体生产过程的描述，它是达到生产目标最有效、最安全的过程，也是新员工需要学习的第一步。因此，科学的操作流程和参数，对企业实现生产目标和安全保障具有重要意义。

（3）工作流程中危险源的识别和控制。伴随着工业生产的不断发展，工人在生产过程经常会使用到重型机械或有毒害材料等，这些使得操作过程具有一定的危险性。其中，少量危险属于系统风险，它们是无法被彻底避免的。例如，在化工工业生产过程中，少量的有毒气体的溢出是很难避免的，这可以理解为工业生产所导致的"必然性"附带危险。但是，大多数工业生产过程中危险的出现是由于作业人员的操作不当或错误造成的，这些危险是可以避免的。标准作业流程中关于风险控制的内容就主要针对这部分危险设置。对危险的详细阐述和说明可以帮助工人在作业过程中了解基本危险来源，并通过制定管理措施，做到防患于未然。标准作业流程首先将指出生产活动中所能够遇到的各种危险及其可能导致的后果，并说明其严重性和不可逆性，使得操作人员能够自觉地产生一种自我保护意识；然后会针对每一项危险，具体阐述和分析危险源、危险发生的过程、能够导致危险产生的不良操作和一旦遇险应采取的应急自救方法等。这些内容既可以帮助降低危险发生的概率，又可以在出现危险苗头时帮助工人迅速识别险情源头、采取应对措施，将危险消灭在萌芽期，把事故可能造成的人员伤亡和财产损失降至最低。

（4）设备故障排除方法。设备老化、不良操作方式和操作错误等都有可能造成设备故障，此时如果不管或等待专门维修人员前来检修必然会浪费时间，降低生产效率。但如果操作人员具备基本的设备维修知识，就可以自己检修，自己排除故障。一般来讲，后面这种方式会更有效率，因为专门操作某设备的人员往往会比维修人员更了解该设备的特性、故障历史和操作失误的可能性等。因此，在标准作业流程中，应该对生产过程中使用的机械设备可能出现的简单故障进行介绍，并使工人了解故障发生时的现象和信号，制定排除故障的方法。这对于提高工作效率、减少安全隐患具有重要作用。

具体在标准作业流程内容的编制中，还需要注意以下事项。首先，对每一个步骤必须准确说明，避免出现模棱两可的模糊语言，最好做到每一个操作都定量化。其次，对操作过程的描述语言要精练，不要追求过度文学化的表述或过度理论化的表达，尽量做到简单明了。不同员工的知识水平和理解能力具有差异，烦琐的内容只会增加其工作量，并且不易于他们理解、记忆和运用。一个可行的方法是在编写过程中加入一些较为直观的图表，例如流程图、实地操作图片等。

2.4.3.2 标准作业流程的实施步骤

（1）遵循 PDCA 循环原则，循序渐进，制定并持续完善岗位作业流程标准。

1）岗位作业流程标准制订深度及特点。岗位职工按本岗位作业标准作业能够顺利完成本职工作，同时保证自身和他人的人身安全、健康；保证设备得到正确维护并稳定运行；保证产品质量、工作质量、现场环境卫生符合要求；保证污染物排放达标。编制出易于作业人员掌握、高效作业的岗位作业流程标准，既是基础管理的难点，也是基础管理的重点。

2）全面细致地进行作业活动分析。涉及工艺的作业活动分析一般应包括产品工艺分析、作业流程分析、相关工序（或工种）联合作业分析、作业动作分析等；充分考虑危险源辨识结果、应急预案策划结果、设备操作（正常操作、检修前、检修中、检修后的操作）、维护保养要求等，将该岗位从接班到交班全过程、所有可预见情况（正常、异常、紧急等）的作业要求全面包含；找出每个作业步骤的关键环节（点），对作业结果有重大影响的作业步骤描述应尽可能量化、精练、准确；每个作业步骤都要考虑"怎么做，做到什么程度"。

3）全面获取岗位作业流程标准制订材料。确定具体起草标准的人员获取有关法律法规、标准、规程及相关文件或资料的途径，并及时提供现行有效版本。起草人员充分获取适用的有关法律法规、标准、规程等，将必要的适用性条款转换为岗位作业流程标准内容；涉及重要的工艺技术和设备，起草人员充分获取必要的技术文件和设备使用维护说明书等文件资料，将关键的技术要求转为岗位作业流程标准内容；起草人员充分获取以往相关各类事故案例，将防止事故重复发生的重要措施转换为岗位作业流程标准内容。

4）岗位作业流程标准的主要内容。前言（包括标准主要起草人、参与起草人、批准人、发布日期、实施日期等），岗位职责，接班要求，正常作业的程序和方法（一般包括作业、操作步骤、工艺参数的控制和调整、岗位设备点检要求、设备操作、维护方法、安全、环保注意事项等），设备检修前、中、后岗位人员的配合操作，异常和紧急情况的处理程序和方法（按不同的应急事项，确定有效的处置措施），重要的设备、工艺技术参数，交班要求，附件，必要的记录。

5）岗位作业流程标准起草要求。标准制订质量高低是标准化管理成败的关键，起草人要具有较强的责任心、具有技术或专业特长，起草的岗位作业流程标准应有据可依、依据科学；岗位作业流程标准必须符合国家有关法律、法规、标准、规程的规定。内容要有较强的针对性和可操作性，语言通俗易懂、言简意赅，便于职工掌握和执行，作业流程详细描述要符合生产作业实际和正确的作业方法、习惯，杜绝习惯性违章。工种名称相同但作业内容不同的岗位应分别起草岗位作业流程标准。起草人在起草过程中应深入现场进行调查研究，起草完成后形成征求意见稿，并发给有关人员，横向纵向广泛征求基层操作、管理人员的意见，将先进的、有效的做法充实进来；主起草人将修订意见进行收集、整理并汇总后形成送审稿。

6）厂（公司）领导认真组织评审。把好岗位作业流程标准质量关。事先确定本单位负责的各岗位作业流程标准参加评审人员，并将参加评审人员名单及时提供给主起草人。评审组长由厂（公司）助理级以上领导担任，对于技术或操作较复杂的岗位，作业标准的评审工作要有技术、设备、安全专业管理人员参加，必要时公司相关部门的专业人员参加。主起草人应提前 10 天向评审组参加评审的人员提交送审稿，以便进行充分研讨论证，优化岗位作业流程标准。评审采用会议评审或汇总反馈评审意见的方式。所有评审均应及时形成评审记录，参加评审人员对评审结果签字确认。主起草人根据评审意见修改后，形成报批稿。

当出现生产工艺发生变化、机械设备进行了改造、工艺操作参数进行了调整、发生事故后经分析认定该岗位作业流程标准不健全、岗位进行了合并或分立、岗位作业内容或职责进行了调整（增加或减少）、发现有不满足作业内容需要完善的情况时、试行期限将满及所依据的有关法律、法规、规程、标准发生变化时，要及时对岗位作业流程标准进行评审。初次起草的岗位作业流程标准试行时，必须注明"试行"字样，且试行期限不得超过 9 个月。至少每 3 年对所有岗位作业标准进行一次评审，对仍适用的重新确认发布，对不适用的进行修订。

7）岗位作业流程标准的审批、发布、发放。形成报批稿后，应先行向公司安全部门、生产技术部门、设备部门、能源环保部门征求意见；如发现岗位作业标准存在问题，修订后再进行批准发布。

主起草人将修订后的报批稿提交审批，由单位第一负责人批准发布本单位起草的岗位作业流程标准。按受控文件发放到所有执行人员，保存发放领取记录。负责管理岗岗位作业流程标准的部门和安全、设备、技术部门必须有全部岗位的岗位作业流程标准本。随时向新上岗位的人员发放岗位作业流程标准。兼工种岗位的作业标准不能指导所兼工种作业的，还要发给所兼工种的岗位作业标准。建设项目新增岗位的岗位作业流程标准在试运行前 3 个月发布实施。

（2）开展标准化作业培训，注重培训实效。以岗位作业流程标准为主要培训内容，坚持"干什么、学什么、会什么"的原则，多层次、多形式、多环节开展有针对性的全员标准化操作技能培训，从公司管理人员到一线作业岗位全部参与，采用集课堂教学、现场实际操作指导、观摩学习、案例分析、专题攻关、技术演练、多媒体教学为一体的培训方式，快速实现培训目标，提高培训质量，增强员工学习的兴趣。作业人员培训侧重现场实际运用作业标准训练，切实提高职工实际操作技能和标准化作业能力。新制订的岗位作业流程标准既简明又实用，激发了职工自觉学习技术、掌握岗位技能的积极性，员工队伍的岗位技能和知识结构发生了显著变化，通过全员标准化作业培训，真正做到学以致用。以岗位作业人员 100% 掌握标准化操作为目标，通过开展培训和岗位练兵、技术比武、现场讲说等活动，达到岗位作业人员准确掌握相关的每个生产工艺流程、准确掌握操作要领、准确掌握规范启停每台设备、准确判断果断处理每项故障。每个岗位作业人员都成为精通岗位操作的"小专家"，达到人人操作标准化，个个不违章。

（3）严格检查考核。检查采用现场讲评、理论考试、岗位互查等方式，主要从标准操作、应急操作、意识习惯等方面，综合考评一线岗位作业人员标准化操作能力。通过现场操作、模拟演练、案例分析、违章检查等形式，分期、分批对岗位工作人员的标准化操作技能进行现场考试，对达不到本岗标准要求的职工，组织脱产培训学习，实现"培训—操作—考核—再强化培训—再操作—再考核"的循环提升。检查人员以提问的方式进行抽查时，必须找出该岗位需掌握的重点，如抽查操作要领、重要技术参数、启停设备操作的关键环节、各项应急事项的应急操作等，防止出现实用性较差的会背诵但实际未掌握标准的现象。

（4）认真组织培训学习，掌握标准化操作技能。从岗位作业流程标准试行、正式发布执行全过程认真组织有关人员开展岗位作业标准的培训和学习，快速实现标准化作业。培训形式要求多样，采取讲授法、演示法、讨论法、目标竞赛法、单项工作训练法或利用视听教材等方法进行教育培训。培训要求做到"五落实"即组织、内容、时间、形式及管理措施要落实。通过培训，使职工能够及时准确掌握本岗位的作业流程标准，快速实现标准化作业。

培训效果要求：班组长掌握本班组各岗位的作业流程标准；相关科室管理人员掌握本人职责范围内的岗位作业流程标准，工段长掌握本工段各岗位的作业流程标准，各领导基本掌握本单位范围内的各岗位作业流程标准的要领，在工作中能够做到既不违章指挥，又能纠正存在的违章现象。相关部门，按照推进标准化作业活动的职责分工，组织内部职工学习相关的岗位作业流程标准，能够基本掌握本部门职责范围内的各岗位作业流程标准的要领。

（5）开展自查、督导检查，发现问题及时纠正。培训结束后，验证工作要求人人过关。工段组织本工段岗位作业流程标准培训学习效果的验证工作，验证以现场观察实际操作为主，理论考核为辅的方式进行，保障每名职工能够掌握本人的岗位作业流程标准，并能够按照标准进行标准化作业。

严格对本单位岗位作业流程标准学习培训效果和标准化作业情况进行检查，对岗位职工考核比例不低于25％，确保每名职工能够掌握本人的岗位作业流程标准；对班组长考核比例不低于本单位班组长人数的30％；抽查相关科室管理人员不低于本单位管理人员的40％；对工段领导的考核比例要达到100％。推进标准化作业办公室对标准化作业推进情况进行全过程跟踪、指导和检查，并对推进标准化作业活动过程中存在的问题提出考核意见。

（6）岗位作业流程标准的检查验收。根据实际情况及时向厂（公司）推进标准化作业办公室提出验收申请，推进标准化作业活动办公室根据各单位提交的验收申请，对各单位活动开展情况进行检查、验收。

检查、验收方法：对职工进行现场随机抽考，以实际操作为主，抽考率不低于被抽查单位作业岗人数的5％；对班组长抽考本班组各工种岗位作业流程标准，并考核实际操作，抽考率不低于被抽查单位班组长人数的15％；对工段领导随机抽考所在工段各工种岗位作业标准的掌握情况，被抽考者以讲评标准为主，抽考率不低于被抽查单位工段级领导人数的50%；对于相关科室管理人员抽考率不低于被抽查管理岗人数的30%，随机抽考与其职责相关的岗位作业标准，要求掌握标准的要领。对各级领导进行抽查，抽查率达50%，抽查内容为被抽查单位主要岗位的作业流程标准，要求了解关键环节的内容。

推进标准化作业活动办公室根据检查情况，对活动开展情况进行评比，对标准化作业开展好的单位给予适当的奖励，对于标准化作业开展不好的单位给予一定经济处罚，并延长该单位的活动时间，直至通过验收。

2.4.3.3　煤矿企业标准作业流程的制定

A　煤炭企业实施标准作业流程的必要性

近年来，随着开采技术和装备水平的不断提升、安全投入不断加大，煤矿事故得到一定程度的遏制，煤矿安全形势稳中转好。据统计，全国煤矿事故死亡总人数由2002年的6995人减少到2020年的225人，煤矿百万吨死亡率由5%下降到0.059%。但受煤层赋存条件、地质条件、装备技术水平、从业人员素质、管理水平以及煤炭企业历史传统等因素影响，煤矿现场生产管理一直比较粗放，现场生产人员存在作业盲目、作业随意、作业质量差、零敲碎打事故频发等一系列影响安全生产的现象，严重阻碍了煤矿的安全、高效生产。因此，如何有效规范员工的作业行为，保障安全生产，一直是煤炭行业亟待解决的难题。

为此，几代煤炭人进行了不懈的努力和探索，尝试用《煤矿安全规程》《操作规程》《作业规程》《岗位责任制》《岗位标准化作业标准》《煤矿各岗位工作标准》《煤矿岗位描述手指口述》等一系列规程、制度、标准来规范员工行为。但煤矿工种繁多，作业内容庞杂，规程、制度、标准只能对关键岗位、关键环节、重点步骤进行规范和要求，且管理层级内容多，操作层级内容少；固定工种岗位描述多，联合作业情况描述少；作业内容描述多，作业逻辑关系描述少；现场应用并未达到理想效果。

2013年，中国煤炭工业协会咨询中心和原神华集团联合开展了煤矿岗位标准作业流程研究，以流程管理理念为指引，以国家及煤炭行业相关规程、规范、标准为依据，以信息化平台为支撑，编制了煤矿标准作业流程，共计1668项，涵盖井工、露天、洗选三大专业，用于指导和规范员工岗位作业。该体系一经推广，便得到了行业的广泛认可，2014年基于该体系形成的《煤矿岗位标准作业流程编制方法》行业标准已报送至相关部门。2016年，原国家安监总局、国家煤监局要求全行业推行标准作业流程。与此同时，中国煤炭工业协会咨询中心联合原神华集团，根据煤矿岗位标准作业流程近3年的应用情况，国家标准、规程、规范的更新情况以及现场使用需求等，再次对该体系进行了增补和修订，形成新版煤矿岗位标准作业流程，共计 2819 项。该体系填补了煤炭行业空白，是煤矿安全管理的又一利器。

B　焦煤集团煤矿的员工特点

（1）员工的文化程度不均衡。人员整体文化程度较低，高中及以下学历占有较大比重，有些矿井甚至超过 50%，在日常的生产过程中表现出人员文化水平与生产技术、设备操作要求的矛盾更加凸显，呈现出设备操作不规范、设备故障率居高不下、习惯性违章作业随时出现、不安全行为以及零敲碎打事故时有发生的特点。

（2）人员技能参差不齐。作业区队经常出现这样的现象：同样的一个故障，有些人去处理得心应手，有些人就束手无策；同一个工序（活），不同人去完成的效果迥然不同；区内同一岗位上，存在主岗位工的技能远超过副岗位工，一旦主岗位工休班，遇到较有难度的故障时，副岗位工往往不能胜任工作，不能及时排除故障，形成故障率高居不下的情况，影响时间长。

（3）岗位人员流动频繁。个别关键岗位人员，个人业务能力和职业技术水平高，由于种种原因，造成岗位转换频繁，一旦能人调离岗位，好的经验、方法往往随着能人的离开而离去。新员工接替岗位难以短期内达到优秀员工的水平，且操作的安全规范性也难以得到保障。有时甚至影响到整个队伍的稳定，造成技术力量得不到稳定和持续提高。

C　岗位标准化作业流程的分类

焦煤公司煤矿推广标准作业流程的初步阶段，呈现出的问题有：（1）某些成熟的作业流程与现场条件符合，据此作业可操作性强；（2）某些作业流程与现场条件不符，不能作为指导现场作业的依据；（3）某些作业现场需求强烈，但没有现成的流程可做参考。根据以上情况将标准化作业流程分为 3 类。即 I 类岗位标准作业流程与作业现场相符，II 类岗位标准化作业流程与现场条件不符合，III 类现场很需要，但是没有可做参考的岗位标准化作业流程。

D　岗位标准化作业流程的实施

首先，针对 I 类流程，采取强力推广执行模式。

I 类流程是针对成熟的作业，通过多年的经验积累，已经总结出最合理的工序和工作步骤。与现场作业条件完全相符，按照此工序完成的工作效率最高、最安全。因此必须坚定不移地贯彻执行，对于此类流程提出"标准化作业流程，记不住就是隐患，不执行就是三违"理念，并深入开展"十二个一"活动：（1）每位作业人员至少随身携带两个标准作业流程的卡，科室值班人员每一班抽查提问；（2）作业区队每班每人要在日常生产检修中有意识地应用一条流程，理论与实践结合，加深理解；（3）作业区队一把手牵头创建队内微信群，员工加入率不低于 70%，队干全部加入，要求队干、班组长在微信群中每天发一条标准作业流程或安全文化知识；（4）作业区队每个班组每周查一条不规范执行流程的问题，并在标准作业流程系统中录入，各科室负责人将不定期查看；（5）生产（技术）科在微信群中每周对各区队在标准作业流程系统中的平均学习时间进行一次通报，学习时间不达标，区队在矿调度会通报；（6）由生产（技术）科牵头，各科室相关负责人配合，组织区队队干、班组建设及标准作业流程负责人参会，每月3号前召开一次例会；不得无故不参加、迟到或早退；（7）作业区队每季度组织员工进行一次考试，内容以班组建设制度与标准作业流程为主，并上报考试卷、照片；（8）作业区队每班每月写一篇事故案例或视频的观后体会，每月末将稿件上报；（9）矿将推行"三问一写"制，各区队在入井前、作业中、每月末对员工进行标准作业流程知识提问，要求上报提问记录；员工每月抄写一条标准作业流程，要求区队整理后上报；（10）作业区队负责干部实行承包制培训，每季度培训一次，并编制相关处罚办法，要求将培训记录及照片上报；（11）矿内每季度组织一次有奖考试，每次考试内容选取两条常用流程为考题，每个季度末将作业区队考试人数情况纳入考核范畴；（12）矿每半年举办一次技术比武，相关工种在矿实操基地进行标准作业流程演练比武。

"十二个一"活动开展以来，作业人员对Ⅰ类流程了然于胸，将标准化作业流程当作自己在操作过程中的行动指南。使作业过程规范化，完成工作的质量标准化，不仅提高了作业效率，而且在流程中的安全提示指导下确保了作业安全。真正使得"上标准岗，干标准活"的理念深入人心。

针对Ⅱ类流程，采取专业小组梳理改进模式。

Ⅱ类流程也是针对成熟的作业，通过多年的经验积累，已经总结出最合理的工序和工作步骤。但是与煤矿现场作业的实际条件不符，因此成立流程专业小组。对标准化流程认真梳理，查找问题持续改进，让Ⅱ类标准化作业流程在该矿具体化。

岗位标准化作业流程的编制也不可能一次性到位，要实现流程完全适用于作业现场，必须经过一个不断完善、不断改进的过程。从而使现场作业人员工作起来更加有章可循，管理人员在监督过程中更加有据可依。为使Ⅱ类流程能成为指导现场作业的依据，建立标准化作业流程持续改进体系。如图2-15所示，流程小组通过认真梳理筛查，或根据作业区队的反馈找出与现场作业过程中不符的流程。作业区队安排该项工序作业时，流程小组及时到井下现场。将原步骤逐条与现场对照，查找不符步骤。升井后通过会议讨论，修订出新的标准化作业流程并在下次该工序作业时进行现场验证。发现的问题则继续修订，现场再验证；验证成功的经矿领导批准按Ⅰ类流程，在作业层面大力推广执行。

针对Ⅲ类流程，采取交流和积累的新增模式。

作业区队中经常出现某些技术领域的杰出人才，他们通过在工作岗位上的日

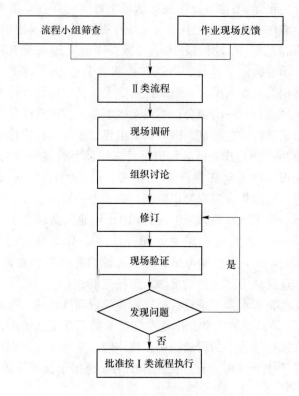

图 2-15　标准作业流程改进模式

积月累，对岗位上的故障处理了如指掌。当井下设备发生故障，现场人员一时难以解决时，这些杰出人才经过研究分析，精准排查故障，问题即可轻而易举地解决。

　　煤矿高度重视这类技术人员，经常组织作业现场岗位技术能手召开技术经验交流会。岗位技术能手将自己曾抢修的项目经历、当时故障现象、故障判断步骤、故障处理方法、本次故障应急处理及如何协调检修时间等在会议上详细分享，现场人员也可以就具体故障与其做深入探讨。标准化专业小组将其好的做法、经验记录成标准文件。并经过现场调研、组织讨论、修订、现场验证等程序形成该故障处理的标准化作业流程。根据岗位技术能手分享经验的次数，在年底评先树优中给予优先考虑。煤矿举办的技术经验交流会，不仅为员工学习技术提供了交流平台，而且使其好的经验方法得到固化，积累沉淀为有效解决现场难题的流程。经矿领导审核批准后按 I 类流程在作业层面大力推广执行。

　　E　标准作业流程的应用效果

　　（1）不安全行为发生次数显著降低。过去老师傅通过"手指口述"以及日常作业过程的交流，讲出一些该项作业中应注意的危险因素以及已经发生过的事故。这种传统的强调作业安全的方式存在两个弊端，一是老师傅仅凭经验难以将该项作业过程中的所有危险因素辨识全面；二是新员工仅凭记忆难以完全记住每个作业步骤中的注意事项。而通过岗位标准化作业流程的形式有效解决了这一难题，煤矿根据自身实际将岗位标准化作业流程与危险源、不安全行为、事故案例相关联。在具体作业过程中员工通过对照标准作业流程卡，事先对作业中存在的危险源进行辨识，从而起到事前控制的效果，从源头消灭不安全行为，有效地制止和纠正了不安全行为。通过实施标准化作业流程后，不安全行为发生次数降幅显著，说明"标准化作业流程，记不住就是隐患，不执行就是三违"的理念已经深入人心，岗位标准化作业流程已成为煤矿实现安全生产的重要基石。

（2）员工业务素质和职业技能显著提高。岗位标准化作业流程对作业过程的每个步骤都有详细的作业内容和作业标准。推行标准作业流程"十二个一"活动，为新员工学习新技能，老员工学习其他岗位技能搭设平台。激发了员工学习流程的热情，从而新员工中涌现出一大批岗位技术能手，老员工则成为一岗多能的多面手。在生产组织中，有效提高副岗位工的胜任率，避免岗位对某些技术能手的依赖性。同时由于班组中多名一岗多能的老员工的存在，使得轮岗换位更为流畅，给有意愿精通区队其他岗位工作的员工提供有力的保障。

（3）设备故障率降低。设备故障往往出现在生产过程中，煤矿劳动组织一般执行"三八"制，即中夜班为故障高发期。而按以往的劳动组织规则，中夜班员工只负责生产，遇到故障则等待早班人员到现场进行抢修。该矿推行标准作业流程"十二个一"活动，使生产班操作人员根据现场故障现象，找出相应的标准作业流程卡，按照标准作业的要求，就能现学现用解决故障。从而提高开机率，缩短抢修作业时间，提高有效生产时间，减少浪费、降低生产成本、提高作业效率，因此提高了整体经济效益。

（4）为更好地传承积累了技术和经验。通过举办技术经验交流会的方式，不仅为岗位技术能手展示自己才能提供了舞台，让他们在企业中获得实现感，同时还为想学习技术的员工提供学习交流的平台。这种沉淀岗位能手的好做法、好经验，将这些经验不断地积累和传承。同时通过标准化专业小组的记录，将组织生产过程中遇到的应急抢修故障的问题形成标准文件。从而岗位标准化作业流程更好地指导现场作业，提供有力保障。同时对日后处理类似问题积累了宝贵经验，提供了科学决策的依据。

2.4.4 实施岗位标准作业流程的意义

（1）促进了标准化体系建设的深入开展。岗位标准作业流程的有效推广，使员工深刻体会到标准化体系不仅是一种提高运行效率和安全环保能力的程序，更是一种新的管理思想的导入，是传统管理思路的转变，是提升企业竞争力和塑造企业形象的管理变革。通过标准作业流程的推行，进一步激发了员工对标准化工作的重视，引导他们更加主动地参与标准化体系的建设和推广。

（2）促进了基层突出问题的深入解决。岗位标准作业流程从明晰岗位职责入手，理清各岗位的工作界面，明确岗位的工作内容和要求，改变了传统管理模式下基层岗位分工不细、职责界定模糊、操作标准不规范的粗放式管理，使岗位员工明确了该干什么、怎么干、干到什么程度，使精细管理的内涵延伸到了一线岗位，实现了岗位操作标准化、程序化、规范化、简单化。

（3）培养了员工良好的操作行为习惯。由经验操作转变为标准操作，固化了员工操作行为，"只有规定动作，没有自选动作"的理念进一步深入人心，员工学标、对标、创标的热情日益高涨，标准操作习惯逐渐养成，有效地杜绝了违章操作、麻痹大意的坏毛病、坏习惯。

（4）提高了生产安全系数及工作效率。标准化的操作涵盖了岗位风险源及控制措施，对每个作业程序控制点的操作进行了细化、量化和优化，减少和避免了重复操作和无效操作，安全提示更加具体，操作程序更加简捷，有效提升了安全生产系数和工作效率。

2.5　安全绩效考核

2.5.1　安全绩效考核概述

2.5.1.1　绩效

A　绩效的概念

根据韦氏词典词条解释，绩效指的是完成、执行的行为，完成某种任务或者达到某个目标，通常是有功能性或者有效能的。通常来说绩效包括集体绩效和个人绩效两个方面，这两个方面有机结合才构成一个统一的整体。就现代企业来说"绩"是指在一定时间内各级管理者经营现代企业所取得的成绩。"效"则是指在一定时间内企业提供各项服务中所获得的效益。简而言之，现代企业绩效是指将现代企业提供服务的效能以及资源和资金在提供服务中的效率这两者有机地结合起来。

B　绩效的性质

绩效的性质主要包括三个方面：多因性、多维性和动态性。

（1）绩效的多因性，指绩效的优劣并不取决于单一的因素，而要受制于主、客观的多种因素影响，影响员工个人绩效水平高低的因素可能是员工本身所具备的工作技能、对工作的熟练程度，也可能受工作时的工艺设备、整体的工作环境等影响。

（2）绩效的多维性，指绩效考评需从多种维度或方面去分析与考评，比如员工的工作态度、基础能力、业务水平等等。

（3）绩效的动态性，指员工的绩效是会变化的，随着时间的推移，绩效差的可能改进较好，绩效好的也可能退步变差，因此管理者切不可凭一时印象，以僵化的观点看待下级的绩效。

C　绩效的主要影响因素

根据绩效多因性的分析可知，企业员工绩效的好坏受到多个主、客观因素的影响而并不单单取决于某一个因素。当前比较公认的是把影响绩效的因素分成四个方面，即能力、激励、机会、环境。

（1）能力。能力是指员工工作技巧与能力水平，取决于个人天赋、智力、经历、教育与培训等个人特点。在其他因素不变的情况下，员工的能力越强，绩效越显著，即能力与绩效成正比关系。作为组织，可以通过培训提高其能力水平，从而改进绩效水平。

（2）激励。激励是指员工的工作积极性。激励本身又取决于职工个人的需要结构、个性、感知、学习过程与价值观等个人特点，其中需要结构的影响最大。员工在谋生、安全与稳定、友谊与温暖、尊重与荣誉及实现自身潜能诸层次的需要方面，各有其独特的强度组合，需经企业调查摸底，具体分析，对症下药予以激发。

（3）机会。机会具有很大的偶然性，如某项任务分配给员工甲，只是由于员工乙当时不在或因纯随机性原因而未被派给任务，可能乙的能力与激励均优于甲，却无从表现。不能否认，"运气"是有的，现实中不可能做到完全的公平。此因素是不可控的。

（4）环境。环境首先是指企业内部的客观条件，如劳动场所的布局与物理条件（室温、通风、粉尘、噪声、照明等），任务的性质，工作设计的质量，工具、设备与原料的供应，上级领导的作风和监控方式，公司的组织结构与规章政策，工资福利、培训机会以及企业的文化、宗旨及氛围等。此外还包括企业之外的客观因素，如社会政治状况、经济状况、市场竞争强度及劳动力市场状况等。这些因素的影响都是间接的。

绩效管理由经济学家比尔和鲁于1976年最先提出，是指为使公司获得长期不断的成功而采取的改善员工的工作和提高团队和个人的能力等一系列努力。绩效管理的思想精髓是以人为本，就是让员工充分地参与到组织的管理过程中来，高度重视员工的综合能力的全面发展。在完成组织战略目标的同时，达到员工个人价值的实现和职业生涯规划的实行。绩效管理是一种长期不断更新的过程，包括年度绩效管理、个人发展计划、绩效协定、绩效评估等。现代企业绩效管理概念可以表述为通过对企业战略目标分解和业绩考评，将绩效结果运用在现代企业日常管理活动之中，以激励员工业绩持续改进并以此最终实现企业战略目标的一种管理活动。

2.5.1.2　绩效考核

A　绩效考核的概念

绩效考核，就是收集、分析、评价和传递针对某一个工作人员在其工作岗位上的工作结果及其工作行为两个方面的信息情况的一个综合过程。绩效考核从某个企业设定的总体目标出发对员工工作进行考评，并且使考评结果与其他人力资源管理职能结合起来，以此来推动企业经营总目标的实现。

B　绩效考核的基本原则

绩效考核的原则主要包括公开、公平、公正原则，目的性原则，绩效改进和激励的原则，制度化与定期化原则，实用性与可行性原则，时效性原则，定性考核与定量考核相结合原则等七个基本原则。实际工作中，有些企业的绩效考核根据其目的如职务晋升等来进行专项考核而不仅仅应用于员工的工资、奖金的调整与发放。更高一层还可以依照企业的战略目标来进行考核，使企业的战略目标能够更好地实现。

（1）公开、公平、公正原则。公开是指应该最大限度地减少考核者和被考核者双方对考核工作的神秘感，绩效标准和水平的制定是通过协商来进行的，考核结果公开，使考评工作制度化；公平是确立和推行人员考绩制度的前提，不公平，就不可能发挥效绩考核应有的作用；公正是以事实、数据说话，做到每位被考核者都是公正对待的。

（2）目的性原则。通过绩效考核实现公司经营和管理目标、提高员工培训职业发展规划、推动 PDCA 的组织与个人循环改进，从促进绩效和发展不断提升的角度出发来实行绩效考核。

（3）绩效改进和激励的原则。依据绩效考核的结果，应根据工作成绩的大小、好坏，有赏有罚，有升有降，而且这种赏罚、升降不仅与精神激励相联系，而且还必须通过工资、奖金等方式同物质利益相联系，这样，才能达到绩效考核的真正目的。

（4）制度化与定期化原则。要有明确的考核标准；要有严肃认真的考核态度；要有严格的考核制度与科学而严格的程序及方法，要根据考核结果定期反思改进考核内容。

（5）可行性和实用性原则。可行性应考虑：和绩效标准相关的资料来源；潜在的问题分析，预测在考评过程中可能发生的问题、困难和障碍，准备应变措施。实用性应考虑：考评的手段是否有助于组织目标的实现；考评的方法和手段是否和相应的岗位以及考评的目的相适应。

（6）重视时效性原则。绩效考评是对考核期内的所有成果形成综合的评价，而不是将本考核期之前的行为强加于当期的考评结果中，也不能取近期的业绩或比较突出的一两个成绩来代替整个考核期的绩效进行评估，这就要求绩效数据与考核时段相吻合。

（7）定性考核与定量考核相结合原则。定性考评是指采用经验判断和观察的方法，侧重于从行为方面对人员进行考评；定量考评是指采用量化的方法，侧重于行为的数量特点对员工进行考评。在绩效考评的过程中，定性考评是一种总括的考评，是一种模糊的印象判断，如果仅定性考评，则只能反映企业员工的性质特点；定量考评往往存在一些指标难以量化的问题，如果仅进行定量考评，则可能会忽视员工的质量特征，使得考评不完全。这就需要将定性与定量结合起来，实现有效地互补，对员工的绩效做出全面、有效的评判。

C 绩效考核的功能

绩效考核成为企业管理中不可缺少的重要环节，因为它主要具备以下4个方面功能：

（1）控制功能。通过绩效考核，使工作过程保持在合理的数量、质量、进度上，使员工每时每刻牢记自己的工作职责，起到了提高员工按照规章制度工作的自觉性的作用。

（2）标准功能。通过绩效考核，为人力资源管理提供了一个客观、公正的标准，并依据绩效考核结果决定晋升、奖惩等，促使人力资源管理更标准化，也更客观化和科学化。

（3）激励功能。绩效考核对员工的工作成绩给予肯定，本身就能使员工体验到成功的满足及成就感，由此来调动员工的积极性。

（4）发展功能。主要表现在组织和员工两个方面。组织方面可以根据考核结果来制定合适的教育与培训计划，从而使员工素质得到提高，企业发展也得到推动。员工方面可以根据员工的不同特点来决定其使用办法和培养方向，这样可以使每一位员工扬长避短，发挥其最大的作用。

D 常用绩效考核方法

绩效考核的方法很多，这里仅介绍两种常见的绩效考核方法。

a 关键绩效指标

关键绩效指标（Key Performance Indicator，KPI）是指把企业宏观战略决策目标层层分解所产生的具有较强可操作性的战术目标，是宏观战略决策执行效果的监测。一般情况下，关键绩效指标用来反映企业所采取策略执行的效果。

关键绩效指标是考察企业战略实施效果的核心指标，其目标是构建一种有效机制，将企业战略转化为内部的过程和行动，以用来不断强化企业的核心竞争力。关键绩效指标不仅仅是对个人和组织进行绩效目标设定的工具，更为重要的是，它的设置代表了企业运行管理的战略方向和价值导向。对于组织来说，关键绩效指标不是一两个指标，而是由公司目标层层分解得来的一个有机结合的体系。关键绩效指标体系如图 2-16 所示。

图 2-16　关键绩效指标体系

通过一步步地分解，将公司战略目标转化成了个人绩效目标，员工在实现其个人绩效目标的同时，也是在实现公司总的战略目标，达到两者互利共赢的良性结局。同时，KPI 比较注重量化考核，考核结果相对而言比较容易做到客观、公正和公平。

KPI 更多的是倾向于定量化的指标，这些定量化的指标是否真正对企业绩效产生关键性的影响，在指标的选择和分解上技术要求很高。对于一些职能型的部门和岗位，出绩效周期很长，用 KPI 指标就很难对它进行考核。KPI 目标值的设定难以做到准确，而且设定后往往还需要进行重新调整，这又增加了企业的协调成本。

b　平衡计分卡

平衡计分卡（Balanced Scorecard，BSC）是由美国哈佛大学商学院教授戴维·诺顿（David Norton）和罗伯特·卡普兰（Robert Kaplan）首先提出来的。平衡计分卡不同于其他绩效考核方法的是，它不仅是一个考核指标系统，而且是一个战略管理系统。它将企业的使命、远景和发展战略与企业的绩效考核系统联系起来，把企业的战略目标转变为具体目标和考核指标，而且还把实现企业战略和绩效有机地整合在一起。它不仅包括了财务维度的指标还包含了内部流程、顾客角度、学习和成长等维度的指标，使组织能够既能追踪财务结果，又能使企业提高自身的能力并获得未来增长潜力的无形资产等。这样就会使企业一方面具备反映"硬件"的财务指标，另一方面又具有体现企业综合实力的"软件"指标。

平衡计分卡作为企业战略管理的一种重要且切实有效的工具，已经被西方国家大量地采用，根据美国《财富》杂志的调查结果显示，目前世界 500 强企业有 80% 以上采用 BSC，那些将 BSC 跟企业战略与目标密切联系起来的企业，其业绩要远远好于那些还未采用 BSC 的企业。总之，平衡计分卡能够在长期与短期目标之间，在外部因素股东和客户与关键内部因素内部流程、学习与成长之间，在强调主观性考核和客观性考核之间，在所求的结果和驱动这些结果的因素之间保持相对的平衡，如图 2-17 所示。

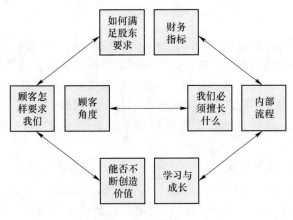

图 2-17 平衡计分卡

c 绩效考核方法的选择

企业在面临绩效考核方法的选择时应该考虑到企业的规模、性质、行业特点以及企业目前所处的发展阶段，对于处于发展期的中小型民营企业，关键绩效指标方法就显得比较合适，因为这种类型的企业非常需要通过绩效考核来解决公司和员工之间的利益分配问题。对于处于成熟期的大型跨国企业，较为适合采用平衡计分卡，因为这种类型的企业通常有明确的战略目标，员工素质相对而言也比较高。

对所有企业都行之有效的绩效考核方法是不存在的，企业必须结合自身实际情况，选择适合企业自身特点的方法。考核过程中吸取多种绩效考核方法的精华，设计出科学的、有效的、与实际情况相符合的绩效管理体系，由此达到绩效管理的目的，实现企业的战略目标。

2.5.1.3 安全绩效考核

A 安全绩效的概念

安全绩效是指以企业安全目标和方针为基础，与组织的风险控制相关联的，组织安全管理体系的可测量结果。安全绩效可用组织安全目标的达到程度来表示，也可以具体体现在对某类风险控制效果上。安全绩效测量可以通过一些关键指标来表示，比如企业安全方针和安全目标的实现与否、风险管理中风险控制是否实施并且是否行之有效、用于评审和改进安全管理的信息是否正在建立和已建立的是否已经投入使用以及已使用的效果如何、企业安全管理中的失败事故是否已经深刻地吸取了教训、员工和相关方的意识、沟通、培训和协商方案是否真正切实有效。

安全绩效是企业系统各层次要素在应对企业内外部环境变化过程中所表现出

来的一种特性。

B　安全绩效考核

安全绩效考核是指运用科学的标准、方法和程序，对组织的业绩、成就和实际作为作尽可能准确的评价。在关键安全绩效指标明确设立的情况下，进行企业的安全绩效考核工作就有理、有据、有节，从而使企业的绩效目标得以更好的实现。在考核的过程中不同的考核方式要根据各个部门的不同情况来建立，不能简单片面的一刀切，这样才能使绩效考核乃至整个绩效管理过程更具科学性和实用性。

C　安全绩效考核原则

企业的安全绩效考核应该遵循以下五个基本原则。

（1）公开性原则。对企业进行安全绩效考核必须本着公开性原则，对企业员工公开，并且对社会公开。公开性原则有利于地区之间相似企业之间的相互比较、相互竞争，有利于社会、员工对经营者进行监督，当然还有利于员工对企业安全目标的执行，保持企业高层与基层行动上的一致性。

（2）系统性原则。该原则指的是企业的安全绩效考核指标体系是一个系统，主要包括以下几个方面，一是指标体系本身就是一个有机统一的系统，指标之间相互联系、相互促进，是一个统一的整体。二是指对企业的安全绩效考核必须考虑横向的、纵向的绩效关系，必须系统地考虑其考核方法，考核方法不是单一独立的，而是相互联系的。

（3）可比性原则。在选择考核指标时，不单单要注意同一企业安全绩效之间的可比性、地区间同类企业之间的安全绩效可比性，还应注意企业本身历史绩效的可比性。

（4）科学性原则。该原则主要体现在要使理论与实际有机结合起来和采用科学的并且适合于企业本身的考核方法等方面。在指标体系的设计过程当中，不仅要有科学的、先进的理论作为指导，还要能客观、准确、及时地反映出企业的实际安全管理水平高低和实际状况，以长期保持其对企业可持续发展的积极作用。

（5）可控性原则。可控性原则包括两个层面的含义，一是企业的安全绩效考核指标能使企业依据生产状况及外部环境的每一个新的变化做出适时地调整，并且所设置的指标应该能够使企业管理者增加对自身工作的热情并激发其潜能。二是指对企业的安全绩效考核必须将考核范围限定在所能控制的范围内，使企业安全总目标与某项安全考核指标紧密联系起来。如果企业无法对企业的安全绩效考核指标实施有效地控制，无法对目标指标的完成情况负应有之责，用它来考核企业的安全绩效可想而知是不够妥当的，也是实际工作中必须避免的。

D　安全绩效考核程序

企业的安全绩效考核是一个完整的运行过程。企业安全绩效考核一般应包括企业安全目标设立、考核指标确立、权重确定、绩效评价、信息反馈等五个步骤。

（1）企业安全目标设立。设立企业的安全目标应充分关注国家的安全生产方针、政策以及上级部门的安全指示和要求、企业发展的社会大环境，同时还应注意企业安全生产的长期目标与短期目标之间的关系，使二者达成相互促进、有机统一的关系。

（2）考核指标确立。考核指标是由企业的长期和短期目标所确立的。由于各个企业间高低不同的安全水平，不同企业的安全指标存在一些差异，但是这些指标之间应该是互相关联的，它们组成一个不可分割的统一体系。

（3）权重确定。考核指标的权重是根据各项考核指标对考核结果的影响程度大小来确定的。针对定量指标和定性指标的不同，权重的确定方法也是有差异的，权重划分可以根据企业安全生产状况随环境的不同产生的变化而做出相应的调整。

（4）绩效考核。对企业安全绩效进行科学的分析和评价，衡量企业完成其安全目标的程度。

（5）信息反馈。及时并合理地应用绩效考核结果，对完成安全目标过程中产生的各种问题的原因进行分析，找出解决这些问题的有效办法，以便在今后的生产中不断改进，从而提高企业安全生产水平。一个安全绩效考核过程完成以后，从绩效考核的结果进入下一阶段企业目标的制定，从而形成新的考核循环。

E 安全绩效考核体系构建的原则

通过对企业安全生产管理现阶段存在问题的分析，在进行企业安全生产绩效考核体系构建时，应遵循以下原则：

（1）结合企业实际。各企业由于安全生产风险存在差异，安全管理工作重点也不尽相同，考核指标及内容应贴合公司实际情况，与已有的安全管理制度体系保持一致，保证安全绩效考核能够客观反映企业安全生产水平，也能够通过考核起到一定的促进提升作用。

（2）体现预防为主。在构建企业安全生产绩效考核指标体系时，不仅要选取结果控制指标，还要从源头预防和过程管理两个方面选取设计考核指标和内容，引导企业在控制事故结果的同时，更加注重企业安全生产基础工作的落实，做到统筹兼顾，通过源头和过程管理防范、遏制事故。

（3）体现简明实用。在设计安全绩效考核体系时，应对考核指标和内容进行精简细化，做到可量化、可操作、客观性强，使安全绩效考核体系简明直观、易于理解，确保考核体系的实用性。同时，要减少考核人的主观判断等难以把握的因素影响，从而形成客观公正的绩效评估结果。

（4）体现战略方向。通过安全绩效考核，能够在考核的过程中发现企业存在的安全管理问题，实现安全管理工作的良性循环发展，达到"以评促建"的安全管理目标。从某种意义上说，绩效考核的结果，能够反映出企业下一阶段的安全生产工作重点，在构建绩效考核体系过程中，应使绩效考核体系与企业安全战略规划相符，具备一定的前瞻性。

在考核内容的制定上，应依据法律法规、规章制度以及企业相关制度，做到绩效考核"有据可依"。企业常见的考核依据有：安全生产工作目标责任书、安全生产责任制、年度安全生产工作计划等。在构建企业安全绩效考核体系的过程中，应将相关考核依据按照指标条目逐条进行细化分解。

为了确保安全绩效考核工作不漏项，在细化分解过程中，可以考虑将 PDCA 循环理论作为构建绩效考核体系的理论基础。将各项考核内容依据 PDCA 循环四个阶段进行逐条细分。如对于安全生产目标考核指标，从计划、执行、检查、效果四个方面进行制定，在制定过程中就要考虑到安全生产目标的管理是否全面，从而使安全生产主体责任落实落细。同时，在绩效考核评分过程中，可以结合 PDCA 循环四个阶段对企业各项指标完成情况进行科学评估，对每项考核指标的完成情况、符合情况和产生效果分三部分进行评分。这样，考核过程中不仅能够评估每项指标是否能够完成，还能够评估考核指标工作是否符合企业实际及是否能够取得效果，针对性地对存在问题进行改进提升，防止安全生产工作出现"形式主义"，从而影响安全生产主体责任的落实。

通过这样大环套小环、环环相扣的绩效考核内容结构，对考核实施效果进行跟踪监控，保证企业全方位、不漏项完成绩效考核工作，最终使企业安全生产管理体系持续改进，管理水平稳步提升。

F　安全绩效改进

安全绩效改进是安全绩效考核的后续应用阶段，是连接安全绩效考核和下一计划目标制定的重要环节，也是平衡计分卡的考核指标更好实施的关键。安全绩效考核的根本目的是不断提高员工安全技能和安全意识以及持续改进安全绩效，而不单单是作为晋升或降级、奖惩、确定员工薪酬的标准，安全绩效改进就是实现这一目的的有效途径。

安全绩效改进的形式有很多种，但其过程大致分为以下几步。第一步，通过分析员工的安全绩效考核结果来找出员工存在的相关问题；第二步，针对员工在安全绩效方面存在的各种问题，制定科学合理的安全绩效改进方案，并且确保安全绩效改进方案能够有效地实施；第三步，对已经制定的安全绩效改进方案一定要落实，在下一阶段的安全绩效辅导过程中，尽可能提供知识、技能等方面的帮助使员工的安全绩效不断地改进。

2.5.2 煤炭企业安全绩效考核的必要性

2.5.2.1 煤炭企业特有的生产特点

我国煤矿多为地下煤矿，露天煤矿的百分比仅占 0.9%，地下煤矿占 99.1%。地下煤矿的作业场所主要在地下矿井，与其他露天煤矿截然不同，其主要表现在以下几方面：

（1）地下岩层地质条件复杂多变，矿井下存在一定的地质灾害风险；

（2）煤炭开采涉及的工具、设备复杂，危险性大，设备的可靠性与安全生产密切相关；

（3）矿井内工作面空间狭小且不断变化，同时井下能见度低，需要良好的照明设施，供电设施的可靠性直接影响生产安全；

（4）井下作业环境恶劣，空气流动性差，有毒有害气体易引起中毒事故及瓦斯爆炸事故；

（5）井下作业地点多，人员流动性大，违反操作规程和劳动纪律等人的不安全行为在事故中的比重较大。

2.5.2.2 安全意识与矿工不安全行为的关系

近二十年来，煤矿开采技术水平持续提升，设备不断优化升级，使得我国煤炭产业的事故发生率持续下降，但与发达国家相比，我国的煤矿事故总量依然偏大，安全生产的形势依然严峻。从历年各行业重特大安全事故数据分析得出，人的不安全行为和物的不安全状态是导致事故的主要原因。美国安全工程师海因里希经过大量研究发现"88：10：2"规律，在煤矿安全事故中，88%的事故是人为因素造成，10%的事故由不安全环境导致，2%的事故无法预料。因此，对人的管理和培训才是降低事故的核心手段。然而，对于一个组织或者企业而言，要想规范人的行为，必须通过管理的手段来实现，而加强企业安全管理才是降低事故发生率、保障安全生产的根本手段。有关专家研究发现，安全意识薄弱直接或间接导致了90%以上的煤矿事故。

通过对煤炭行业近年来的重特大安全事故分析发现，矿工安全意识缺乏是造成事故的重要原因之一，安全绩效考核则是衡量企业绩效的直接指标。因此，强化安全绩效考核工作也是减少不安全事故的一个重要组成部分。

2.5.2.3 安全绩效考核在安全生产中的重要性

在当代人机系统中，人是社会主体，在整个社会中起主导作用，因此激励机制的完善与否与人的行为息息相关。近几年随着安全管理水平的提升，大部分煤炭企业已意识到绩效管理对企业发展的重要性，但在具体实践中存在的安全培训不到位、安全意识淡薄等，严重影响企业的安全生产与绩效。有学者研究发现，部分企业领导认为罚款是煤矿管理者加强矿工安全意识的有效措施，但处罚的严厉性和确定性对矿工产生负面影响，因此对矿工的安全行为并不是完全有效；反之，奖励或激励等正面的表扬对矿工安全行为的效果更好，其也会产生良好的安全绩效。因此，企业通过安全绩效考核提高矿工安全意识，同时监督矿工的操作行为，从而实现安全绩效考核中"意识—行为"的反作用。综上所述，近几年来安全意识渐渐成为学者们研究的重点，学者们从不同角度和不同领域对安全意识进行研究。但国内对矿工不安全行为的研究单一，仍处于初期探索阶段。同时，大多数煤矿企业的薪酬分配与安全生产联系不紧密，也是导致激励机制不灵活的原因之一，因此有必要进一步对三者间的关系进行探究。

煤炭产业是我国国民经济中的重要产业支柱，据《BP 世界能源统计年鉴2020》最新公布数据显示，2019 年全球煤炭总产量为 81.29 亿吨，比上年上涨0.5%。产量排名前十位的国家分别为：中国、印度、美国、印度尼西亚、澳大利亚、俄罗斯、南非、德国、哈萨克斯坦和波兰。2019 年，中国煤炭产量占全球总产量的 47.3%，比上年提高 1.6 个百分点。

在我国煤炭企业迅速发展的同时，因为煤炭企业生产环境和工艺的特殊性，加上现有安全管理模式跟不上现代安全管理的要求，一旦发生安全事故，极易造成人员伤亡和巨大的经济损失。因此，建立一个合理有效的煤炭企业安全绩效管理体系，对于预防事故发生，推进安全标准化建设、提高安全管理水平具有重大意义。

2.5.3 安全绩效考核指标与方法

2.5.3.1 安全绩效考核维度（指标）

基于平衡计分卡的安全绩效考核体系宜采用四个维度，即财务、内部管理、外部管理、学习与成长，其结构模型如图 2-18 所示。

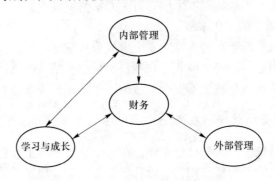

图 2-18 四个维度结构模型

（1）财务维度是安全绩效的直接体现，本书主要设定安全投入和安全产出两个二级考核指标，基于其重要性，可以确定为平衡计分卡的核心维度；

（2）企业的内部管理水平是确保安全生产的基础，是安全绩效考核的比较重要的维度；

（3）外部管理是对企业安全状况的外部考核，包括相关方管理、顾客与社会两个方面，是不能缺少的考核维度；

（4）学习与成长体现了企业未来的发展潜力，是全面考核企业安全状况的一个必需的维度。

A 财务维度

财务维度是安全绩效考核体系四个维度中最为核心的维度。因为安全绩效的特殊性，安全产出是隐性的，呈现"负效益"，所以财务维度下属指标的确定必须有其特殊性。它主要包括安全投入和安全产出两个二级考核指标。

（1）安全投入

1）建立和维护"安全生产条件"的费用投入为保障生产资料生产设施、生产工具的安全性能，生产环境和场所符合标准所需的费用。

2）安全管理费用投入包括安全职能部门的工资、规章制度建设、安全培训、安全奖励、咨询、检查、宣传教育等费用。

3）员工健康和劳动保护费用投入用于维护企业员工职业病防治、身心健康、劳动保护方面的费用。

4）企业特殊的预防费用投入包括安全生产条件的改造费用。

5）应急处置费用投入。

6）企业财产保险费用投入。

7）企业工伤保险费用投入。

（2）安全产出。

1）事故处置费用支出的减少主要包括事故处置的人工费用和事故抢险费用的减少。

2）额外补偿费用支出的减少如急救费用、非保险覆盖的各种补贴、丧葬费用、照顾费用、民事赔偿费用或额外的抚恤费用等的减少。

3）财产损失费用支出的减少主要包括财产保险赔偿之外的损失费用，包括受损设施设备的修理、清理、报废、更换以及所涉及的材料、人工、运输等所有费用的减少。

4）变动的预防费用支出的减少包含即时的安全整改管理费用和即时的安全生产条件改进费用的减少。

5）额外管理费用支出的减少包括为减少或弥补生产损失而产生的加班费用、招聘、培训和使用替代者的费用，复产、复工的管理性工作费用，事故所引起的刑罚处理、行政处理和民事纠纷处理所涉及的费用的减少。

6）生产损失费用支出的减少，生产损失包括停工、误工、减员、停产、减产带来的一系列损失。

B　内部管理维度

内部管理维度包括基础管理、设备设施、作业环境和职业健康四个二级指标。

（1）基础管理。

基础管理包括以下 13 个三级指标：

1）安全生产责任制落实情况。包括企业主要负责人履行职责，建立各职能部门的安全职责，建立各级各类人员的安全职责。

2）职业安全健康规章制度建立情况及符合国家法律法规和标准要求的情况。

3）企业有关安全的规划与年度计划情况。包括企业长远规划中安全健康内容、年度工作计划、劳动保护措施经费（安措费）管理等。

4）企业中有关安全的机构与人员。包括安全生产管理网络，安全管理机构，安全管理人员应按企业从业人员的比例配备等情况。

5）企业有关事故管理情况。包括所有从业人员均参加工伤社会保险，工伤事故率控制指标（死亡率、重伤率等），工伤事故应该按"四不放过"的原则进行处理，事故档案等。

6）企业危险源管理情况。包括确定了危险源的识别和评价原则，且组织了识别和评价，对危险源制订了管理或技术措施，及时进行了危险源的更新和调整等。

7）班组安全管理情况。建立健全了安全技术操作规程，安全检查与隐患整改，安全活动，安全教育。

8）安全操作规程情况。建立健全了岗位安全操作规程，严格执行岗位安全操作规程。

9）特种设备及人员安全管理情况。包括特种设备采购，特种设备的档案，特种设备的定期检验，特种设备操作人员等。

10）安全健康档案管理情况。包括工伤事故档案，职业安全健康教育档案，违章记录及安全奖惩档案，隐患及整改记录，安措项目档案等。

11）安全生产的现场监督检查执行情况。现场操作及作业，防护用品穿戴，特种作业人员持证情况，隐患整改。

12）应急救援预案制订及演练情况。包括确定了应急救援的目标和体系，针对重点部位制订了应急救援预案，每年对应急救援预案进行演习等。

13）"三同时"管理情况。建设项目中安全技术措施和设施，应与主体工程同时设计、同时施工、同时投产使用。

（2）设备设施。

1）设备安全管理情况：设备的各种出厂技术资料齐全，制造、安装、改造、维修应由具备资格的单位承担，安全装置和防护装置齐全、安全可靠，设备运行状况良好。

2）特种设备管理情况：证件齐全，建立特种设备安全技术档案，依据规定的特种设备检验周期由法定检验机构进行检验，特种作业人员培训记录和持证情况。

3）安全防护设备管理情况：安全防护设备设施可靠，合格率大于规定水平。

（3）作业环境。

1）企业的厂区环境情况：厂容厂貌，厂区道路，厂区主干道占道率，厂区照明，厂区消防等。

2）企业的车间作业环境情况：定置摆放，车间通道，作业区域地面状况，车间采光，车间消防设施，设备设施布局，职业危害作业点治理率等。

3）企业仓库管理情况：仓库通道，仓库采光，仓库消防设施，物品储存等。

4）企业的危险化学品使用现场管理情况：现场安全条件，现场使用，事故预防，氯气使用点的安全措施等。

（4）职业健康。

1）企业的职业危害作业点达标率情况：职业危害作业点定点，职业危害作业点监测，职业危害作业点达标率等。

2）企业的职业健康防护设备设施合格率。

3）职业危害作业人员健康监护：包括人员识别，健康监护档案，健康设施等。

4）职业危害分级：包括三四级有毒作业人数比率小于1%，四级粉尘作业人数比率小于5%，接触级高温作业人数比率小于5%，接触级体强作业人数比率小于1%等。

5）职业病管理：包括机构和人员，职业病诊断与处理等。

C 学习与成长维度

学习与成长维度包括2个二级指标和6个三级指标

教育与安全活动有：

（1）安全教育情况：新职工进厂三级教育、特种作业人员培训教育、"四新"教育、职业健康教育、全员教育、复工教育、安全管理人员教育。

（2）安全活动情况。

员工及其能力包括：

（1）管理层安全工作审查：管理阶层获得评估信息、审查的过程与结果文件化、持续改善承诺、修正政策目标需求。

（2）员工对安全工作的满意度：安全管理、安全设备设施、作业环境和职业健康等方面。

（3）安全人才储备情况：为了企业储备安全人才，要及时招聘适当数量和水准的安全专业人才。为了实现企业安全战略目标，需要识别公司安全核心员工和关键安全岗位，并对这些员工和岗位制定专门的激励政策，保证核心员工在安全方面的发展。

（4）员工安全技能提升情况：建立科学合理的员工安全培训计划和政策。依据企业自身的实际情况，确定员工能够完全胜任岗位任职资格。

D　外部管理维度

外部管理维度包括 2 个二级指标和 8 个三级指标。

相关方管理包括：

（1）相关方的安全管理：外来施工（作业）方与企业签订安全协议，施工现场有可靠的安全防范措施。

（2）相关方的单位和人员资质情况：承包或租赁方具备安全生产条件或相应资质。

顾客和社会包括：

（1）社会监管部门对企业安全状况的反映情况。

（2）周边地区机构及人员对企业安全状况的反映情况。

（3）企业的员工家属对企业安全状况的反映。

（4）企业对环境和公众安全所产生的影响。

（5）企业有关安全方面的顾客满意度情况。

（6）企业有关安全方面的社会声誉、社会形象情况。

2.5.3.2　针对煤炭企业的安全绩效考核方法（BSC）

A　事故系统与安全系统

评估企业的安全绩效，改进安全绩效，最直接的原因就是要减少事故的发生，在这之中涉及两个系统对象：事故系统和安全系统。因此在评估企业的安全绩效时，综合考虑这两个系统对象的要素可以有助于我们全面分析企业的生产安全系统。一般而言，企业的事故系统采用 4M 要素即：人（Man）、机（Machine）、环境（Medium）、管理（Management）来分析。然而，煤炭企业具有自身明显的行业特点，因为就其来说，若要预防事故，提高企业的安全绩效，首先需要考虑对煤炭企业员工的安全管理，如了解各次伤亡事故中的重伤率、死亡率，对员工实行职业健康管理，通过各类学习与成长如安全教育、安全活动提升员工的安全技能。其次应该加强对机（操作中的设备、设施及工具）的管理，如对特种设备的管理、安全防护设备的管理等。第三是对环境的管理，可分为对内部作业环境的管理和对外部环境的掌控。对内部作业环境的管理即作业场所的管理，具体表现为对场区环境和作业环境的管理，以辨识、控制危险有害因素。对外部环境的管理可定义为社会反响，也就是煤炭企业在社会上的美誉度，即煤炭企业需要考虑除企业员工以外的其他利益相关者的利益。具体包括：社会监管部门、周边地区及人员、员工家属、生态环境。因管理欠缺所致的人的不安全行为、物的不安全状态及环境不良最终会诱发事故的发生，事故发生带来的直接影响即为煤炭企业财务上的不安全状态。因此在辨识与控制煤炭企业的安全风险、监督与管理煤炭企业安全生产活动及分析总结煤炭企业安全事故时，应将人的因素、物（如设备、设施等）的因素、环境因素、财务因素作为一个相互联结的统一体综合进行考虑。通过先进的管理手段使四个要素互相结合，从而综合体现企业的安全绩效水平，具体如图 2-19 所示。

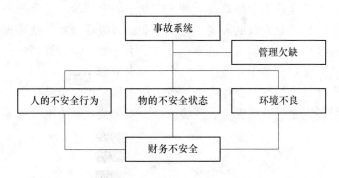

图 2-19 事故系统要素及结构

一般而言，企业的安全系统包含人、物、能量、信息四个元素。结合煤炭企业的特点及上图所示的事故系统要素及结构，要评估了解煤炭企业的安全绩效，实现煤炭企业的本质安全化，还应该综合考虑安全系统的各个要素。人的因素即人的本质安全，指员工所具备的安全知识、安全技能以及煤炭企业的安全人才储备情况等；物的因素即机的本质安全化，在煤炭企业具体表现为设备的安全状态，主要通过对设备、设施的控制管理来实现。财务因素即对煤炭企业安全收入增长率、安全成本降低率等方面的控制管理实现。环境因素即良好的内外部环境，通过对内部作业环境和外部环境的监控与反馈，发现存在的安全问题并针对具体问题实施行之有效的对策，从而实现内部环境的优化和外部环境的相对稳定，具体如图 2-20 所示。

B 平衡计分卡概述

安全绩效考核是以人为本安全考核的重要表现，平衡计分卡作为一种绩效管理工具，其应用的范围与我们的安全绩效考核有着多处的契合点，已经得到了国外众多企业的认可，在实践中逐渐走向成熟和完善，并取得了较好的效果。

图 2-20　安全系统要素及结构

　　从事故系统要素与结构及安全系统要素与结构可以看出，要实现煤炭企业的安全生产，须从事故系统和安全系统的四个因素出发。而平衡计分卡在安全绩效管理中应用的核心是将企业的战略目标落实到具体的安全工作绩效上，从而约束每一项具体工作按企业安全战略发展的方向产生安全绩效，使企业整合起来安全绩效最大，最符合企业发展的需要。煤炭企业的终极安全目标就是安全收益最大化和发生事故极小化，所以通过将平衡计分卡引入安全绩效管理中，形成完整的安全绩效系统，必定有助于企业提升安全管理水平。

　　基于平衡计分卡的煤炭企业安全绩效考核指标采用四维结构，四个维度分为人员安全、财务安全、设备安全、环境安全。安全绩效四个维度的关系如图 2-21 所示。

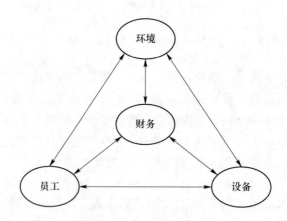

图 2-21　煤炭企业安全绩效四个维度的关系

　　a　二级指标的设定及煤炭企业安全战略图

　　在对煤炭企业安全绩效进行考核时，先设四个维度，接着在人员安全、财务安全、设备安全、环境安全四个维度下设立二级指标，此时要综合考虑煤炭企业的安全现状及行业行势，优先考虑对企业安全绩效和业务管理影响大的指标，相对可控的指标，以及具有优化空间的指标即波动性较大或与最佳做法之间差距较大的指标。

（1）财务安全维度。财务安全维度分为两个二级指标，分别是经济损失和经济收益。

经济损失是衡量每次发生煤矿安全事故给企业带来的损失，经济收益指通过实施安全管理后企业的安全收入的增长及安全成本的降低。

（2）员工安全维度。员工安全维度分为三个二级指标，分别是伤亡事故指标、职业健康管理、学习与成长。

伤亡事故指标的确定以企业历年来特别是上一个安全管理周期内事故情况的确切统计、分析，及对企业预防事故的实际能力的评估为前提，该指标能反映企业实际安全绩效水平。

职业健康管理是为应对煤炭企业员工长期在不良作业方法和恶劣作业条件下所造成人体功能性或器质性病变这一问题，通过对职工的健康状况进行定期检查并依据检查结果对其进行适当处置的过程，这一指标是煤炭企业的员工安全维度的重要组成部分。

学习与成长是指通过举办普及安全知识、开展安全活动使经营人员提高安全管理水平，工作人员提高安全操作水平，从而降低企业事故发生率，提高企业的效率，实现煤炭企业持续、稳定的安全生产。学习与成长指标在短期内很难看出成效，但这些投入对企业的长远发展具有积极作用。

（3）设备安全维度。设备安全维度下设 3 个二级指标，分别是设备毁损、基础管理和设备设施管理。

设备毁损是基于历年数据特别是上一个安全管理周期内事故情况的分析，并对企业未来及时预防事故的实际能力予以评估，以此确定。

基础管理是对煤炭企业安全宏观大方向的管理，主要是确定一些安全制度、安全操作规程，确保职责明确，分工协作，共同努力做好安全工作。

设备设施管理是为了系统地考核企业中设备、设施、重要工具等固有危险源的受控状态，从而消除物的不安全状态，确保本质安全性。

（4）环境安全维度。环境安全维度下设两个二级指标，分为内部环境和外部环境两个方面，即作业场所管理和社会反响。作业场所管理对煤炭企业厂区环境、作业环境状况所含危险性的度量既是煤炭企业安全绩效考核的内容，又是安全绩效考核效果的体现。

社会反响可定义为因企业的安全管理使煤炭企业在社会上赢得的美誉度，也就是说煤炭企业进行安全考核时需要考虑除企业员工以外的其他利益相关者的利益。

对煤炭企业而言，一份清晰的安全战略图是其安全绩效考核循环的开端，若煤炭企业的安全战略图绘制不清晰或与企业的战略不符，它将直接导致企业各个部门的努力方向与企业所要求发展方向的偏离。结合上述分析绘制安全战略图如图 2-22 所示。

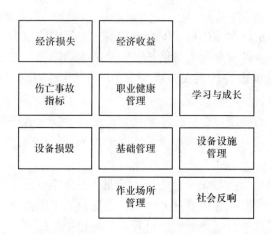

图 2-22　企业安全战略图

b　三级指标的确定及指标说明

（1）财务安全维度。二级指标经济损失包括直接经济损失和间接经济损失，直接经济损失指因为事故造成的显性费用支出，故选择人员伤亡支出费用、善后处理费用作为三级指标。间接经济损失是指因为安全生产事故导致生产产值的减少，故选择生产缺失费用。同样的，二级指标经济收益也包括显性经济收益和隐性经济收益。显性经济收益，选择安全收入增长率和安全成本降低率这两个指标。

（2）员工安全维度。二级指标伤亡事故指标中选用百万吨死亡率、百万吨重伤率两个三级指标。前者表示每生产一百万吨煤的死亡人数，其计算公式为百万吨死亡率 = 死亡人数/实际产煤量(吨) ×10^6；百万吨煤重伤率的含义与计算公式与前者类似。二级指标职业健康管理指标选用人员健康监护、安全健康档案、职业病管理 3 个三级指标。人员健康监护是观察职工群体健康指标的变化，对职工个体的健康状况逐一进行评价并对其进行适当的健康指导和治疗。安全健康档案是职工健康状况的原始记录，煤炭企业可根据职工健康指标的变化，进行相应的工作安排。职业病管理是针对煤炭企业地下作业环境的特殊性，为预防一些经过一个较长的逐渐形成期或潜伏期后才能显现的疾病进行的管理。职业病属于缓发性伤残，具有不可逆性损伤、较低治愈率等特点，因此对其的管理重在预防。二级指标学习与成长选用安全教育、安全活动和安全技能提升 3 个三级指标。考核煤炭企业的安全绩效，员工的学习与成长主要体现在参加安全教育、安全活动的机会及其安全技能的提升方面。

（3）设备安全维度。二级指标设备毁损选择设备毁损率，它是一个逆向指标，通过与基于历年数据分析后确立的评价值的对比可以清晰地了解到设备的安全状况；二级指标基础管理包括安全规划、安全操作规程 2 个三级指标，安全规划是煤炭企业在本年度或一定时期内根据需要而确定的改善劳动条件的项目和措施，它能使企业劳动条件的改善计划化和制度化，安全操作规程是对各类设备的规范操作予以制度化；二级指标设备设施管理包括设备安全管理、特种设备管理、安全防护管理 3 个三级指标，为完成企业的生产任务且与此同时保障劳动者在生产过程中的安全与健康，设备必须同时具备良好的技术性能和安全可靠性，因此，必须加强设备安全管理。特种设备是指在煤炭开采及提升运输过程中所用的专用设备。此类设备在使用过程中一旦发生事故将会造成重大损失或影响，因此应加强特种设备的控制和管理。安全防护设备是企业在生产经营过程中为预防事故和保障整个生产过程安全而使用的消除或减弱危险因素的设备，它能最大限度地预防控制事故或危害的发生。

（4）环境安全维度。二级指标作业场所管理选用厂区环境、作业环境管理 2 个三级指标，厂区环境应满足工艺流程的需要和运输、消防、环保的要求，以及避免危险、有害因素相互影响。作业环境即生产环境，是煤炭生产劳动过程中由人员环境与自然环境因素组合而成的小环境。它主要受作业性质、作业方式和相应的技术组织措施的影响，它直接影响着员工的安全与健康。二级指标社会反响选用社会监管部门、周边地区及人员、顾客满意度、生态环境 4 个三级指标。主要是考量社会监管部门对企业安全状况的反映情况、周边地区机构及人员对企业安全状况的反映情况、企业的员工家属对企业安全状况的反映情况、企业对环境所产生的影响。

　　c　指标权重确定

　　权重是每个考核要素在整个考核项目中相对重要程度的体现，它直接影响考核结果。确定权重主要有层次分析法（AHP）、权值因子判断表法和德尔菲咨询法（Delphi）等。其中层次分析法具有将定性分析与定量分析结合起来的优点，故采用 AHP 确定一级指标和二级指标的权重，运用德尔菲法确定三级指标的权重。

　　（1）一级、二级指标权重的确定通过对不同评价指标进行两两比较，判断每对因素的相对重要性，以构造判断矩阵。确定一级指标的权重即判断四个单项指标：财务安全、人员安全、设备安全、环境安全对煤炭企业安全生产的影响程度，权值越大则说明其影响越大，用 1~5 标度表示其重要性。通过相关的问卷调查请专家们对平衡计分卡的四个维度之间的重要性进行两两比较，有同等重要、比较重要、很重要以及分别介于以上三种之间共五个备选答案，设有 A_i 和 A_j。两个指标的重要程度比记为 A_i/A_j，对之可以根据标度表进行赋值，具体见表 2-19。

表 2-19　5 标度

标度 A_i/A_j	含　义
1	A_i 与 A_j 同等重要
2	重要性在标度 1、3 之间
3	A_i 较 A_j 重要
4	重要性在标度 3、5 之间
5	A_i 较 A_j 很重要
倒数	$A_{ji}=1/A_{ij}$

　　构造判断矩阵 X，其中 F 指财务安全方面，H 指人员安全方面，I 指设备安全方面，E 指环境安全方面。

　　确定一级指标的权重按以下步骤进行，首先，根据前文设立的指标体系编制调查问卷，内容是四个方面的比较。其次，问卷的发放与回收。第三，根据调查结果进行赋值，并根据回收的问卷分数求平均值。最后，构建财务安全、人员安全、设备安全和环境安全四个维度的判断矩阵，并求得四个维度的权重。在确定四个维度的权重时，应根据实际调查结果，对每一个人对平衡计分卡四个方面的重要性比较判断的选项进行五级赋分，再求得所形成的数据求其平均值，代入矩阵 X 中，可以得到一个成对比较判断矩阵。根据判断矩阵，计算其最大特征值所对应的特征向量，依据特征向量即可得到财务安全、人员安全、设备安全和环境安全的权重。对于二级指标的权重，也采用类似方法处理。

　　（2）三级指标权重的确定。德尔菲咨询法是考核方法中确定指标权重的一种常用方法，它通过反复向考核小组成员发出询问，要求每位成员独立地就每个考核指标的重要程度按照规定做出量化判断，然后将每位成员的意见结果集中作统计处理。以设备安全维度的设备设施管理下的三维指标为例，其具体操作步骤如下：

　　1）选择考核小组成员，其中专家 10 人、管理人员 5 人、职工代表 3 人。

　　2）向每位成员发出咨询表，独立地给出每项指标的权重估计值，得出相应的权重系数并制作第一次咨询汇总表。

　　3）统计计算，计算每项要素指标权重系数的平均估计值及每位成员的估计值与平均估计值的偏差。

　　4）进行第二轮咨询时，先将第一轮咨询统计分析结果反馈给每位成员，并要求偏差较大的成员尽量做出新的判断。

　　结合指标设计及权重的确定，可得煤炭企业安全绩效考核表，见表 2-20。

表 2-20 基于 BSC 的煤矿企业安全绩效考核表

一级指标	二级指标	三级指标	权重	得分
财务安全维度	经济损失	人员伤亡支出费用		
		善后处理费用		
		生产缺失费用		
	经济收益	安全收入增长率		
		安全成本降低率		
员工安全维度	伤亡事故指标	百万吨重伤率		
		百万吨死亡率		
	职业健康管理指标	人员健康监护		
		安全健康档案		
		职业病管理		
	学习与成长	安全教育投入		
		安全活动		
		安全技能提升		
设备安全维度	设备损毁	设备损毁率		
	基础管理	安全规划		
		安全操作规程		
	设备设施管理	设备安全管理		
		特种设备管理		
		安全防护管理		
环境安全维度	作业场所管理	厂区环境		
		作业环境管理		
	社会反响	社会监管部门		
		周边地区及人员		
		顾客满意度		
		生态环境		

2.5.4 绩效管理的实施流程与意义

2.5.4.1 实施流程

绩效管理的过程是一个循环,这个循环通常分为四个步骤,即绩效计划、绩效实施与管理、绩效评估和绩效反馈。

(1) 绩效计划。绩效管理是一个持续的沟通过程。这个过程是通过上级和员工以共同合作的方式达成目标协议来保证完成的。绩效计划是绩效管理循环的

第一个环节，发生在新的绩效期间的开始。它通过上级和员工共同参与，就员工绩效期间的工作职责、各项任务的重要性等级和授权水平、绩效的衡量、上级提供的帮助、可能遇到的障碍及解决的方法等一系列问题进行探讨并达成共识，是整个绩效管理体系中最重要的环节。在绩效管理体系进行设计时主要是制订员工的个人绩效计划，即制订员工的工作目标和标准，并通过主管与员工的沟通，对员工的工作目标和标准达成一致意见，形成绩效契约。绩效计划的作用在于帮助员工找准路线，认清目标，具有前瞻性，而孤立的绩效考核则是在绩效完成后进行评价和总结，具有回顾性。同时绩效计划加强了各级员工的参与感，使绩效管理更具操作性。

（2）绩效实施。当制订绩效目标计划、形成绩效契约后，就进入绩效实施阶段，这是绩效管理中的一个重要过程，它包括从计划形成起到目标实现为止的全部活动。在这一阶段所要做的工作包括进行持续的沟通、收集信息和进行监督控制。

1）持续沟通在绩效实施过程中的作用十分重要，也是绩效实施中要做的主要工作之一，通过沟通可适时地对绩效进行调整，以适应环境的变化；在绩效实施中，员工需要了解如何解决工作中的困难的信息，他们总是希望在处于困境时能够得到相应的资源和帮助，员工还希望在工作过程中能不断地得到关于自己绩效的反馈信息，以便不断地改进自己的绩效和提高自己的能力，这些都需要通过沟通来加以解决；从管理人员的角度，也需要持续的沟通，他们需要在员工完成工作的过程中及时掌握工作进展情况的信息，了解员工在工作中的表现和遇到的困难，协调团队中的工作，通过有效沟通得到的信息还可使管理者在评估时提供有效的依据。

2）信息收集是绩效实施中的一项重要工作，在绩效实施与管理的过程中对被评估者的绩效表现做一些观察和记录，收集必要的信息，能提供绩效评估的事实依据，使评估不是凭感觉，而是用事实说话。收集的信息还可提供改进绩效的事实依据，因为当主管认为员工某些方面做得还不够、某些方面还可以做得更好，在向员工提出改进意见时，需要结合具体的事实向员工说明其目前的差距和需要如何改进和提高。对绩效信息的记录和收集还可以使我们积累一定的突出绩效的关键事件，通过对其进行分析，帮助发现绩效问题的原因，从而有助于对症下药，改进绩效，还可利用所发现的优秀员工高绩效的原因，帮助其他员工提高绩效，以优秀员工为基准把工作做得更好。另外，保留翔实的员工绩效表现记录也是为了在发生争议时有事实依据，一旦员工对绩评估或人事决策产生争议时，就可以利用这些记录在案的事实依据作为仲裁的信息来源，保护公司或员工的利益。

（3）绩效评估。绩效评估是通过对照工作的目标或绩效的标准，采用科学的方法，评定员工个人和组织的工作目标完成情况、员工和组织的工作职责履行程度、员工个人的发展情况、组织的运转效率等，并将评定结果反馈给员工与组织，提出相应的改进工作措施的过程。

（4）绩效反馈。做完评估还不够，还不能达到让被评估者改进绩效的目的，必须要向被评估者反馈评估情况，让其了解自己的绩效状况，并将管理者的期望传递给被管理者，这些都需要通过绩效反馈进行沟通。通过反馈，员工知道主管的评价和期望，从而根据要求不断提高。通过反馈，使主管了解员工的业绩和要求，有的放矢地进行激励和指导，只有通过绩效反馈，才能使绩效评估发挥更好的效果。

2.5.4.2 绩效管理的意义

当前，随着煤炭市场竞争程度加剧，不少煤炭企业为进一步提高自身竞争力，把企业做大做强，增强抵御市场风险能力，不断强化企业内部管理，加强企业经营管理，努力提高企业的经济效益。煤炭企业要想提高经济效益并取得发展，加强企业绩效评价管理工作是一项紧迫而艰巨的任务。在市场经济条件下，煤炭企业在向建立现代企业制度方面迈进，企业的各项费用管理须以企业的经营效益为核心，综合考核企业的各项费用的支出情况；同时要求企业在加强各项费用考核管理体系的建设中，不断强化各项基础管理，全面系统地剖析影响企业目前可控费用管理的诸方面因素，全方位判断企业的经营管理状况。因此，通过加强企业内部绩效评价可以促使企业克服短期行为，注意近期利益与长远（战略）利益相结合，有利于煤炭企业及经营者及时转变经营理念，调整发展战略，推动企业走集约化、内涵式的发展道路。企业绩效评价是与企业管理创新实践紧密相连的，是评价理论方法在经济领域的具体应用，是市场经济和现代企业管理的产物。企业绩效评价是在会计学和财务管理的基础上，运用计量经济学原理和现代企业分析技术而建立起来的全面剖析企业经营过程，真实反映现实企业经营状况，预测企业未来发展前景。当前，面对激烈的市场竞争，煤炭企业已经转变为独立自主、自我约束、自负盈亏的市场竞争主体，实施绩效评价，对于推动企业创新管理、改革和发展、提高经济效益具有特别重要的意义。

（1）有利于加强政府监管。改革开放以来我国市场经济体制不断地发展完善，政府对企业的监管方式由直接管理转变为间接管理，政企不分的格局得到了逐步地改变。政府作为国有企业出资人不再对企业的日常经营管理进行直接干预，其关注的重点转向国有资产的增值保值上；同时政府社会管理职责要求其对国民经济健康运行进行宏观调控，利用企业绩效评价新举措，能够实现政府职能的转变，通过绩效评价的监测，能够了解到企业的经营管理水平、可持续发展能力等信息，为政府的宏观决策提供科学的依据。煤炭企业特别是大型的国有煤炭企业对国民经济健康稳定的运行发展起到重要作用，科学准确地评价煤炭企业经营绩效，能够对我国煤炭企业综合经营情况有个较为准确的掌握，进而对社会经济运行状况起到监测作用，为国民经济健康发展保驾护航。

（2）有助于引导煤炭企业的经营管理行为。在委托代理关系下，企业的所有权和经营权两权分离，由于企业所有者和经营者的市场地位、角色不同，追求的目标也不尽相同，使得两者所获得的市场信息具有差异性，这就造成了企业出资人和经营管理者之间出现了信息不对称和利益冲突问题，导致了逆向选择和道德风险问题的发生，即管理者在决策时不总是维护出资人的利益，而是追求自身利益最大化，利益冲突的矛盾时常发生。对煤炭企业经营绩效进行科学及时的评价，有利于规范并引导经营管理者的行为，对其经营绩效完成情况进行监督考核，同时对考核结果进行有效的反馈激励，使得考核结果与干部提拔和薪酬绩效相挂钩，充分调动起其积极性，努力实现煤炭企业价值最大化，使得煤炭企业得以健康稳定地运行，实现可持续发展。

（3）有利于提升煤炭企业的竞争力。科学地对煤炭企业绩效进行评价，有利于完善现代企业制度，激活企业活力，适应社会主义市场经济发展的要求。企业绩效评价可以及时发现经营管理活动中出现的重大偏差和问题，为了更好地实现企业经营目标，要不断地对管理方法和程序进行改进，极大地促进企业的管理提升。煤炭企业的绩效评价包括企业的财务绩效、安全生产、环境保护、社会贡献、科技创新和经营者素质等多个方面的内容评价，结合煤炭企业生产运营特征，不仅对其经营管理活动进行客观公正地衡量和评价，而且可以对煤炭企业未来的发展趋势进行预测，可以综合的反映出煤炭企业的真实情况。构建科学的煤炭企业绩效评价体系，对煤炭企业绩效评价理论和方法进行不断的丰富和发展，引导煤炭企业经营者的行为与企业的战略经营目标相一致，克服企业短期行为，补齐经营短板，深挖增长潜力，有利于在激烈的市场竞争中提升煤炭企业的竞争力。

2.6　安全教育

2.6.1　安全教育的意义

安全教育是事故预防与控制的重要手段之一。从事故致因理论中的瑟利模型可以看出，要想控制事故，首先是通过技术手段，如报警装置等，通过某种信息交流方式告知人们危险的存在或发生；其次则是要求人在感知到有关信息后，正确理解信息的意义，即何种危险发生或存在，该危险对人会有何种伤害，以及有无必要采取措施和应采取何种应对措施等。而上述过程中有关人对信息的理解认识和反应的部分均是通过安全教育的手段实现的。

诚然，用安全技术手段消除或控制事故是解决安全问题的最佳选择。但在科学技术较为发达的今天，即使人们已经采取了较好的技术措施对事故进行预防和控制，人的行为仍要受到某种程度的制约。相对于用制度和法规对人的制约，安全教育是采用一种和缓的说服、诱导的方式，授人以改造、改善和控制危险的手段和指明通往安全稳定境界的途径，因而更容易为大多数人所接受，更能从根本上起到消除和控制事故的影响；而且通过接受安全教育，人们会逐渐提高其安全素质，使得其在面对新环境、新条件时，仍有一定的保证安全的能力和手段。

所谓安全教育，实际上应包括安全教育和安全培训两大部分。安全教育是通过各种形式，包括学校的教育、媒体宣传、政策导向等，努力提高人的安全意识和素质，让人们学会从安全的角度观察和理解要从事的活动和面临的形势，用安全的观点解释和处理自己遇到的新问题。安全教育主要是一种意识的培养，是长时期的甚至贯穿于人的一生的，并在人的所有行为中体现出来，而与其所从事的职业并无直接关系。而安全培训虽然也包含有关教育的内容，但其内容相对于安全教育要具体得多，范围要小得多，主要是一种技能的培训。安全培训的主要目的是使人掌握在某种特定的作业或环境下正确并安全地完成其应完成的任务，故也有人称生产领域的安全培训为安全生产教育。

安全教育的内容非常广泛，学校教育是最主要的教育途径之一。无论是在小学还是在中学、大学，学校都通过各种形式对学生进行安全意识的培养。其中包括组织活动，开设有关课程等。

在高等教育中，国外一般均采用两种方式进行安全教育，一是培养安全专业人才的专业教育，一是对所有大学生的普及教育，包括开设辅修专业或选修、必修课程等。我国基本上也采用了这种模式。目前，已有近200所高等院校培养安全工程及相关专业的本科生，近80所院校招收硕士研究生，并通过函授进修等方式对在职安全技术干部进行教育培训，努力提高其安全素质和专业知识水平。另外，部分院校也采用开设选修课程等方式进行安全教育。但总的说来，由于观念上的差异及学时、师资等方面的限制，高校中对非安全类专业学生的安全教育迄今尚停留在较低的水平上，这也使在培养了极少量的专业安全人才的同时，却输出了一大批不具备基本的安全素质的工程技术人才和管理人才。实际上这也成了近年来恶性事故频发，安全类诉讼急升的间接原因。

安全培训，亦称安全生产教育，主要是指企业为提高职工安全技术水平和防范事故能力而进行的教育培训工作，也是企业安全管理的主要内容。它与消除事故隐患、创造良好的劳动条件相辅相成，二者缺一不可。

开展安全教育既是企业安全管理的需要，也是国家法律法规的要求。新中国成立至今，党和国家先后对安全教育工作做出了多次具体规定，颁布了多项法律、法规，明确提出要加强安全教育。同时在重大事故调查过程中，是否对劳动者进行安全教育也是影响事故处理决策的主要因素之一。

另一方面，开展安全教育，是企业发展经济的需要，是适应企业人员结构变化的需要，是发展、弘扬企业安全文化的需要，是安全生产向广度和深度发展的需要，也是搞好安全管理的基础性工作，掌握各种安全知识，避免职业危害的主要途径。

2.6.2　安全教育的内容

安全教育的内容可概括为 4 个方面，即安全态度教育、安全知识教育、安全技能教育和事故警示教育。

2.6.2.1　安全态度教育

要想增强人的安全意识，首先应使之对安全有一个正确的态度。安全态度教育包括两个方面，即思想教育和态度教育。

思想教育包括安全意识教育、安全生产方针政策教育和法纪教育。

安全意识是人们在长期生产、生活等各项活动中逐渐形成的。由于人们实践活动经验的不同和自身素质的差异，对安全的认识程度不同，安全意识就会出现差别。安全意识的高低将直接影响着安全效果。因此，在生产和社会活动中，要通过实践活动加强对安全问题的认识并使其逐步深化，形成科学的安全观。这就是安全意识教育的主要目的。

安全生产方针政策教育是指对企业的各级领导和广大职工进行党和政府有关安全生产的方针、政策的宣传教育。党和政府有关安全生产的方针、政策是适应生产发展的需要，结合我国的具体情况而制定的，是安全生产的先进经验的总结。不论是实施安全生产的技术措施，还是组织措施，都是在贯彻安全生产的方针、政策。只有安全生产的方针、政策被各级领导和工人群众理解和掌握，并得到贯彻执行，安全生产才有保证。在此项教育中要特别认真开展的是"安全第一，预防为主，综合治理"这一安全生产方针的教育。只有充分认识、深刻理解其含义，才能在实践中处理好安全与生产的关系。特别是安全与生产发生矛盾时，要首先解决好安全问题，切实把安全工作提高到关系全局及稳定的高度来认识，把安全视作企业头等大事，从而提高安全生产的责任感与自觉性。

法纪教育的内容包括安全法规、安全规章制度、劳动纪律等。安全生产法律、法规是方针、政策的具体化和法律化。通过法纪教育，使人们懂得安全法规和安全规章制度是实践经验的总结，它们反映安全生产的客观规律，自觉地遵章守法，安全生产就有了基本保证。同时，通过法纪教育还要使人们懂得，法律带有强制的性质，如果违章违法，造成了严重的事故后果，就要受到法律的制裁。企业的安全规章制度和劳动纪律是劳动者进行共同劳动时必须遵守的规则和程序，遵守劳动纪律是劳动者的义务，也是国家法律对劳动者的基本要求。加强劳动纪律教育，不仅是提高企业管理水平，合理组织劳动，提高劳动生产率的主要保证，也是减少或避免伤亡事故和职业危害，保证安全生产的必要前提。据统计，我国因职工违反操作规程，不遵守劳动纪律而造成的工伤事故占事故总数的60%~70%。为此，全国总工会提出要贯彻"一遵二反三落实"（遵章守纪，反违章指挥、反违章作业，落实安全组织、安全责任、安全措施），即教育职工遵守劳动纪律；反对违章指挥、违章作业；监督与协助企业行政部门落实各级安全生产责任制，监督与协助企业行政部门落实预防伤亡事故的各种措施，组织落实人人为安全生产和劳动保护做一件好事活动。这些，对于加强劳动纪律教育，认真执行安全生产规章制度，确保安全生产具有重大意义。

2.6.2.2 安全知识教育

安全知识教育包括安全管理知识教育和安全技术知识教育。对于带有潜藏的只凭人的感觉不能直接感知其危险性的危险因素的操作，安全知识教育尤其重要。

（1）安全管理知识教育。安全管理知识教育包括对安全管理组织结构、管理体制、基本安全管理方法及安全心理学、安全人机工程学、系统安全工程等方面的知识。通过对这些知识的学习，可使各级领导和职工真正从理论到实践上认清事故是可以预防的；避免事故发生的管理措施和技术措施要符合人的生理和心理特点；安全管理是科学的管理，是科学性与艺术性的高度结合等主要概念。

（2）安全技术知识教育。安全技术知识教育的内容主要包括：一般生产技术知识、一般安全技术知识和专业安全技术知识教育。

一般生产技术知识教育主要包括：企业的基本生产概况，生产技术过程，作业方式或工艺流程，与生产过程和作业方法相适应的各种机器设备的性能和有关知识，工人在生产中积累的生产操作技能和经验及产品的构造、性能、质量和规格等。

一般安全技术知识是企业所有职工都必须具备的安全技术知识。主要包括：企业内危险设备所在的区域及其安全防护的基本知识和注意事项，有关电气设备（动力及照明）的基本安全知识，起重机械和厂内运输的有关安全知识，生产中使用的有毒有害原材料或可能散发的有毒有害物质的安全防护基本知识，企业中一般消防制度和规划，个人防护用品的正确使用以及伤亡事故报告方法等。

专业安全技术知识是指从事某一作业的职工必须具备的安全技术知识。专业安全技术知识比较专门和深入，其中包括安全技术知识，工业卫生技术知识，以及根据这些技术知识和经验制定的各种安全操作技术规程等。其内容涉及锅炉、受压容器、起重机械、电气、焊接、防爆、防尘、防毒和噪声控制等。

2.6.2.3　安全技能教育

A　安全技能

仅有了安全技术知识，并不等于能够安全地从事操作，还必须把安全技术知识变成进行安全操作的本领，才能取得预期的安全效果。要实现从"知道"到"会做"的过程，就要借助于安全技能培训。

技能是人为了完成具有一定意义的任务，经过训练而获得的完善化、自动化的行为方式。技能达到一定的熟练程度，具有了高度的自动化和精密的准确性，便称为技巧。技能是个人全部行为的组成部分，是行为自动化的一部分，是经过练习逐渐形成的。

安全技能培训包括正常作业的安全技能培训，异常情况的处理技能培训。

安全技能培训应按照标准化作业要求来进行。因此，进行安全技能培训应预先制定作业标准或异常情况时的处理标准，有计划、有步骤地进行培训。

安全技能的形成是有阶段性的，不同阶段显示出不同的特征。一般来说，安全技能的形成可以分为3个阶段，即掌握局部动作的阶段，初步掌握完整动作阶段，动作的协调和完善阶段。在技能形成过程中，各个阶段的变化主要表现在行为结构的改变，行为速度和品质的提高及行为调节能力的增强3个方面。

(1) 行为结构的改变主要体现在动作技能的形成，表现为许多局部动作联系为完整的动作系统，动作之间的互相干扰以及多余动作的逐渐减少；智力技能的形成表现为智力活动的多个环节逐渐联系成一个整体，概念之间的混淆现象逐渐减少以至消失，内部趋于概括化和简单化，在解决问题时由开展性的推理转化为"简缩推理"。

(2) 行为速度和品质的提高主要体现在动作技能的形成，表现为动作速度的加快和动作的准确性、协调性、稳定性、灵活性的提高；智力技能的形成则表现为思维的敏捷性与灵活性、思维的广度与深度、思维的独立性等品质的提高，掌握新知识速度和水平是智力技能的重要标志。

(3) 行为调节能力的增加主要体现在一般动作技能形成，表现为视觉控制的减弱与动觉控制的增强，以及动作紧张性的消失；智力技能的提升则表现为智力活动的熟练化，大脑劳动的消耗减少等。

B　安全技能培训计划

在安全技能培训制订训练计划时，一般要考虑以下几个方面的问题：

(1) 要循序渐进。对于一些较困难、较复杂的技能，可以把它划分成若干简单的局部的成分，有步骤地进行练习。在掌握了这些局部成分以后，再过渡到比较复杂的、完整的操作。

(2) 正确掌握对练习的速度和质量的要求。在开始练习的阶段可以要求慢一些，而对操作的准确性则要严格要求，使之打下一个良好的基础。随着练习的进展，要适当地增加速度，逐步提高效率。

（3）正确安排练习时间。一般来说，在开始阶段，每次练习的时间不宜过长，各次练习之间的间隔可以短一些。随着技能的掌握，可以适当地延长各次练习之间的间隔，每次练习的时间也可延长一些。

（4）练习方式要多样化。多样化的练习可以提高兴趣、促进练习的积极性、保持高度的注意力。练习方式的多样化还可以培养人们灵活运用知识的技能。当然，方式过多，变化过于频繁也会导致相反的结果，即影响技能的形成。

在安全教育中，第一阶段应该进行安全知识教育，使操作者了解生产操作过程中潜在的危险因素及防范措施等，即解决"知"的问题；第二阶段为安全技能训练，掌握和提高熟练程度，即解决"会"的问题；第三阶段为安全态度教育，使操作者尽可能地实行安全技能。三个阶段相辅相成，缺一不可。只有将这三种教育有机地结合在一起，才能取得较好的安全教育效果。在思想上有了强烈的安全要求，又具备了必要的安全技术知识，掌握了熟练的安全操作技能，才能取得安全的结果，避免事故和伤害的发生。

2.6.2.4　事故警示教育

A　事故警示教育的概念

事故警示教育是选取以往发生的重大或典型煤矿事故，并造成了一定数量的人员伤亡、财产损失，作为典型案例，以宣传片、宣传册或课堂案例的形式，向职工、企业进行警示，避免类似错误再次发生，达到安全教育的目的。

"一厂出事故，万厂受教育；一地有隐患，全国受警示。"开展事故警示教育是企业安全教育的重要内容，是增强员工安全意识的有效途径。

B　事故警示教育存在的问题

目前，有些煤矿企业在开展事故警示教育工作中，仍然存在"蜻蜓点水""隔靴搔痒"等形式主义做法，主要表现在以下几个方面：

（1）组织准备不充分。每次只讲重大事故案例，觉得一般事故不足以警示人，认识上有误区；选择的案例不具有典型性、时效性和实用性；学习事故通报照本宣科，不能充分调动员工的学习兴趣。

（2）剖析问题不深刻。警示教育采取播放视频、观看展板的方式，比较刻板、程式化。对事故原因和防范措施一读了之，对事故暴露的问题不探讨、不深究，没有找出事故发生带有普遍性或深层次的原因。

（3）结合实际有偏差。没有将事故发生条件与本单位实际状况进行分析比较，对本单位类似工作起不到应有的防范作用。

（4）制定对策无针对性。由于在结合实际分析问题上存在偏差，不能制订出有效的、易于操作的防范措施，以至于影响了落实措施和解决问题的效果。

　　C　深化事故警示教育的对策

　　事故警示教育出现上述问题的主要原因是对其重要性认识不足，没有真正把别人的事故当成自己的事故看待，存在一种看故事的心理。事故警示教育只有往心里走、深里走和实里走，才能入心入脑见实效。

　　借势借力，推进警示教育往心里走。事故警示教育重在通过真实案例和惨痛教训，让干部员工直面教训，触动思想，震撼心灵。因此，事故警示教育不妨借势借力，变变方式。如排练一些安全文艺节目，模拟事故场景，让职工走进事故"现场"，感受事故造成的损失和伤害；或让事故亲历者讲讲"过去的故事"，再现九死一生的一幕，讲述切肤之痛，用亲身经历告诫大家忽视安全的后果；还可以借助网络宣传阵地，进行网上安全知识问答或制作一些安全知识游戏、课件等，将安全教育延伸到 8 小时之外，将安全警示教育的内容传送到千家万户，人人知晓。

　　深挖经验教训，推进警示教育往深里走。开展事故警示教育，一方面，要抓"大"不放"小"。每年发生的安全生产事故，90% 以上是一般事故，从大量一般事故中更能发现共性的、致命的问题和隐患。另一方面，要正反结合，注意从事故中学习经验，不能一出事故就全盘否定。如有的企业发生事故后，迅速启动应急预案，领导沉着果断指挥救援，各单位有力配合，员工积极开展自救互救，最大限度地减少生命财产损失，都是值得学习的宝贵经验。要善于从事故中总结经验、吸取教训，做到警钟长鸣、举一反三，以敬畏生命之心抓好安全生产。

　　拓宽警示教育范围，推动警示教育往实里走。有的企业发生安全生产事故，不但自身受损失，还会影响到周边地区和社会各界。因此，企业开展安全警示教育，不能仅限于企业内部，还要结合政企、社企活动，把安全警示教育扩大到周边地区和社会各界。首先要主动对接政府、部门和周边企业、社区、村居、学校、医院等，做好政企、社企应急预案衔接，制订应急演练计划，定期组织开展各类应急演练活动。其次要积极配合政府部门开展应急管理和安全生产进企业、进农村、进社区、进校园、进家庭、进机关、进公共场所"七进"活动，广泛营造全社会关注和参与安全生产的良好氛围，把安全警示教育活动延伸到社会各个领域，实现安全警示教育全覆盖。

　　总之，开展事故警示教育是贯彻"安全第一、预防为主、综合治理"方针、落实以人为本安全管理理念的重要措施和客观要求。事故警示教育只有走心走深走实，切实"把历史的事故当成今天的事故看待，警钟长鸣；把别人的事故当成自己的事故看待，引以为戒；把小事故当成重大事故来分析，举一反三。"唯此，才能使员工在思想深处和具体行为上实现从"要我安全"到"我要安全"的根本改变；不断增强企业安全管控能力，规范员工行为，有效防范事故的发生，保障企业安全生产长治久安。

2.6.3 安全教育的形式和方法

按照教育的对象不同，可把安全教育分为主要负责人、安全生产管理人员的安全培训和其他从业人员的安全培训。

2.6.3.1 主要负责人、安全生产管理人员的安全培训

管理人员安全教育是指对企业车间主任（工段长）以上干部、工程技术人员和行政管理干部的安全教育。企业管理人员，特别是上层管理人员对企业的影响是重大的，他们既是企业的计划者、经营者、控制者，又是决策者。其管理水平的高低，安全意识的强弱，对国家安全生产方针政策理解的深浅，对安全生产的重视与否，对安全知识掌握的多少，直接决定了企业的安全状态。因此，加强对管理人员的安全教育是十分必要的。为此，《安全生产法》第二十八条规定，生产经营单位应当对从业人员进行安全生产教育和培训，保证从业人员具备必要的安全生产知识，熟悉有关的安全生产规章制度和安全操作规程，掌握本岗位的安全操作技能，了解事故应急处理措施，知悉自身在安全生产方面的权利和义务。未经安全生产教育和培训合格的从业人员，不得上岗作业。《安全生产培训管理办法》和《生产经营单位安全培训规定》对各级管理人员的安全教育内容、教育时间及组织管理做了详细规定。上述三个法规使对管理人员的安全教育制度化和法律化。

生产经营单位主要负责人和安全生产管理人员应当接受安全培训，具备与所从事的生产经营活动相适应的安全生产知识和管理能力。

生产经营单位主要负责人和安全生产管理人员的安全培训必须依照安全生产监管监察部门制定的安全培训大纲实施。煤矿主要负责人和安全生产管理人员的安全培训大纲及考核标准由国家煤矿安全监察局制定。非煤矿山、危险化学品、烟花爆竹、金属冶炼等生产经营单位主要负责人和安全生产管理人员的安全培训大纲及考核标准由国家安全生产监督管理总局统一制定。其他生产经营单位主要负责人和安全管理人员的安全培训大纲及考核标准，由省、自治区、直辖市安全生产监督管理部门制定。

生产经营单位主要负责人和安全生产管理人员初次安全培训时间不得少于32学时。每年再培训时间不得少于12学时。煤矿、非煤矿山、危险化学品、烟花爆竹、金属冶炼等生产经营单位主要负责人和安全生产管理人员初次安全培训时间不得少于48学时，每年再培训时间不得少于16学时。

生产经营单位主要负责人安全培训应当包括下列内容：（1）国家安全生产

方针、政策和有关安全生产的法律、法规、规章及标准；（2）安全生产管理基本知识、安全生产技术、安全生产专业知识；（3）重大危险源管理、重大事故防范、应急管理和救援组织以及事故调查处理的有关规定；（4）职业危害及其预防措施；（5）国内外先进的安全生产管理经验；（6）典型事故和应急救援案例分析；（7）其他需要培训的内容。

安全生产管理人员安全培训应当包括下列内容：（1）国家安全生产方针、政策和有关安全生产的法律、法规、规章及标准；（2）安全生产管理、安全生产技术、职业卫生等知识；（3）伤亡事故统计、报告及职业危害的调查处理方法；（4）应急管理、应急预案编制以及应急处置的内容和要求；（5）国内外先进的安全生产管理经验；（6）典型事故和应急救援案例分析；（7）其他需要培训的内容。

2.6.3.2　其他从业人员的安全培训

生产经营单位应当根据工作性质对其他从业人员进行安全培训，保证其具备本岗位安全操作、应急处置等知识和技能。生产经营单位新上岗的从业人员，岗前安全培训时间不得少于 24 学时。煤矿、非煤矿山、危险化学品、烟花爆竹、金属冶炼等生产经营单位新上岗的从业人员安全培训时间不得少于 72 学时，每年再培训的时间不得少于 20 学时。

其他从业人员的安全教育一般有三级安全教育，特种作业人员安全教育，经常性安全教育，"五新"作业安全教育，复工、调岗安全教育等。

（1）三级安全教育。煤矿、非煤矿山、危险化学品、烟花爆竹、金属冶炼等生产经营单位必须对新上岗的临时工、合同工、劳务工、轮换工、协议工等进行强制性安全培训，保证其具备本岗位安全操作、自救互救以及应急处置所需的知识和技能后，方能安排上岗作业。

加工、制造业等生产单位的其他从业人员，在上岗前必须经过厂（矿）、车间（工段、区、队）、班组三级安全培训教育。

厂（矿）级岗前安全培训内容应当包括：1）本单位安全生产情况及安全生产基本知识；2）本单位安全生产规章制度和劳动纪律；3）从业人员安全生产权利和义务；4）有关事故案例等。煤矿、非煤矿山、危险化学品、烟花爆竹、金属冶炼等生产经营单位厂（矿）级安全培训除包括上述内容外，应当增加事故应急救援、事故应急预案演练及防范措施等内容。

车间（工段、区、队）级岗前安全培训内容应当包括：1）工作环境及危险因素；2）所从事工种可能遭受的职业伤害和伤亡事故；3）所从事工种的安全职责、操作技能及强制性标准；4）自救互救、急救方法、疏散和现场紧急情况的处理；5）安全设备设施、个人防护用品的使用和维护；6）本车间（工段、区、队）安全生产状况及规章制度；7）预防事故和职业危害的措施及应注意的安全事项；8）有关事故案例；9）其他需要培训的内容。

班组级岗前安全培训内容应当包括：1）岗位安全操作规程；2）岗位之间工作衔接配合的安全与职业卫生事项；3）有关事故案例；4）其他需要培训的内容。

（2）特种作业人员安全教育。特种作业是指容易发生事故，对操作者本人、他人的安全健康及设备、设施的安全可能造成重大危害的作业。直接从事特种作业的作业人员为特种作业人员。

2015年5月29日国家安全生产监督管理总局令第80号第二次修正的《特种作业人员安全技术培训考核管理规定》，规定所称特种作业包括电工作业（高压电工作业、低压电工作业、防爆电气作业）、焊接与热切割作业（熔化焊接与热切割作业、压力焊作业、钎焊作业）、高处作业（登高架设作业和高处安装、维护、拆除作业）、制冷与空调作业（制冷与空调设备运行操作作业、制冷与空调设备安装修理作业）、煤矿安全作业（井下电气作业、井下爆破作业、安全监测监控作业、瓦斯检查作业、安全检查作业、提升机操作作业、采煤机（掘进机）操作作业、瓦斯抽采作业、防突作业、探放水作业）、金属非金属矿山安全作业（通风作业、尾矿作业、安全检查作业、提升机操作作业、支柱作业、井下电气作业、排水作业、爆破作业）、石油天然气安全作业（司钻作业）、冶金（有色）生产安全作业（煤气作业）、危险化学品安全作业（光气及光气化工艺作业、氯碱电解工艺作业、氯化工艺作业、硝化工艺作业、合成氨工艺作业、裂解（裂化）工艺作业、氟化工艺作业、加氢工艺作业、重氮化工艺作业、氧化工艺作业、过氧化工艺作业、胺基化工艺作业、磺化工艺作业、聚合工艺作业、烷基化工艺作业、化工自动化控制仪表作业）、烟花爆竹安全作业（烟火药制造作业、黑火药制造作业、引火线制造作业、烟花爆竹产品涉药作业、烟花爆竹储存作业）以及安全监管总局认定的其他作业。

特种作业人员必须经专门的安全技术培训并考核合格，取得《中华人民共和国特种作业操作证》（以下简称特种作业操作证）后，方可上岗作业。

对特种作业人员的安全技术培训，具备安全培训条件的生产经营单位应当以自主培训为主，也可以委托具备安全培训条件的机构进行培训。不具备安全培训条件的生产经营单位，应当委托具备安全培训条件的机构进行培训。从事特种作业人员安全技术培训的机构，应当制定相应的培训计划、教学安排，并按照安全监管总局、煤矿安监局制定的特种作业人员培训大纲和煤矿特种作业人员培训大纲进行特种作业人员的安全技术培训。

特种作业人员的考核包括考试和审核两部分。考试由考核发证机关或其委托的单位负责；审核由考核发证机关负责。安全监管总局、煤矿安监局分别制定特种作业人员、煤矿特种作业人员的考核标准，并建立相应的考试题库。考核发证机关或其委托的单位应当按照安全监管总局、煤矿安监局统一制定的考核标准进行考核。

特种作业操作证每3年复审1次。特种作业人员在特种作业操作证有效期内，连续从事本工种10年以上，严格遵守有关安全生产法律法规的，经原考核发证机关或者从业所在地考核发证机关同意，特种作业操作证的复审时间可以延长至每6年1次。但离开特种作业岗位6个月以上的特种作业人员，应当重新进行实际操作考试，经确认合格后方可上岗作业。

（3）经常性安全教育。由于企业的生产方法、环境、机械设备的使用状态及人的心理状态都处于变化之中。因此安全教育不可能一劳永逸。对于人来说，由于其大部分安全技术知识与技能均为短期记忆，必然随时间而衰减，因此必须开展经常性的安全教育，进一步强化人的安全意识与知识技能，保证其安全状态。经常性安全教育的形式多种多样，如班前班后会、安全活动月、安全会议、安全技术交流、安全水平考试、安全知识竞赛、安全演讲等。不论采取哪种形式都应该切实结合企业安全生产情况，有的放矢，以加强教育效果。

在安全教育中，安全思想、安全态度教育最重要。进行安全思想、安全态度教育，要采取多种多样的形式，通过各种安全工作，激发职工搞好安全生产的积极性，使全体职工重视和真正实现安全生产。在企业的安全工作中，一项重要内容就是开展各种安全活动，推动安全工作深入发展。安全活动是在企业广大职工群众中开展的、旨在促进安全生产的工作。这些安全活动最重要的作用，就是提高职工的安全意识。

当开展某项安全活动取得了一定安全效果后，无论该项活动多么有效，如果把它作为最好的方法继续使用，就不会继续取得良好的效果。这是因为人们有适应外界刺激的倾向。尽管一项活动开始时对每个职工都有一定刺激作用，但长期继续下去，人们对刺激的敏感性会降低，反应迟钝，直至最后刺激不起作用。当出现这种情况时，就应根据企业的安全状况，有目的地、间断地改变刺激方式，以新的刺激唤起人们对安全的关心。

（4）"五新"作业安全教育。"五新"作业安全教育是指凡采用新技术、新工艺、新材料、新产品、新设备，即进行"五新"作业时，出于其未知因素多，变化较大，且根据变化分析的观点，与变化相关联的失误是导致事故的原因，因而"五新"作业中极可能潜藏着不为人知的危险性，并且操作者失误的可能性也要比通常进行的作业更大。因而，在作业前，应尽可能应用危险分析、风险评价等方法找出存在的危险，应用人机工程学等方法研究操作者失误的可能性和预防方法，并在试验研究的基础之上制定出安全操作规程，对操作者及有关人员进行专门的教育和培训，包括安全操作知识和技能培训及应急措施的应用等。这是

"五新"作业教育的目的所在，也是我国安全工作者在几十年的工作实践中总结出的防止重大事故的有效方法之一。

（5）复工和调岗教育。"复工"安全教育是针对离开操作岗位较长时间的工人进行的安全教育。离岗 1 年以上重新上岗的工人，应当重新接受车间（工段、区、队）和班组级的安全培训。

"调岗"安全教育是指工人在本车间临时调动工种和调往其他单位临时帮助工作的，由接受单位进行所担任工种的安全教育。

2.6.3.3　安全教育的形式

安全教育应利用各种教育形式和教育手段，以生动活泼的方式，来实现安全生产这一严肃的课题。安全教育形式大体可分为以下 7 种。

（1）广告式。包括安全广告、标语、宣传画、标志、展览、黑板报等形式，它以精练的语言，醒目的方式，在醒目的地方展示，提醒人们注意安全和怎样才能安全。

（2）演讲式。包括教学、讲座的讲演，经验介绍，现身说法，演讲比赛等。这种教育形式可以是系统教学，也可以专题论证、讨论，用以丰富人们的安全知识，提高对安全生产的重视程度。

（3）会议讨论式。包括事故现场分析会、班前班后会、专题研讨会等，以集体讨论的形式，使与会者在参与过程中进行自我教育。

（4）竞赛式。包括口头、笔头知识竞赛，安全、消防技能竞赛，以及其他各种安全教育活动评比等。激发人们学安全、懂安全、会安全的积极性，促进职工在竞赛活动中树立"安全第一"的思想，丰富安全知识，掌握安全技能。

（5）声像式。它是用声像等现代艺术手段，使安全教育寓教于乐。主要有安全宣传广播、电影、电视、录像等。

（6）文艺演出式。它是以安全为题材编写和演出的相声、小品、话剧等文艺演出的教育形式。

（7）学校正规教学。利用国家或企业办的大学、中专、技校，开办安全工程专业，或穿插渗透于其他专业的安全课程。

2.6.4　提高安全教育的效率

在进行安全教育过程中，为提高安全教育效果，应注意以下 5 个方面。

（1）领导者要重视安全教育。企业安全教育制度的建立，安全教育计划的制定，所需资金的保证及安全教育的责任者均由企业领导者负责。因此，企业领导者对安全教育的重视程度决定了企业安全教育开展的广泛与深入程度，决定了安全教育的效果。

（2）安全教育要注重效果。搞好安全教育，要想取得良好的效果，应注意以下4点。

1）教育形式要多样化。安全教育形式要因地制宜，因人而异，灵活多样，采取符合人们的认识特点的、感兴趣的、易于接受的方法。

2）教育内容要规范化。安全教育的教学大纲、教学计划、教学内容及教材要规范化，使受教育者受到系统、全面的安全教育，避免由于任务紧张等原因在安全教育实施中走过场。

3）教育要有针对性。要针对不同年龄、工种、作业时间、工作环境、季节、气候等进行预防性教育，及时掌握现场环境和设备状态及职工思想动态，分析事故苗头，及时有效地处理，避免问题累积扩大。

4）充分调动职工积极性。应深入群众，了解工人的所需、所想，并启发工人提出合理化建议，使之感到自己不仅仅是受教育者，同时也在为安全教育的实施和完善做贡献，从而充分调动他们的积极性。

（3）要重视初始印象对学习者的重要性。对学习者来说，初始获得的印象非常重要。如果最初留下的印象是正确的，深刻的，他将会牢牢记住，时刻注意；如果最初的印象是错误的，不重要的，他也将会错误下去，并对自己的错误行为不以为然。例如，在对刚入厂的新工人进行安全教育时，如果使他认为不仅操作规程重要，所有的安全技术措施、安全操作规程也同样重要，他对安全会非常重视，反之，如果教新工人学习操作技术，第一次教授的操作方法不正确，再让他改正就很困难。因此，必须严密组织安全技能培训和安全知识教育工作，为提高操作者安全素质奠定基础。

（4）要注意巩固学习成果。多年的实践表明，进行安全教育，不仅应注重学习效果，更应注重巩固学习所获得的成果，使学习的内容更好地为学习者所掌握，安全教育也是如此。因而，在安全教育工作中，应注意以下3个问题。

1）要让学习者了解自己的学习成果。每一个人都愿意知道其所从事的工作收效如何，学习也是如此。因此，将学习者的进展、成果、成绩与不足告知他们，就会增强其信心，明确方向，有的放矢地、稳步地使自己各方面都得到改善。

此外，人在学习过程中有时会出现停滞时期，有些人往往在这时丧失勇气，使学习受到影响。如使其了解学习的成果和进步，同时说明出现这种情况在学习过程中是正常情况，也会起到鼓励人们树立信心，坚持学习的作用。

2）实践是巩固学习成果的重要手段。当通过反复实践形成了使用安全操作方法的习惯之后，工作起来就会得心应手，安全意识也会逐步增强。

3）以奖励促进巩固学习成果。心理学家通过实验发现，对于学习效果的巩固，给予奖励比不用奖励效果好得多。通过对某个工人学习取得进步的奖励和表扬，不仅能够巩固其本人的学习效果，对其他人也会产生很大影响。

（5）应与企业安全文化建设相结合。安全文化是企业文化的重要组成部分，它包含人的安全价值观和安全行为准则两方面内容。前者主要是安全意识、安全知识和安全道德，以及企业的向心力和凝聚力，是安全文化的内层，是最重要、最基本的方面；后者则属于物质范畴，主要包括一些可见的规章制度以及物质设施。

企业安全文化主要体现在以下 13 个方面。

1）高层次管理人员始终贯彻执行"安全第一，预防为主，综合治理"的指导方针。

2）指导和实施有效的政策和规章，确保实践活动的正确性。

3）良好的行为规范、行为监督和信息反馈。

4）畅通的上下级关系和高尚和谐的人际关系。

5）工作人员普遍重视安全。

6）具有良好的纪律和有效的奖惩制度。

7）具有明确的授权界限、清晰的接口关系。

8）严格的自检、自查制度。

9）牢固的科学技术基础。

10）严密的安全生产责任制度。

11）强有力的资金保证制度。

12）良好的职工生存和工作环境。

13）科学的资料管理系统。

企业安全文化教育是通过强化职工安全意识，达到提高安全素质的目的。由此可见，安全文化教育是传播和建立工业文明、提高职工安全文化素质的重要途径，是建立良好企业安全文化氛围的重要手段。同时，企业安全文化氛围的建立，为进一步搞好安全教育创造了条件。因此，在市场经济体制下倡导和建立企业安全文化是企业安全生产的重要举措和科学方法，也是搞好安全教育、保证安全教育取得良好效果的前提。

2.7　本章小结

本章主要分析了 4（安全红线管理、薄弱环节管控、岗位作业流程标准化、班组长安全绩效考核）+1（安全教育）的逻辑关系以及其与双重预防体系之间的关系；安全红线管理的概念、理论依据、实施流程；薄弱环节管控的理论依据、风险分级管控、隐患排查治理、薄弱环节管控的流程；标准化和标准作业流程、标准化作业流程的制定；安全绩效考核的概念及必要性、安全绩效考核的指标体系和方法、绩效管理的实施流程；安全教育的内容、形式与方法等。

3 焦煤公司安全红线管理

3.1 矿井安全"红线"

根据焦煤公司前期安全管理实践成果，结合国家和河南省对煤矿安全生产的有关要求，通过组织专家研讨分析，最终确定矿井各主要战线安全生产的"红线"。

3.1.1 采煤

（1）超出采矿许可证规定开采煤层层位或者标高、坐标控制范围而进行开采作业。

（2）擅自开采保安煤柱。

（3）采煤工作面不能保证 2 个畅通的安全出口。

（4）高瓦斯矿井或煤与瓦斯突出矿井，采煤工作面采用前进式采煤方法。

（5）采煤工作面未取得投产合格证组织生产。

3.1.2 掘进

（1）掘进工作面开口、过地质构造带、过老空、过煤柱或巷道修理，未制定专项措施或不执行措施。

（2）掘进工作面空顶作业、超控顶距作业、擅自加大作业循环进度。

（3）擅自更改巷道支护设计参数、降低支护强度。

3.1.3 机电

（1）井下电气设备未取得煤矿矿用产品安全标志，或者防爆等级与矿井瓦斯等级不符。

（2）主提升系统不满足规程要求。

（3）使用明令禁止使用或淘汰的设备、工艺。

3.1.4 运输

（1）斜巷轨道运输系统无证运行、安全设施不齐全或失效。

（2）斜巷运输放"飞车"。

（3）"扒、蹬、跳"运行中车辆或乘坐皮带、刮板运输机。

3.1.5 一通三防

（1）矿井总风量不足。

（2）违反规定串联通风。

（3）掘进工作面局部通风机未按规定安装"双风机双电源自动切换"，未设置"三专两闭锁"；局部通风机、机电设备安装位置不合理，存在严重隐患。

（4）作业地点出现无风、微风、循环风。

（5）突出矿井未进行区域或者工作面突出危险性预测。

（6）突出矿井顶层采掘工作面地质构造带附近未采取针对性防突措施组织生产。

（7）突出矿井未装备地面永久瓦斯抽采系统或者系统不能正常运行。

（8）采掘工作面瓦斯抽采不达标就组织生产。

（9）矿井安全监控系统不能正常运行。

（10）瓦斯超限后不能断电或者断电范围不符合规定。

（11）违章放炮作业；私藏火工品或将火工品私自带上井。

（12）未按综合防尘措施规定执行，造成粉尘（煤尘、岩尘）严重超标。

3.1.6 防治水

（1）在突水威胁区域进行采掘作业未按规定进行探放水。

（2）未按规定留设防隔水煤（岩）柱或在防隔水煤（岩）柱中进行采掘活动。

3.1.7 安全管理

（1）矿井超能力、超强度、超定员组织生产。

（2）未按规定足额提取和使用安全生产费用。

（3）未制定或者未严格执行井下劳动定员制度。

（4）安排未经培训或培训考核不合格的操作人员上岗作业。

（5）现场出现重大隐患未按规定先撤人或强令工人继续作业。

（6）无规程、措施施工。

（7）人员随意进入盲巷。

（8）外委承包工程未签订安全协议。

3.1.8 选煤厂

（1）煤仓上口或大直径排水口，未装设防护栏或未按标准安装箅子；处理煤仓下料溜槽堵塞时人员身体进入溜槽。

（2）擅自甩保护、更改保护定值；移动式电气设备未安装漏电保护装置。

（3）设备超温、超压运行。

（4）防爆区域电气设备失爆。

3.2 矿井安全管理"重点"

对于煤矿生产的影响较大，但不宜列入安全"红线"的，划入安全管理"重点"，矿井各战线也应引起高度重视。

3.2.1 采煤

（1）采煤工作面支架初撑力合格率不低于80%。

（2）采煤工作面两巷人行道宽度不小于0.8m。综采工作面超前20m范围内高度不小于1.8m，20m以外不小于2m；其他工作面超前20m范围内高度不小于1.6m，20m以外不小于1.8m。

（3）采煤机割煤期间，滚筒前后5m范围内，前立柱与刮板输送机之间不准有人。

（4）采煤机日常检修维护时，必须选择顶板煤壁完好区域，并对煤壁采取防护措施。

（5）必须超前剪网、取托盘、取钢筋梯等钢质支护材料，不得直接使用采煤机割锚杆（索）。

（6）必须在无压状态下更换油管或阀组液压件。

（7）支架间隙超过规定必须立即采取措施。

（8）单体柱出现弯曲、死柱时必须采取措施处理。

3.2.2 掘进

（1）围岩破碎的地段掘进时必须短掘短支，支护紧跟迎头。

（2）锚网支护巷道两帮锚杆滞后距离不得超过作业规程规定。

（3）不得使用支护锚杆（索）起吊物件。

（4）巷道替棚、拆除原支架时必须逐棚进行，并对周围支架的支护情况进行安全确认。

（5）修理巷道时，必须按措施规定对设备、管路、电缆进行保护。

（6）架棚巷道在十字口、丁字口必须按设计架设暗抬棚，施工时必须对周围支架进行加固。

（7）扩棚时，人员不得进入棚腿和未支护的巷帮之间作业。

（8）处理顶板网兜、活矸时必须使用专用的长柄工具。

（9）清挖落底前，对周围的物料或设备进行清理或固定，防止倾斜、坠滑伤人。

（10）张拉、剪切锚索时，必须对操作人员的操作顺序、站位、监护等事项进行安全确认。

（11）锚索外露影响安全的必须戴保护套。

（12）零星工号必须编制安全技术措施、明确现场责任人（实施挂牌管理）指挥作业。

3.2.3 机电

（1）主提升系统安全评价分管领导要亲力亲为，检测数据与实际相符，评价结果真实。

（2）主提升系统不得超最大载荷和超最大载荷差运行。

（3）副井提升人员时不得使用托罐器。

（4）罐笼提升矿车必须使用可靠的挡车装置。

（5）摩擦式提升系统尾绳不得浸在水（煤）中。

（6）采煤工作面刮板输送机必须有沿线急停装置，且间距不超过15m。

（7）刮板输送机紧链不得采用电机反转方式。

（8）刮板输送机出现漂链、掉链时必须停止运行。

（9）带式输送机保护装置（防跑偏、打滑、堆煤、撕裂、烟雾、超温洒水、急停保护）齐全、有效，并按规定进行试验。

（10）高压胶管外皮破损严重、钢丝锈蚀、挤压变形的，必须及时更换。

（11）煤矿在用安全设备、特种设备应按期检测检验并取得合格证。

3.2.4 运输

（1）电机车接近巷道口、硐室口、弯道等地段，以及前方有人员和车辆时，必须减速、鸣笛。

（2）运输"四超"（超高、超宽、超长、超重）车辆必须制定安全措施。不得在矿车上沿放置长料运输。

（3）装载点清煤（矸）作业时必须停止车辆运行；装载前必须逐车检查车内是否有人。

（4）斜巷运输车辆连接闭锁装置完好。

（5）与轨道运输巷相通的巷道、硐室口必须设置警示标识或栏杆。

（6）架空乘人装置急停保护拉线设置合理，乘坐人员不得随意触碰拉线。

（7）不得在无极绳牵引弯道内侧行走；确需在弯道内侧工作时，必须停车并采取防止钢丝绳弹出伤人的措施。

（8）有人行道的大巷、车场内，人员必须走人行道。

（9）绞车运行过程中严禁人力撬绳。

（10）人力推车必须符合规定。

（11）平巷停车必须使用掩车器。

（12）巷修或落道处连续三根及以上轨枕悬空时不得运输作业。

3.2.5　一通三防

（1）及时封闭废弃老巷、无风盲巷。

（2）突出矿井严禁人员擅自进入专用回风巷。

（3）突出矿井采掘工作面不得出现共用回风、不符合规定的串联风。

（4）瓦斯异常信息收集、分析制度必须落实到位。

（5）突出采掘工作面应按规定设置专职瓦斯检查员。

（6）突出煤层掘进工作面掘进距离不足 70m 时，反向风门的数量不得少于 3 道。

（7）风力排粉施工钻孔时，风压、水压不足不得继续作业；人员离开打钻现场应及时关闭供风截门。

（8）施工抽采钻孔时必须按规定采取防瓦斯超限措施。

（9）施工抽采钻孔时出现顶钻、卡钻、钻不进等情况应停止作业。

（10）打钻过程中不得从钻杆下方穿行，拆卸钻具前应泄压。

（11）人工接卸钻杆、风水接头时必须停止钻机运转。

（12）不得在采煤工作面上下隅角、架间（后）爆破处理采空区悬顶。

（13）爆破前严禁拆除临时风筒造成迎头微风或无风。

（14）严格执行"一炮三检""三人连锁""爆破作业安全确认程序"。

（15）爆破网络全电阻测定数据与计算数据误差超过规定不得继续爆破。

3.2.6　防治水

（1）施工水压大于 1.5MPa 的钻孔时，须使用反压和防喷装置。

（2）采掘工作面排水系统、排水能力须满足设计要求。

（3）矿井水文观测系统须保持正常运行。

（4）矿井应定期检查防水闸门、闸墙等防水设施，并建立管理台账。

（5）防治水工程的下管、固管、试压等关键环节必须明确专人把关。

（6）加强注浆系统的检查与维护，防止管路堵塞和漏浆伤人。

（7）探放水作业排水系统必须完善。

（8）密闭墙泄水口必须保持畅通。

（9）巷道施工进入探水警戒线，必须坚持有掘必探；进入探水线，必须进行探放水。

3.2.7 安全管理

（1）入井人员严禁携带烟草和点火物品，严禁穿化纤衣服。

（2）两人及两人以上作业必须明确现场安全负责人。

（3）要建立导师带徒和职工互保联保制度。

（4）交接班前后1小时必须加强工作区域的安全巡查和确认。

（5）严禁井下睡觉。

（6）敲击、剪切硬物时，现场人员必须戴防护眼镜，并对硬物进行防护，以免弹伤人员。

（7）多人搬抬重物时，要相互配合，抬起、下放重物前必须进行安全确认。

（8）存在接触旋转设备危险的操作，作业人员必须穿戴整齐、扎紧袖口，不得戴手套。

（9）电缆、管线必须可靠吊挂，禁止人员坐在管线上、下休息。

（10）物料码放要采取防倾（倒）固定措施。

（11）风镐、液压枪及活动管路停用时要立即关闭，规范吊挂。

（12）井下行人斜巷超过12°时，必须设置行人台阶，超过25°时必须加装扶手。

（13）溜煤眼上口要安设防护栏或按要求安装箅子；处理溜煤眼堵塞严禁人员从下口进入。

（14）超过300mm的矸石不得进入煤流系统。

（15）高压管路出现堵塞时，必须制定专项措施疏通。

（16）氧气、乙炔运输、存储、使用，必须保证安全距离。

（17）斜坡上装卸、移动重物时，必须有可靠的防下滑措施，重物下侧严禁有人。

（18）不得因工作原因威胁、报复安全管理人员。

3.2.8 选煤厂

（1）进入厂房、有高空坠物风险区域必须佩戴安全帽。

（2）消防安全重点部位安全出口、应急及消防通道必须畅通，灭火器不得失压、过期。

（3）易燃易爆化学品罐车在装卸过程中必须使用有效消除静电接地装置。

（4）接触危化品的职工必须按规定佩戴防护用品；药剂库、油库、盐酸库等必须保持室内通风，不得造成危险有害气体集聚。

（5）氧气、乙炔运输、存储、使用必须保证安全距离。

（6）转运大型物件及设备时必须采取可靠固定措施。

（7）处理渣浆泵（水泵）出料管路堵塞时，必须停电并关闭出料阀门。

（8）工程车辆司机必须经培训持证上岗；作业前后要进行安全确认；严禁超速行驶。

（9）火力干燥、原煤准备车间、装卸等粉尘作业点必须安装除尘设备。除尘管道、易积存煤尘的设备和地面必须定期清扫。

（10）必须按规定安装、使用、维护、维修有放射性危害的设备。

3.3　地面单位安全"红线"

3.3.1　机电设备管理

（1）高压电气操作未办理"两票"、误操作或操作时不穿戴绝缘手套、绝缘靴；擅自使用万能钥匙解锁进行倒闸操作。

（2）防爆区域电气设备失爆。

（3）移动式电气设备未安装漏电保护装置或漏电保护装置失效。

（4）设备检修（施工）时不执行停送电制度。

（5）带电检修、搬运电气设备或电缆。

（6）容易碰到的、裸露的带电体及机械外露的转动和传动部分未加装护罩或遮栏等防护设施。

（7）检修转动设备时未采取有效措施固定转动装置；将身体伸入运行中转动设备的遮栏内；操作旋转设备时戴手套、衣袖敞开、长发未盘扎。

（8）设备检修后，不清点人员、不清理工器具和杂物，未经安全确认就试运转。

（9）蹬跨运转设备或设备运转时进行维修。

（10）登杆前不核对线路名称、杆号、色标。

3.3.2　生产技术管理

（1）检修时未制定安全技术措施。

（2）擅自退出连锁及热工保护、更改保护定值、停用随机保护。

（3）擅自改变作业流程和工艺参数。

（4）生产、储存装置及设施超温、超压、超液位运行。

（5）特殊作业（动火、有限空间、高处、吊装、盲板抽堵、临时用电、动土、断路）未办理票证。

（6）可燃、有毒气体报警装置未设置、未投用或失效。

（7）易燃易爆化学品罐车在装卸过程中没有使用消除静电接地装置或装置失效。

（8）压力容器、管道未完全泄压开始进行检修工作。

（9）矿山实施爆破时未设置警戒区域或警戒区域内有人。

（10）有易燃、助燃、毒性、窒息性介质的管道或容器检修作业前未进行清洗置换，并取样分析或分析结果不达标开始作业的。

3.3.3 地面消防管理

（1）消防安全重点部位安全出口、应急及消防通道堵塞，灭火器失压、过期，消防栓无水。

（2）消防控制室在岗人员不会使用消防联动控制系统或擅自停用消防联动控制系统。

（3）易燃易爆场所使用手机、携带火种。

（4）距动火点 30m 范围内排放可燃气体；距动火点 15m 范围内排放可燃液体；距动火点 10m 范围内及用火点下方同时进行可燃溶剂清洗或喷漆作业。

3.3.4 安全管理

（1）登高 2m 以上作业不使用或未正确使用安全带。

（2）故意破坏安全设施。

（3）酒后上岗或特种作业人员无证上岗，值（带）班人员空岗、脱岗。

（4）安全隐患假整改假闭合。

3.4 地面单位安全管理"重点"

3.4.1 公共管理

3.4.1.1 机电管理

（1）专职监护人必须认真履行监护职责，不得从事与监护无关的工作。

（2）雷雨天气变电站巡视不得打伞。

（3）高压电气操作前必须核对设备名称、编号、位置，执行监护复诵制度，不得漏项、跳项。

（4）作业人员不得擅自扩大工作范围、工作内容或擅自改变已设置的安全措施。

（5）爆破片必须定期进行检查、更换。

（6）特种设备安全附件必须保持完好，并在安全检验周期内使用。

（7）必须定期对防爆设备进行防爆检查。

3.4.1.2 消防管理

（1）必须按规定开展防火巡查，消防设施必须定期维护保养。

（2）重点防火部位在岗人员必须熟练使用消防器材。

（3）安全出口、疏散通道的疏散指示标志必须完好。

（4）重点防火部位不得抽烟或擅自动用明火；公共娱乐场所、商场、宾馆营业期间不得进行电气焊作业。

（5）消防器械必须保持完好，不得损坏或缺失。

（6）禁忌物品不得同车（地点）运输、储存。

3.4.1.3　施工及检修管理

（1）安排现场具体作业时必须贯彻安全措施。

（2）外委施工单位必须纳入本单位安全监管。

（3）打开（清理）氯、碱、酸介质管道、蒸汽管道设备法兰时必须佩戴防护眼镜或防毒面具。

（4）动火作业前必须对可能存在易燃易爆气体或液体集聚的地沟、地坑进行检查并清除。

（5）不得用氧气作为压力气源吹扫管道。

3.4.1.4　安全管理

（1）员工必须经过培训方能上岗作业。

（2）交接班必须对工作区域进行安全巡查和确认。

（3）必须定期开展隐患排查治理或安全检查。

（4）不得因工作原因威胁、报复安全管理人员。

3.4.2　不同类型企业管理

3.4.2.1　危险化学品企业

（1）进入防爆场所的人员必须进行静电消除。

（2）工艺或安全仪表报警时必须及时处置。

（3）安全阀或泄压排放系统必须正常投用。

（4）安全设施必须定期维护检查或校验，不得超期运行。

（5）岗位人员必须对外来施工人员进行本岗位危险有害因素告知并明确专人监管。

（6）液氯、液氧等充装前，必须对充装设施、充装容器等进行检查确认。

（7）加油枪、加油管线有渗油、漏油现象时必须及时处置；加油机电缆、管道、地沟封堵完好；卸油期间必须清场、设置警戒线、设专人警戒。

（8）设备故障停机后必须查明原因，不得擅自启动机组。

（9）应急救援器材要保持完好，岗位人员必须正确、熟练使用。

3.4.2.2 非煤矿山、水泥建材企业

（1）强对流天气室外作业必须停工撤人。

（2）矿山排土场边坡车挡高度不低于车轮直径的2/5。

（3）氨水房、柴油库必须保持室内通风，不得造成气体集聚；装卸车环节不得发生液体外泄。

（4）煤磨房煤粉必须及时清理。

3.4.2.3 火力、瓦斯发电企业

（1）必须严格执行"两票""三制"。

（2）锅炉内部检修时必须采取可靠隔断措施，关严阀门并挂牌上锁，电动阀门必须切断电动机电源并挂牌。

（3）炉膛内脚手架必须由有资质的单位搭设。

（4）电除尘器运行时不得打开人孔门，不得检修阴极系统。

（5）机电设备检修停电必须设置明显的断开点。

（6）井、坑、孔洞及掀开的电缆沟、地沟应设围栏和警示标志，煤仓、料仓等料口上方必须安装篦子。

（7）不得在运转皮带机机头机尾清理物料。

（8）瓦斯发电站必须按规定对机房甲烷、一氧化碳浓度进行监测。

3.4.2.4 铁路运输企业

（1）必须确认进路，严禁盲目行、调车作业。

（2）必须保证机车车辆风路完好畅通。

（3）遇雷雨天气巡道时不得打伞。

（4）站内或区间特殊施工作业，必须按规定在车站运转室联系登记并经值班员同意。

（5）不得违规办理或变更行车闭塞状态。

（6）站内不参与调车作业的停留车辆，必须设置防溜装置。

（7）列车行进中，行车人员必须设置列尾标志，不得开抱闸车。

（8）调车作业不得调整动态车辆的钩位及风管。

3.4.2.5 机械制造企业

（1）铸造开炉时：1）人工投料时禁止炉前1m范围内投料；2）投料直径不得超过500mm；3）中频炉开炉前必须对炉包壁进行测量；4）作业工序必须由检查人、确认人签字。

（2）起吊浇注作业：1）必须对天车及吊具（钢包吊耳）等进行检查；2）起吊浇注时操作人员必须与钢包保持 3m 的安全距离；3）现场不得有非作业人员。

（3）起吊浇注作业所用吊具必须至少半年进行一次探伤；钢丝绳使用超过半年必须更换。

（4）盛装熔融金属的钢包在吊运、浇铸过程中地面不得积水。

（5）干式除尘系统必须规范采用泄爆、隔爆、惰化、抑爆等任一种防爆措施，系统内粉尘必须定期清理。

3.5   本章小结

本章主要分析研究了矿井生产单位主要专业（系统）的 40 条安全管理红线和 95 条安全管理重点，地面生产单位主要专业的 28 条安全管理红线和 56 条安全管理重点。

4 安全生产薄弱环节管控

4.1 安全生产薄弱环节和管控措施分析

  煤矿安全生产的薄弱环节主要是指在采掘生产作业、轨道运输、机电设备操作、爆破作业、通风系统的管控等作业过程中存在的风险、容易发生事故的环节，薄弱环节管理主要是包括薄弱的工序、薄弱地区、薄弱时段、薄弱人员四大类。

  根据赵固二矿 2018 年度安全生产薄弱环节梳理汇总表，2017 年度、2018 年度和 2019 年上半年的安全检查表，以及深入现场调研、专家研讨确定出了赵固二矿矿井生产系统的薄弱环节，见表 4-1。

  从图 4-1 可以看出，在赵固二矿出现的各类隐患当中，在采掘作业和机电运输作业过程中，作业隐患和薄弱环节的发生次数都比较多，因此，在日常的安全生产作业过程中，应该加强对采掘作业和机电运输作业过程的管理和控制，在采掘作业过程中顶板事故发生的次数相对比较多，尤其发生在采掘工作面过断层时和巷道维修等作业过程中。同时，对于一通三防和地测防水的工作也应该重视，应该保证对瓦斯的监测监控，发现瓦斯超限立即向调度室进行汇报，保证采掘工作面风流的稳定性，必须采取有效的粉尘防治措施降低采掘工作面的粉尘，要在断层和地质构造变化区域，及时进行超前钻孔探水和地质探测作业，保证矿井的生产最低程度地受到地质构造的影响和威胁。

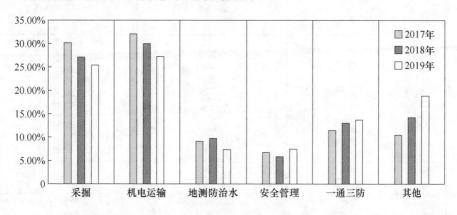

图 4-1 赵固二矿 2017~2019 年薄弱环节分布图

表 4-1　赵固二矿安全生产薄弱环节梳理

环节	序号	项目名称	风险类别	管控级别	管 控 措 施	责 任 人 员			管控时限
						矿井	专业	区队	
采掘专业工序	1	采煤机采割工作面上、下端头	机械伤害	B	1. 切眼向外 10m 处设置警戒线，安排专人进行看护，生产期间严禁无关人员进入，以防伤人。 2. 截割端头时，严格控制采煤机速度。 3. 生产前端头提前回棚、煤壁侧一次不超过 2 棚	生产矿长	技术科科长	综采队、准备队、跟班队长	年
	2	综采工作面初采初放	机械设备顶板	A	1. 三班安排专人检查上下超前的顶板支护质量，发现异常情况及时处理。 2. 加强工作面液压支架初撑力管理，定时巡查，不符合要求的必须及时整改。 3. 加强工作面上下隅角管理，确保瓦斯管理正常。 4. 每班安排专人观察工作面及煤壁变化情况，发现异常立即处理并及时汇报	生产矿长	技术科科长	综采队、准备队、跟班队长	月
	3	综采工作面安装、回撤、倒装期间顶板管理	顶板事故	A	1. 制定回撤安装专项措施，认真贯彻学习，并严格执行。 2. 施工前，每班安排人员对施工区域顶板进行安全确认，并做好记录。 3. 严格木垛打设质量管理，保证木垛对采空区顶板有效支护。 4. 运输、装卸、起吊等各施工环节严格按照规程、措施执行，杜绝违章作业	生产矿长	技术科科长	综采队、准备队、跟班队长	月

续表4-1

环节	序号	项目名称	风险类别	管控级别	管控措施	责任人员			管控时限
						矿井	专业	区队	
采掘专业工序	4	巷修地点的顶板管理。	顶板事故	A	1. 每班开工前及施工中都要认真执行"审帮问顶"制度，班组长要指定有经验的老工人做好此项工作，及时处理掉活、矸、浮矸，防止顶板事故发生。 2. 修理地点前后10m处设置警戒线，与施工无关人员严禁进入。 3. 施工期间，跟班队长要指定专人观察围岩及巷道顶板的变化情况，时刻注意顶板下沉量，发现压力突然增大或有掉矸等异常及危险情况时，立即通知作业人员撤到安全地点，待压力稳定、维护好顶板确保安全后才准进入工作。 4. 施工过程中，严格按措施施工，区队负责人认真贯彻措施，同时加强现场顶板管理	生产开拓矿长	技术科科长	责任区队长	月
	5	掘进工作面过巷、贯通	顶板事故	A	1. 制定贯通专项措施，并严格执行。 2. 严格按地测部门所给中线进行施工，加强顶板管理，严格按规定使用前探梁，严禁空顶作业。 3. 加强巷道支护检查，班组长在每班开工前给巷道的安全进行一次全面检查，确认无危险时，才准工人进入地点。 4. 严格执行审帮问顶制度，施工期间必须向有经验的老工人进行审帮问顶。 5. 严禁无关人员在该段长时间逗留，加强安全培训，提高安全防护意识	生产矿长	技术科科长	责任区队长	月

续表 4-1

环节	序号	项目名称	风险类别	管控级别	管控措施	责任人员 矿井	责任人员 专业	责任人员 区队	管控时限
采掘专业工序	6	综采面、上下顺槽单体支柱缺失或者支护失效	顶板事故	B	1. 对于单体支柱缺失的及时补打单体支柱。2. 对于单体支柱漏液或者损坏的,及时更换新的单体支柱。3. 应该加强对巷道支护的检查,发现在综采面有支护失效现象发生时,立即更换单体支柱或者补打单体支柱等措施,确保支护工作的安全可靠	生产矿长	技术科科长	综采队、准备队、跟班队长	月
	7	掘进工作面水管漏水、抽采管路积水以及巷道局部积水	水灾、瓦斯灾害	B	1. 及时对漏水的水管更换接头和阀门。2. 对抽采管路进行二次注浆封孔,确保注浆后或更换阀门门滞后钻孔不漏气。3. 利用排水沟和人工清淤的方式,排除巷道的局部积水和淤泥	生产矿长	技术科科长	综掘队、抽采队、巷修队	月
	8	综采面锚杆锚索折断	顶板事故	B	1. 及时对于折断的锚杆或者锚索进行补打。2. 对于补打锚杆或锚索的地方要加强支护	生产矿长	技术科科长	综采队、巷修队	月
机电运输专业工序	1	巷修地点运输管理	运输事故	A	1. 机电科制定《轨道运输管理规范》,架棚施工和运输单位严格按照规范要求执行。2. 巷修地点前后必须按要求打设卡轨器、防跑车。3. 巷修地点轨道悬空段不得超过3m。4. 列车通过前必须在卧底段轨道下方使用道枕搭设井字形木垛并紧贴道面。5. 调度绞车运输区域内、无极绳运输区域内,行车前巷修施工人员必须全部撤离至安全地点;列车通过前巷修施工人员必须全部撤离至安全地点。6. 机电科、安全监察科等职能科室按照规范要求监督管理	机电矿长	机电科科长	责任区队长	年

环节	序号	项目名称	风险类别	管控级别	管控措施	责任人员			管控时限
						矿井	专业	区队	
机电运输专业工序	2	巷修地点胶带、电缆、管路防护	胶带上物流、清落伤害、电缆管路损伤	B	1. 要求区队施工前必须制定措施，并明确胶带、管路防护措施，相关科室进行审核，现场严格按照措施进行施工。2. 巷修地点前后20m范围内对电缆、管路进行包裹防护，防止管线受力损伤。3. 巷修地点处皮带下方使用网片进行防护，防止皮带上大块碳掉落伤人。机电科等职能科室进行现场监管	机电矿长	机电科科长	责任区队长	年
	3	采掘工作面安装、回撤	机械伤害	A	1. 由机电科和施工单位提前落实现场实际情况，协助施工单位编制安全技术措施，除施工单位内部会审外，机电科组织矿相关科室审核，完善施工单位安全技术措施。2. 要求施工单位现场严格按措施施工。3. 完善施工方案、安装、回撤及运输施工方案，健全现场各种安全防护设施。4. 工作面安装、回撤期间由机电科、安全监察科、调度室等相关职能科室进行现场跟班，监督现场施工。	机电矿长	机电科科长	责任区队长	月
	4	检修停送电作业	触电事故	A	1. 加强人员培训，确保所有参与停送电作业人员熟知停送电作业规定，并能严格执行。2. 严格执行现场停送电检修"三票"制度，从措施和现场执行上保证停送电安全。3. 严格执行"二级停电"制度，从停电范围上严防检修触电事故。4. 机电科加强现场监督、检查，并严格考核	机电矿长	机电科科长	责任区队长	季

续表 4-1

环节	序号	项目名称	风险类别	管控级别	管控措施	责任人员 矿井	专业	区队	管控时限
机电运输专业工序	5	电话线路畅通	各类事故	A	1. 保证回采工作面、掘进工作、井下变电站和钻场的通信畅通。2. 加强要保证信息畅通，井下操作的司机必须保证在关键时刻起到作用。3. 机电科要加强对井下通讯线路的检查和维修管理工作，发现损坏的线路电话和广播应该及时的给予更换，确保通信线路畅通	机电矿长	机电科科长	责任区队长	季
	6	电缆线的铺设、接头处理和井下设备按钮的标识	触电事故	A	1. 电缆线不能悬挂在管道上，不能遭受淋水，电缆线上禁止悬挂任何物件。2. 井下用电开关在进行检修、处理室各类接头时，要保证停电，并且及时向调度室进行汇报，严格按照制度执行，严禁非电气作业人员擅自合闸。3. 用电的电器设备应该有清晰并且容易辨识的启动、关闭标志，以及重要功能的标识，严格要求遵守设备的启动要求，严禁人员进行误操作	机电矿长	机电科科长	责任区队长	季
	7	无极绳绞车以及绳轮的处理	机械伤害、车辆伤害	A	1. 日常对无极绳绞车要进行检查，确保绞车在轨道内，不出现不平和缺少压轮等配件情况的出现。2. 压绳轮要做到日常的勤检查，对跑出压绳轮的钢丝绳进行及时处理，把钢丝绳调回到压绳轮中，缺少压绳轮的地方及时补打压绳轮。3. 开车广播要保证有效，在开车前保证信号灯正常工作。4. 在无极绳绞车运行的地方要有防脱绳的装置	机电矿长	机电科科长	责任区队长	季

续表 4-1

环节	序号	项目名称	风险类别	管控级别	管控措施	责任人员			管控时限
						矿井	专业	区队	
通风作业工序	1	多台钻机同时作业瓦斯管理	瓦斯事故	A	1. 按标准准悬挂瓦斯便携仪，做好施工前、中的检查工作，随时了解瓦斯变化情况。 2. 使用好瓦斯收集器，收集器连接至抽采管。 3. 钻机施工时，坚持使用三防装置。 4. 巷道内甲烷浓度异常时，及时停钻待瓦斯稳定后方可施工	总工程师	一通三防副总防突科科长	责任区队长	年
	2	高压风风门行人	其他事故	B	1. 高压风门要安装开门助力装置。 2. 关闭风门前要观察门后是否有行人。 3. 过风门不能撒手关闭风门，要把风门送至全闭处	总工程师	一通三防副总防突科科长	责任区队长	年
	3	胶带巷、回风巷、排矸巷道粉尘浓度过大	其他事故	B	1. 在粉尘浓度过大的胶带巷、回风巷、排矸巷加强喷雾降尘或者洒水降尘。 2. 在风速不超限的情况下，利用增加风速进行降尘处理。 3. 安排人工及时清除巷道内部的煤粉和附着的粉尘，确保巷道粉尘浓度不超限	总工程师	一通三防副总防突科科长	责任区队长	季
地测专业工序	1	地质、水文地质探测及注浆加固施工的安全管理	其他事故	B	1. 制定完善探放水措施，区队进行学习贯彻。 2. 对照安全技术措施，检查现场施工情况是否相符。 3. 现场检查管理牌板、施工记录、是否与现场相符	总工程师	地测副总	钻探队队长	年

续表 4-1

环节	序号	项目名称	风险类别	管控级别	管 控 措 施	责 任 人 员			管控时限
						矿井	专业	区队	
薄弱地区	1	采煤、掘进工作面过断层、构造带	各类事故	A	（一）掘进工作面 1. 严格按地测部门所给中线进行施工，加强顶板管理，严格按规定使用前探梁，严禁空顶作业。 2. 加强巷道支护检查，班组长在每班开工前对所辖地区的安全情况进行一次全面检查，确认无危险时，才准工人进入地点。 3. 严格执行审帮问顶制度，施工期间必须安排两名有经验的老工人进行审帮问顶，及时清理好退路、审帮问顶人员全站在支护完整的空间下作业，严防顶帮掉矸伤人。每班开工前，施工人员要清理好去活矸危石。 4. 顶板破碎掘进时，发现有压力突然增大、至安全地点传压力稳定，施工人员立即撤离，维护好顶板后再恢复工作。 5. 煤巷加强瓦斯检查，通风队执行各项瓦斯检查制一名专职瓦斯检查员严格执行各项瓦斯检查制度，发现瓦斯异常或有突出预兆等立即停电，撤人到正反向风门外全风压新鲜风流处。 （二）采煤工作面 1. 及时调整支架，使支架接顶严密，保证支架对顶板的支撑力。 2. 要随着断层的高低起伏变化，及时调整输送机的坡度，使输送机达到平、直的要求。 3. 过断层下盘时相邻上下顶提支架高度较低，所以移架时严禁使用抬底千斤顶提支架底座，要将底座四周的浮煤清净，以便拉架时能顺利进行，防止支架立柱出现死柱。	生产开拓矿长	技术科科长	责任区队长	月

续表 4-1

环节	序号	项目名称	风险类别	管控级别	管控措施	责任人员 矿井	责任人员 专业	责任人员 区队	管控时限
薄弱地区	1	采煤、掘进工作面过断层、构造带	各类事故	A	4. 过断层及破碎带采煤机割矸期间，检修、检修必须加强工作面机电设备、液压支架的检修工作，发现问题及时处理后方可开机割煤。5. 工作面的支架，要经常进行检查维修，防止出现漏液、降低支架支撑力，引起冒顶事故（顶板）脱落，发生冒顶事故。6. 过断层及破碎带期间必须放有经验的老工人进行操作，严格控制好采高，同时严密注视顶板动态，遇有顶板破碎要割一架拉一架。7. 工作面过断层时，通风队要加强对采面瓦斯的监控检测，当甲烷浓度达到1%时，必须停止作业、切断电源、撤出人员，进行处理	生产开拓矿长	技术科科长	责任区区队长	月
薄弱时段	1	节假日等特殊时期安全管理	其他事故	A	1. 班前会对所有员工进行排查，严禁酒后或精神状态不佳人员上岗。2. 节前做好员工思想动态排查，严禁强迫思想不稳定人员上岗	安全矿长	安全监察科科长	各区队队长	月
	2	特殊时段地面机车运输	运输事故	B	1. 冬季加强机车运行路线地面检查，机车运行前先处理湿滑路面。2. 晚间机车运行前对路面照明进行检查，及时处理有故障照明设备	机电矿长	机电科科长	运输队队长	季

续表4-1

环节	序号	项目名称	风险类别	管控级别	管控措施	责任人员			管控时限
						矿井	专业	区队	
薄弱人员	1	15类安全管理薄弱人	其他事故	A	根据焦煤集团安监局梳理的15种不放心人(休息不好的瘾症人;情绪不稳的分心人;委屈满腹的"气愤人";探亲归来的疲劳人;班前饮酒的迷糊人;违章蛮干的侥幸人;冒失莽撞的"大胆人";急于求成的"草率人";爱好要牌的嗜博人;身心不适的疾病人;出勤不正常的懒散人;措施贯彻的无证人;漏掉的嫌疑人;岗位变动的"改行人";初来乍到的"新工人") 1.班前会加强员工排查,杜绝酒后或精神状态不佳人员上岗。 2.定期召开薄弱人员座谈会,共同观看学习事故警示教育片,提高安全意识	安全矿长	安全监察科科长	各区队队长	月
状态转换	1	工种转换、工序转换	其他事故	A	1.工种转换前必须对员工进行培训,施工期同执行师带徒制度。 2.工序转换前,所有参与施工人员必须学习安全技术措施,考试合格后方可上岗	安全矿长	安全监察科科长	各区队队长	月

注:1.环节一栏填写工序、地区、时段、人员、状态转换等;2.风险类别指事故类别,如冒顶片帮、车辆伤害、机械伤害、触电、放炮、瓦斯爆炸等;3.管控措施栏主要描述措施流程;4.管控级别分为A(矿井)、B(区队);5.管控时限分为周、月、季、年等。

在上述的薄弱地区和薄弱环节中，各区队和责任人应该对于发现的安全隐患及时制定处理的措施，保证煤矿的安全生产和事故隐患的及时处理。

4.2 基于 DS 理论–贝叶斯网络的安全风险评估模型

基于 DS 理论–贝叶斯网络的安全风险评估模型基于改进的 DS 理论进行区间融合并求取权重，之后构建贝叶斯网络安全风险评估模型，评估流程如图 4-2 所示。该模型主要包括 3 个阶段：（1）贝叶斯网络构建；（2）多专家多指标评价融合；（3）风险概率推理。

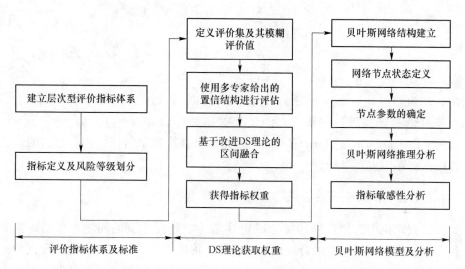

图 4-2 基于 DS 理论和贝叶斯网络的煤矿通风系统安全风险评估流程

4.2.1 基于 DS 理论的评估指标权重

4.2.1.1 理论基础

证据理论以其表征和处理不确定信息的能力而闻名。它的优点是通过将概率赋给由多个对象组成的集合，直接表示"不确定性"。在证据理论中，每个来源的信息都被看作是一个证据，用基本概率分配 BPA 表示，当有两个及以上的证据时，给出一种组合规则来融合它们。

设 Ω 是一组互斥且共同穷举的事件集合，表示为

$$\Omega = \{E_1, E_1, \cdots, E_N\} \tag{4-1}$$

集合 Ω 也称为识别框架。其幂集 2^Ω 表示为

$$2^\Omega = \{\varphi, \{E_1\}, \cdots, \{E_N\}, \{E_1, E_2\}, \cdots, \{E_1, E_2, \cdots, E_i\}, \cdots, \Omega\} \tag{4-2}$$

对于识别框架 Ω，一个信任结构是一个映射 $m: 2^\Omega \to [0, 1]$，若满足：

$$\begin{cases} m(\phi) = 0 \\ \sum_{A \in 2^\Omega} m(\phi) = 1 \end{cases} \tag{4-3}$$

信任结构也称为 mass 函数或基本可信度分配。分配的概率确保信任完全分配给 A，并表示证据支持 A 的强度。

考虑两条证据 m_1 和 m_2，可以使用证据理论的合成规则将它们组合起来，该规则假定这些信任结构是相互独立的。证据理论的合成规则用 $m = m_1 \oplus m_2$ 表示，定义如下：

$$m(A) = \begin{cases} \dfrac{1}{1-k} \sum_{B \cap C = A} m_1(B) m_2(C) & A \neq \phi \\ 0 & A = \phi \end{cases} \tag{4-4}$$

$$K = \sum_{B \cap C = \phi} m_1(B) m_2(C) \tag{4-5}$$

式中，K 为归一化常数。证据理论的合成规则仅适用于满足 $K < 1$ 的信任结构，该规则是证据理论的核心，满足交换律和结合律：$m_1 \oplus m_2 = m_2 \oplus m_1$，$(m_1 \oplus m_2) + m_3 = m_1 \oplus (m_2 \oplus m_3)$。因此如果存在多个信任结构，它们的组合可以以任意顺序成对进行。

4.2.1.2　加权平均法合成信任结构

在证据理论中，信任结构的合成仍然是一个悬而未决的问题。在某些情况下，若直接使用证据理论的合成规则可能会导致反直觉的结论，因此，证据理论不能直接用于处理高度矛盾的证据合成。为了避免这个问题，已经开发了各种方法来合成信任结构。其中，加权平均法是对简单平均法的改进，是一种简单且行之有效的方法。下面介绍加权平均法：

假设有 n 个信任结构 m_1，m_2，$\cdots$，m_n，每个信任结构给定一个权重因子 w_i，$i = 1$，2，$\cdots$，n，满足 $\sum_{i=1}^{n} w_i = 1$。则平均信任结构表示为

$$\overline{m}(A) = \sum_{i=1}^{n} w_i m_i(A), \forall A \subseteq \Omega \tag{4-6}$$

由 m_1，m_2，$\cdots$，m_n 合成的最终信任结构为

$$m^* = [\cdots[\overline{m}_1 \oplus \overline{m}_2] \oplus \cdots \oplus \overline{m}_n] \tag{4-7}$$

在加权平均法中，权重因子的确定是一个关键点，通过每个信任结构的可信度可以确定权重因子。方法如下：

假设有信任结构 m_i，$i = 1$，2，$\cdots$，n，计算各信任结构的平均结构为

$$\overline{m} = \frac{m_1 + m_1 + \cdots + m_n}{n} \tag{4-8}$$

其次计算各证据与平均证据间的距离：

$$d_i = \|m_i - \overline{m}\| = \sqrt{(m_i(A) - \overline{m}(A))^2}, \quad i = 1, 2, \cdots, n \tag{4-9}$$

这是以识别框架 Ω 为对象进行计算，为欧氏距离。

证据 m_i 的似真度表示为 $s_i = 1 - d_i$，$i = 1$，2，$\cdots$，n。

最后计算各证据的可信度，即为权重：

$$c_i = \frac{s_i}{\sum_{i=1}^{n} s_i} \tag{4-10}$$

4.2.2 贝叶斯网络安全风险评估模型

4.2.2.1 贝叶斯网络基本原理

贝叶斯网络是一种不确定性下的概率推理方法，它能把概率论和图论有机结合，在风险评估中被广泛应用。它在结构上是一个有向无环图，$BN = (G, P)$，$G = (V, E)$，其中 V 为节点集，节点代表随机变量；E 为有向边集，有向边描绘连接节点之间的条件依赖关系。在 BN 中，生成边的节点称为父节点，而边指向的另一个节点称为子节点，如果没有父节点则称为根节点，类似地，没有子节点的为叶节点。父节点和子节点之间的因果关系和影响强度由分配给节点的条件概率 P 描述。

4.2.2.2 贝叶斯网络结构的建立和节点状态的定义

根据安全风险评估指标体系构建其贝叶斯网络，如煤矿通风系统安全风险评估指标体系构建的贝叶斯网络如图 4-3 所示。该方法不仅大大提高了贝叶斯网络结构的学习效率，而且合理避免了单纯依赖数据而导致的网络结构和数据的过度拟合。

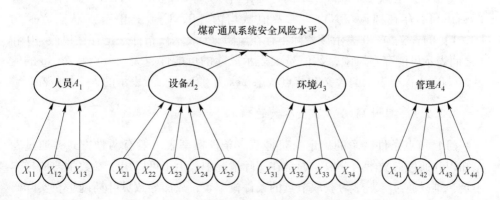

图 4-3　煤矿通风系统安全风险评估指标体系构建的贝叶斯网络

　　评估指标体系在建立之初，已经将各指标间的独立性考虑其中，基于节点间的独立性，由层次型评估指标体系转换而来的贝叶斯网络结构能相对准确地表明原来各层指标间的相互关系，故而无须再进行贝叶斯网络结构学习。在 GeNie 软件中通过手工建模建立煤矿通风系统安全风险评估指标贝叶斯网络拓扑结构，如图 4-4 所示。

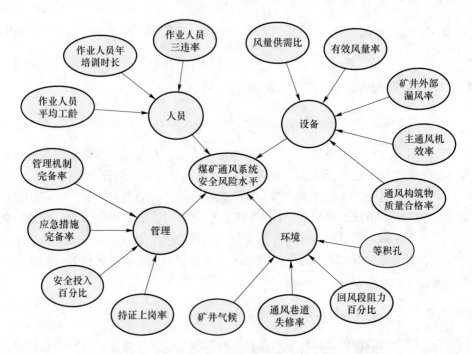

图 4-4　煤矿通风系统安全风险评估指标贝叶斯网络拓扑结构

　　之后，需定义网络中每个节点的状态，并确定其变量值域。本书将风险概率作为衡量煤矿通风系统风险水平的标准，所以每个节点均有两种状态：存在风险（Yes）和不存在风险（No），二者值域均为 [0，1]。其中节点状态 Yes 为 [0，1] 的含义为：0 表示该指标不存在风险，1 表示该指标一定存在风险，0 和 1 之间表示可能存在风险，数值越大表示风险的可能性越大。节点状态 No 的值域为 [0，1] 所表示的含义和节点状态 Yes 为 [0，1] 所表示的含义恰好相反。

4.2.2.3　贝叶斯网络节点参数的确定

　　（1）节点条件概率的确定。获得节点条件概率表一般有两种方式：通过专家知识和通过参数学习获取。通常在实际情况中，由于可以用于参数学习的样本不足，难以通过参数学习获取节点的条件概率表，故而导致贝叶斯网络在实际研究中应用受限。本书基于研究对象的实际情况选择用专家知识来获取贝叶斯网络条件概率表。

设子节点 A 有多个父节点 $(X_1, X_2, \cdots, X_n)$，其对应权重分别为 w_1, w_2, $\cdots$, w_n，且 $w_1 + w_2 + \cdots + w_n = 1$，每个节点的多种状态分别定义为 a, b, c, $\cdots$, i，则有：

$$P(A = a | X_1 = a, X_{2 \cdots n} \neq a) = w_1$$

$$P(A = a | X_1 = a, X_2 = a, X_{3 \cdots n} \neq a) = w_1 + w_2$$

$$P(A = a | X_{1 \cdots n} = a) = w_1 + w_2 + \cdots + w_n$$

$$P(A = a | X_{1 \cdots n} \neq a) = 0$$

$$\cdots \cdots$$

$$P(A = a | X_1 = i, X_{2 \cdots n} \neq i) = w_1$$

$$P(A = a | X_{1 \cdots n} = i) = w_1 + w_2 + \cdots + w_n$$

$$P(A = a | X_{1 \cdots n} \neq i) = 0$$

通过以上方法可得到节点条件概率，并将结果输入贝叶斯网络模型对应节点的定义中，获得节点条件概率表。

（2）根节点边缘概率的确定。一般而言，安全风险评估指标中包含定性和定量两种指标，针对定性指标，把它们全部量化，并与定量指标一同计算。根据指标等级划分，在得到指标实际数值后，进行如下计算：

设指标 X_{ij} 实际值为 q，所在等级区间为 (a, b)，风险概率区间为 (c, d)，则指标 X_{ij} 对应节点的风险概率（先验概率）为

$$P(X_{ij} = Y) = \begin{cases} \dfrac{(q-a)(d-c)}{b-a} + c & \text{当指标与风险概率呈正相关时} \\ d - \dfrac{(q-a)(d-c)}{b-a} & \text{当指标与风险概率呈负相关时} \end{cases} \tag{4-11}$$

4.2.2.4 贝叶斯网络推理分析

（1）正向推理。设一级指标 A_1 有 X_{11}、X_{12}、X_{13} 三个相互独立的父节点，则指标 A_1 发生风险的概率计算公式为

$$P(A_1) = \sum_{j=1}^{3} \left[P(A_1 | X_{1j}) P(X_{1j}) \right] \tag{4-12}$$

（2）逆向推理。设事件一级指标 A_1 已经发生变化，我们需要识别引起指标 A_1 发生变化的可能原因 $(X_{11}、X_{12}、X_{13})$，$P(X_{11})$ 称为先验概率，具体由 X_{11} 引起指标 A_1 发生变化的概率称为后验概率，依据下式进行计算：

$$P(X_{11} | A_1) = \frac{P(A_1, X_{11})}{P(A_1)} \tag{4-13}$$

则以指标人员 A_1 为例计算各评估指标的后验概率为

$$P(X_{1k}|A_1) = \frac{P(A_1, X_{1k})}{P(A_1)} \tag{4-14}$$

式中，k 取 1，2，3。

4.3　基于可拓理论的综合评估模型

4.3.1　可拓理论概述

可拓理论是广东工业大学的蔡文研究员于 1983 年首次将物元理论和可拓集合理论相结合提出的一门新兴学科，它用形式化工具，从定性和定量的角度研究解决复杂问题的规律和方法。

可拓理论的理论基础有三个：一个是研究基元（包括物元、事元和关系元）及其变换的基元理论；一个是作为定量化工具的可拓集合理论；另一个是可拓逻辑，它们共同构成了可拓论的理论内涵。这三个理论与其他领域的理论相结合产生了相应的新知识，形成了可拓论的应用外延。以可拓论为基础，发展了一批特有的方法，如物元可拓方法、物元变换方法和优度评价方法等。这些方法与其他领域的方法相结合，产生了相应的可拓工程方法。可拓论与管理科学、控制论、信息论以及计算机科学相结合，使可拓工程方法开始应用于经济、管理、决策、评价和过程控制中。

可拓理论中的物元模型是一个动态模型，参变量既可以是时间，也可以是其他变量，如压力、速度等。动态模型能够很好地拟合现实系统，尤其是复杂的、动态变化的过程。下面介绍几个涉及的可拓理论的基本概念。

（1）物元。在可拓学中，物元是以事物、特征及事物关于该特征的量值三者所组成的有序三元组，记为 $R =$（事物，特征，量值）$= (N, C, V)$。它是可拓学的逻辑细胞。

事物 N，n 个特征 c_1，c_2，$\cdots$，c_n，及 N 关于特征 $c_i(i = 1, 2, \cdots, n)$ 对应的量值 $v_i(i = 1, 2, \cdots, n)$ 所构成的阵列

$$\boldsymbol{R} = (N, \boldsymbol{C}, \boldsymbol{V}) = \begin{bmatrix} N, & c_1, & v_1 \\ & c_2, & v_2 \\ & \vdots & \vdots \\ & c_n, & v_n \end{bmatrix}$$

称为 n 维物元。

在物元 $\boldsymbol{R} = (N, \boldsymbol{C}, \boldsymbol{V})$ 中，若 N，V 是参数 t 的函数，称 $\boldsymbol{R}$ 为参变量物元，记作

$$\boldsymbol{R}(t) = (N(t), \boldsymbol{C}, v(t))$$

（2）可拓集合。设 U 为论域，K 是 U 到实域（$-\infty$，$+\infty$）的一个映射，T

为给定的对 U 中元素的变换，称

$$\tilde{A}(T) = \{(u,y,y') \mid u \in U, y = K(u) \in (-\infty, +\infty), y' = K(Tu) \in (-\infty, +\infty)\}$$

为论域 U 上关于元素变换 T 的一个可拓集合，$y = K(u)$ 为 $\tilde{A}(T)$ 的关联函数。

（3）距。为了描述类间事物的区别，在建立关联函数之前，规定了点 x 与区间 $X_0 = \langle a,b \rangle$ 的距为

$$\rho(x,X_0) = \left| x - \frac{a+b}{2} \right| - \frac{b-a}{2}$$

（4）关联函数。设 $X_0 = \langle a,b \rangle$, $X = \langle c,d \rangle$, $X_0 \subset X$，且无公共端点，令

$$K(x) = \frac{\rho(x,X_0)}{D(x,X_0,X)}$$

则

1）$x \in X_0$，且 $x \neq a$, $b \leftrightarrow K(x) > 0$；

2）$x = a$ 或 $x = b \leftrightarrow K(x) = 0$；

3）$x \notin X_0$, $x \in X$，且 $x \neq a$, b, c, $d \leftrightarrow -1 < K(x) < 0$；

4）$x = c$ 或 $x = d \leftrightarrow K(x) = -1$；

5）$x \notin X$，且 $x \neq c$, $d \leftrightarrow K(x) < -1$。

称 $K(x)$ 为 x 关于区间 X_0, X 的关联函数。

式中，$D(x, X_0, X)$ 为点 x 关于区间套的位值。

$$D(x,X_0,X) = \begin{cases} \rho(x,X) - \rho(x,X_0), & x \notin X_0 \\ 1, & x \in X_0 \end{cases}$$

4.3.2　风险评估的物元模型

设风险评估问题为 P，共有 m 个评价对象 R_1, R_2, $\cdots$, R_m，n 个评价指标 c_1, c_2, $\cdots$, c_n，则此问题可以利用物元表示为

$$P = R_i \times r, \quad R_i \in (R_1, R_2, \cdots, R_m)$$

R_i 为评价对象，$R_i = (N_i, C, V_i) = \begin{bmatrix} N_i, & c_1, & v_{i1} \\ & c_2, & v_{i2} \\ & \vdots & \vdots \\ & c_n, & v_{in} \end{bmatrix}$；$r$ 为条件物元，$r =$

$\begin{bmatrix} N, & c_1, & V_1 \\ & c_2, & V_2 \\ & \vdots & \vdots \\ & c_n, & V_n \end{bmatrix}$。

4.3.3　可拓综合评估模型

可拓综合评估的基本思想是：根据日常管理中积累的数据资料，把评价对象

的优劣划分为若干等级，由数据库或专家意见给出各等级的数据范围，再将评价对象的指标代入各等级的集合中进行多指标评定，评定结果按它与各等级集合的综合关联度大小进行比较，综合关联度越大，就说明评价对象与该等级集合的符合程度愈佳。

（1）确定经典域与节域。

令

$$\boldsymbol{R}_{oj} = (N_{0j}, \boldsymbol{C}, \boldsymbol{V}_{0j}) = \begin{bmatrix} N_{0j}, & c_1, & V_{0j1} \\ & c_2, & V_{0j2} \\ & \vdots & \vdots \\ & c_n, & V_{0jn} \end{bmatrix} = \begin{bmatrix} N_{0j}, & c_1, & \langle a_{0j1}, b_{0j1} \rangle \\ & c_2, & \langle a_{0j2}, b_{0j2} \rangle \\ & \vdots & \vdots \\ & c_n, & \langle a_{0jn}, b_{0jn} \rangle \end{bmatrix}$$

式中，N_{0j} 为所划分的第 j 个等级；$c_i(i=1, 2, \cdots, n)$ 为第 j 个等级 N_{0j} 的特征（即评价指标）；V_{0ji} 为 N_{0j} 关于特征 c_i 的量值范围，即评价对象各优劣等级关于对应的特征所取的数据范围，此为一经典域。

令

$$\boldsymbol{R}_D = (D, \boldsymbol{C}, \boldsymbol{V}_D) = \begin{bmatrix} D, & c_1, & V_{D1} \\ & c_2, & V_{D2} \\ & \vdots & \vdots \\ & c_n, & V_{Dn} \end{bmatrix} = \begin{bmatrix} D, & c_1, & \langle a_{D1}, b_{D1} \rangle \\ & c_2, & \langle a_{D2}, b_{D2} \rangle \\ & \vdots & \vdots \\ & c_n, & \langle a_{Dn}, b_{Dn} \rangle \end{bmatrix}$$

式中，D 为优劣等级的全体；V_{Di} 为 D 关于 c_i 所取的量值的范围，即 D 的节域。

（2）确定待评物元。对评价对象 p_i，把测量所得到的数据或分析结果用物元表示，称为评价对象的待评物元。

$$\boldsymbol{R}_i = (p_i, \boldsymbol{C}, \boldsymbol{V}_i) = \begin{bmatrix} p_i, & c_1, & v_{i1} \\ & c_2, & v_{i2} \\ & \vdots & \vdots \\ & c_n, & v_{in} \end{bmatrix} \quad i = 1, 2, \cdots, m$$

式中，p_i 为第 i 个评价对象；v_{ij} 为 p_i 关于 c_j 的量值，即评价对象的评价指标值。

（3）首次评价。对评价对象 p_i，首先用非满足不可的特征 c_k 的量值 v_{ik} 评价。若 $v_{ik} \notin V_{0jk}$，则认为评价对象 p_i 不满足"非满足不可的条件"，不予评价；否则进入下一步骤。

（4）确定各特征的权重。权重的确定可以采用多种方法，如 AHP 方法、熵权、专家评分等。

（5）建立关联函数，确定评价对象关于各安全等级的关联度。

$$K_j(v_{ki}) = \begin{cases} \dfrac{\rho(v_{ki}, V_{0ji})}{\rho(v_{ki}, V_{0Pi}) - \rho(v_{ki}, V_{0ji})} & v_{ki} \notin V_{0ji} \\ \rho(v_{ki}, V_{0ji}) & v_{ki} \in V_{0ji} \end{cases} \tag{4-15}$$

式中，$\rho(v_{ki}, V_{0ji})$ 为点 v_{ki} 与区间 V_{0ji} 的距。

$$\rho(v_{ki}, V_{0ji}) = \left| v_{ki} - \frac{a_{0ji} + b_{0ji}}{2} \right| - \frac{1}{2}(b_{0ji} - a_{0ji}) \tag{4-16}$$

（6）关联度的规范化。关联度的取值是整个实数域，为了便于分析和比较，将关联度进行规范化。

$$K'_j(v_{ki}) = \frac{K_j(v_{ki})}{\max\limits_{1 \le i \le m} |K_j(v_{ki})|} \tag{4-17}$$

（7）计算评价对象的综合关联度。考虑各特征的权系数，将规范化的关联度和权系数合成为综合关联度。

$$K_j(p_k) = \sum_{i=1}^{n} \alpha_i K'_j(v_{ki}) \tag{4-18}$$

式中，p_k 为第 k 个评价对象。

（8）安全性等级评定。若 $K_k(p) = \max\limits_{k \in (1,2,\cdots,m)} K_j(p_i)$，则评价对象 p 的安全性属于等级 k。

当评价对象的各指标间分为不同层次或评价指标较多而使权系数过小时，需要采用多层次综合评估模型。多层次综合评估是在单层次综合评估的基础上进行的，评价方法与单层次相似。第二层次评价结果组成第一层次的评价矩阵 $\boldsymbol{K}_1$，然后考虑第一层次各因素的权系数 $\boldsymbol{A}$，权系数矩阵和综合关联度矩阵合成为评价结果矩阵。

$$\boldsymbol{K} = \boldsymbol{A} \cdot \boldsymbol{K}_1 \tag{4-19}$$

4.4　通风系统安全风险评估分析

煤矿通风系统的安全性和可靠性是确保矿井能够进行安全生产的重要保障，它利用机械动力连续地把地面的新鲜空气输送到矿井下面，以满足地下矿井工人对氧气的需求，同时还排出或稀释矿井涌出的瓦斯、CO 等有害气体，以改善矿井的作业环境。随着我国采矿业快速发展，煤矿开采已经迈入深井作业的阶段，但由于地下矿井生产系统过于复杂，也给通风系统不可避免地带来了众多风险。因此以焦煤公司赵固二矿为例，利用构建的贝叶斯网络模型进行安全风险评估。

4.4.1　通风系统安全风险评估指标体系

综合考虑煤矿通风系统安全事故致因以及其风险评估指标体系的研究现状，结合煤矿通风系统的特点，从"人、机、环、管"四个角度展开，形成由目标层、准则层、指标层组成的煤矿通风系统安全风险评估指标体系，其包含 4 个一级指标和 16 个二级指标。一级指标有人员、设备、环境、管理，二级指标有作业人员平均工龄、作业人员每年培训时长、作业人员三违率等 16 个指标，如图 4-5 所示。

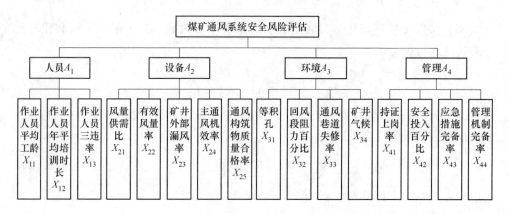

图 4-5　煤矿通风系统安全风险评估指标体系

4.4.2　安全风险评估指标含义及等级划分

作业人员平均工龄：所有作业人员自与单位建立劳动关系起，以工资收入为主要来源或全部来源的平均工作时间；作业人员年平均培训时长：应当接受培训的作业人员平均每年接受培训的时间总和；作业人员三违率：每年出现违章指挥、违规作业、违反劳动纪律的人次占总作业人数的百分比；风量供需比：实测的主通风机风量与计算的需风量的比值；有效风量率：矿井有效风量（风流通过井下各工作地点的实际风量总和）与各台主要通风机风量总和之比；矿井外部漏风率：矿井外部漏风量（直接由主要通风机装置及其风井附近地表漏失的风量总和，可用各台主要通风机风量的总和减去矿井总回风量）与各台主要通风机风量总和之比；主通风机效率：主通风机有效功率与输入功率之比；通风构筑物质量合格率：一定时期内通风构筑物中评为合格的构筑物所占的比重；等积孔：衡量矿井或井巷通风难易程度的假想薄板孔口的面积值，等积孔愈大，通风愈容易；回风段阻力百分比：回风段阻力与矿井总通风阻力（指风流由进风井口起，到回风井口止，沿一条通路各个分支的摩擦阻力和局部阻力的总和）的比值；通风巷道失修率：指一定时期内失修巷道总长度占矿井巷道总长度（按规定普查后的全部井巷长度）的百分比；矿井气候：指矿井空气的温度（适宜于人们劳动的温度是 15~20℃）、湿度（一般指相对湿度，指空气中所含蒸汽量与同温度下饱和水蒸气量的百分比，人体最适宜的相对湿度一般为 50%~60%）和风速（风速除对人体散热有着明显影响外，还对矿井有毒有害气体积聚、粉尘飞扬有影响。风速过高或过低都会引起人的不良生理反应）三个参数的综合作用状态；持证上岗率：有效持证上岗作业人数与需要持证上岗的岗位总人数的比率；安全投入百分比：安全活动的一切人力、物力和财力的总和与实际投入总和之比；应急措施完备率：企业内部已制定的应急机制与法律法规所要求的应急措施的比值；管理制度完备率：企业内部制定的安全管理标准和制度数目与法律法规要求的安全管理标准与制度数目的比值。

煤矿通风系统风险水平可划分为高风险、较高风险、一般风险、较低风险和低风险5个等级，依次排序为1~5级。煤矿通风系统安全风险评估指标等级划分见表4-2。

表4-2 煤矿通风系统安全风险评估指标等级划分

2 级 指 标	风 险 等 级				
	1 级	2 级	3 级	4 级	5 级
风险概率/%	80~100	60~80	40~60	20~40	0~20
作业人员平均工龄/年	0~2	2~4	4~6	6~10	>10
平均每年培训时长/d	0~2	2~4	4~6	6~8	>8
作业人员三违率/%	>16	12~16	8~12	4~8	2~4
风量供需比/%	>1.5 或 <1	1.4~1.5	1.3~1.4	1.2~1.3	1~1.2
有效风量率/%	0~60	60~70	70~80	80~90	>90
矿井外部漏风率/%	>15	10~15	6~10	2~6	0~2
主通风机效率/%	0~50	50~65	65~80	80~95	>95
通风构筑物质量合格率/%	0~80	80~85	85~90	90~95	>95
等积孔/m²	0~0.5	0.5~1	1~1.5	1.5~2	>2
回风段阻力比/%	>60	60~50	40~50	30~40	0~30
通风巷道失修率/%	>7	5~7	3~5	1~3	0~1
矿井气候	0~60	60~70	70~80	80~90	>90
持证上岗率/%	0~60	60~70	70~80	80~90	>90
安全投入比/%	0~60	60~70	70~80	80~90	>90
应急措施完备率/%	0~60	60~70	70~80	80~90	>90
管理制度完备率/%	0~60	60~70	70~80	80~90	>90

4.4.3 应用分析

本书以赵固二矿通风系统为评估对象，根据构建的安全风险评估指标体系，邀请4位领域专家结合自己的经验和知识对各项指标进行评估，评价集及其对应的模糊评价值见表4-3。每个评估都由一个信任结构表示，表4-4为4位专家对各项二级指标的评估。

表 4-3 评价集及其模糊评价值

评价集	高	较高	中	较低	低
符号	H	MH	M	MD	D
评价值	0.9	0.7	0.5	0.3	0.1

表 4-4 4 位专家对二级指标的评估

指标	专家 1	专家 2	专家 3	专家 4
X_{11}	(｛M｝,0.8;｛MD｝,0.2)	(｛M｝,1.0)	(｛M｝,0.5;｛MD｝,0.5)	(｛MD｝,0.1;｛M｝,0.9)
X_{12}	(｛D｝,0.6;｛MD｝,0.4)	(｛D｝,0.2;｛MD｝,0.8)	(｛MD｝,1.0)	(｛D｝,1.0)
X_{13}	(｛M｝,1.0)	(｛M｝,0.5;｛MD｝,0.5)	(｛M｝,0.7;｛MD｝,0.3)	(｛MD｝,0.6;｛M｝,0.4)
X_{21}	(｛M｝,0.7;｛MH｝,0.3)	(｛M｝,0.6;｛MH｝,0.4)	(｛M｝,1.0)	(｛M｝,0.8;｛MH｝,0.2)
X_{22}	(｛M｝,0.8;｛MH｝,0.2)	(｛M｝,1.0)	(｛M｝,0.7;｛MD｝,0.3)	(｛M｝,1.0)
X_{23}	(｛MD｝,1.0)	(｛D｝,0.2;｛MD｝,0.8)	(｛M｝,0.1;｛MD｝,0.9)	(｛M｝,0.8;｛MD｝,0.2)
X_{24}	(｛M｝,0.5;｛MH｝,0.5)	(｛MH｝,1.0)	(｛H｝,0.3;｛MH｝,0.7)	(｛H｝,0.1;｛MH｝,0.9)
X_{25}	(｛M｝,1.0)	(｛M｝,0.7;｛MD｝,0.3)	(｛M｝,1.0)	(｛M｝,0.5;｛MD｝,0.5)
X_{31}	(｛M｝,0.8;｛MD｝,0.2)	(｛MD｝,1.0)	(｛M｝,0.1;｛MD｝,0.9)	(｛M｝,0.5;｛MD｝,0.5)
X_{32}	(｛M｝,0.9;｛MD｝,0.1)	(｛M｝,1.0)	(｛M｝,0.8;｛MD｝,0.2)	(｛M｝,0.5;｛MD｝,0.5)
X_{33}	(｛MH｝,1.0)	(｛M｝,0.8;｛MH｝,0.2)	(｛M｝,0.5;｛MH｝,0.5)	(｛H｝,0.1;｛MH｝,0.9)
X_{34}	(｛MD｝,0.8;｛D｝,0.2)	(｛MD｝,1.0)	(｛D｝,0.1;｛MD｝,0.9)	(｛MD｝,0.6;｛D｝,0.4)
X_{41}	(｛D｝,0.5;｛MD｝,0.5)	(｛D｝,0.4;｛MD｝,0.6)	(｛MD｝,1.0)	(｛D｝,0.7;｛MD｝,0.3)
X_{42}	(｛M｝,1.0)	(｛M｝,0.5;｛MD｝,0.5)	(｛M｝,0.5;｛M/D｝,0.5)	(｛M｝,0.3;｛MD｝,0.7)
X_{43}	(｛M｝,0.4;｛MD｝,0.6)	(｛MD｝,1.0)	(｛D｝,0.2;｛MD｝,0.8)	(｛M｝,0.5;｛MD｝,0.5)
X_{44}	(｛D｝,1.0)	(｛D｝,0.7;｛MD｝,0.3)	(｛D｝,0.8;｛MD｝,0.2)	(｛D｝,1.0)

根据式（4-8）~式(4-10)，计算每个信任结构的权重因子，每个信任结构对应权重见表 4-5。

表 4-5 信任结构的权重因子

指标	专家 1	专家 2	专家 3	专家 4
X_{11}	0.3098	0.2355	0.1789	0.2758
X_{12}	0.3679	0.3018	0.2265	0.1037
X_{13}	0.1760	0.2747	0.3240	0.2253
X_{21}	0.2715	0.2285	0.2071	0.2926
X_{22}	0.2536	0.2628	0.2208	0.2628
X_{23}	0.2717	0.3049	0.3302	0.0932
X_{24}	0.1857	0.2563	0.2665	0.2915

续表 4-5

指标	专家 1	专家 2	专家 3	专家 4
X_{25}	0.2500	0.2993	0.2500	0.2007
X_{31}	0.1579	0.2193	0.2807	0.3421
X_{32}	0.2724	0.2276	0.3173	0.1827
X_{33}	0.2352	0.1556	0.3463	0.2629
X_{34}	0.2929	0.2285	0.2715	0.2071
X_{41}	0.2993	0.3486	0.1514	0.2007
X_{42}	0.1426	0.3195	0.3195	0.2184
X_{43}	0.2802	0.2306	0.2587	0.2306
X_{44}	0.2500	0.2285	0.2715	0.2500

4.4.3.1　确定指标权重

根据式（4-6）和式（4-7），可以得到各项二级指标的最终融合结果。将专家评估语言根据模糊评价值进行量化，可以得到最终评估结果及对应权重，见表 4-6。

表 4-6　多专家评价融合结果及指标权重

指标	融合评价	最终评估结果	权重
X_{11}	$m(\{M\})=0.9940; m(\{MD\})=0.0060$	0.4988	0.4094
X_{12}	$m(D)=0.1281; m(\{MD\})=0.8719$	0.2744	0.2252
X_{13}	$m(\{M\})=0.7259; m(\{MD\})=0.2741$	0.4452	0.3654
X_{21}	$m(\{M\})=0.9788; m(\{MH\})=0.0212$	0.5042	0.2016
X_{22}	$m(\{MH\})=0.0001; m(\{M\})=0.9997; m(\{MD\})=0.0002$	0.5000	0.1999
X_{23}	$m(\{M\})=0.0075; m(\{MD\})=0.9921; m(\{D\})=0.0004$	0.3014	0.1205
X_{24}	$m(\{H\})=0.0016; m(\{MH\})=0.9968; m(\{M\})=0.0016$	0.7000	0.2799
X_{25}	$m(\{M\})=0.977; m(\{MD\})=0.023$	0.4954	0.1981
X_{31}	$m(\{M\})=0.1764; m(\{MD\})=0.8236$	0.3353	0.1905
X_{32}	$m(\{M\})=0.9939; m(\{MD\})=0.0061$	0.4986	0.2834
X_{33}	$m(\{H\})=0.0002; m(\{MH\})=0.6319; m(\{M\})=0.3679$	0.6265	0.3560
X_{34}	$m(\{D\})=0.0036; m(\{MD\})=0.9964$	0.2993	0.1701
X_{41}	$m(\{D\})=0.5395; m(\{MD\})=0.4605$	0.1921	0.1982
X_{42}	$m(\{M\})=0.3237; m(\{MD\})=0.6763$	0.3647	0.3764
X_{43}	$m(\{M\})=0.0561; m(\{MD\})=0.9437; m(\{D\})=0.0002$	0.3118	0.3218
X_{44}	$m(\{D\})=0.9979; m(\{MD\})=0.0021$	0.1004	0.1036

注：融合结果小于 0.0001 的评价不做考虑。

同理，将各项二级指标进行融合并量化，得到的结果见表 4-7。

表 4-7　多指标融合结果及指标权重

指标	融　合　评　价	评估结果	权重
A_1	$m(\{M\}) = 0.9969; m(\{MD\}) = 0.0029; m(\{D\}) = 0.0002$	0.4993	0.2620
A_2	$m(\{MH\}) = 0.0169; m(\{M\}) = 0.9746; m(\{MD\}) = 0.0085$	0.5017	0.2633
A_3	$m(\{MH\}) = 0.1915; m(\{M\}) = 0.766; m(\{MD\}) = 0.0425$	0.5298	0.2781
A_4	$m(\{M\}) = 0.3922; m(\{MD\}) = 0.5882; m(\{D\}) = 0.0196$	0.3745	0.1966

4.4.3.2　确定节点条件概率

由表 4-6 和表 4-7 可知各一级指标和二级指标的权重因子，根据节点条件概率的算法可得节点条件概率表，以人员指标 A_1 为例，如图 4-6 所示。

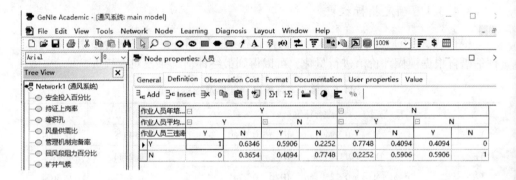

图 4-6　人员指标节点条件概率表

4.4.3.3　确定根节点边缘概率

确定根节点边缘概率即需要获得该煤矿通风系统安全风险评估指标的风险概率。根据已经建立的煤矿通风系统安全风险评估贝叶斯网络及该煤矿的实际情况，本书通过实地调研，收集矿内资料，计算分析等方式，对安全风险指标进行评估。结合前述指标等级划分及式（4-11）计算指标风险概率，结果汇总见表 4-8。

表 4-8　指标值及对应风险概率（先验概率）

指标	指标值	风险概率/%
X_{11}	5	50
X_{12}	7	30
X_{13}	7.5	37.5
X_{21}	1.47	70

续表4-8

指标	指标值	风险概率/%
X_{22}	79	42
X_{23}	3.85	29.25
X_{24}	69.8	53.6
X_{25}	85.6	57.6
X_{31}	1.68	32.8
X_{32}	38.5	67
X_{33}	6.7	77
X_{34}	84.4	31.2
X_{41}	89.5	21
X_{42}	85.5	29
X_{43}	86	28
X_{44}	96	8

将指标对应节点风险概率输入 GeNie 软件所建立的贝叶斯网络中,得到煤矿通风系统安全风险水平评估贝叶斯网络模型,如图4-2所示。

4.4.3.4 推理分析

正向推理即为因果推理,是由各指标对应节点发生风险的概率来预测煤矿通风系统安全风险水平。输入根节点边缘概率并更新网络,即实现模型的正向推理,图4-7所示为各节点风险概率分布。

由上述贝叶斯网络计算结果可知,煤矿通风系统安全风险概率为44.8%,对比表4-2可知其风险等级为"3"级,即一般风险;二级指标中人员、设备、环境指标风险等级均为"3"级,即一般风险,且环境风险概率较高,人员风险概率较低;管理指标风险等级为"4"级,即较低风险,风险概率最低。

逆向推理即为诊断推理,假设一个风险事件已经发生,通过诊断推理可以计算每个风险因素的后验概率。后验概率可以作为确定最可能诱发风险事件的风险因素组合的重要指标,为寻找事故的关键风险因素提供科学可靠的依据,继而采取相应措施进行风险管控,以降低其风险发生的概率。在已建立的贝叶斯网络模型中,把目标节点"煤矿通风系统安全风险水平"转化为证据节点,设其发生风险的概率为1,通过逆向推理得出其他节点发生风险的概率,图4-8所示为逆向推理结果。

由图4-7可知,若煤矿通风系统必然存在风险,则通风巷道失修导致风险发

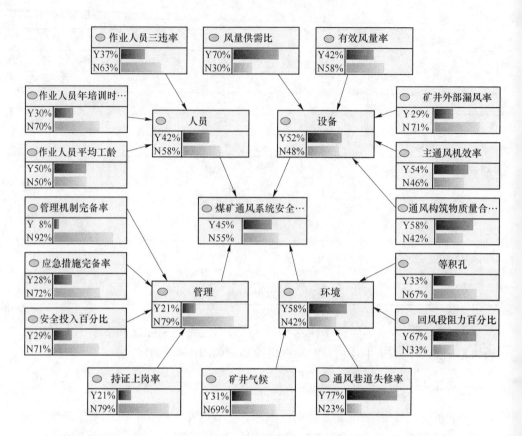

图 4-7 煤矿通风系统安全风险评估贝叶斯网络模型

生概率最高，为80.9%，其次为风量供需比、回风段阻力百分比、通风构筑物质量导致的风险，其风险发生概率均高于60%，应该对这些风险因素进行着重管理控制。管理机制完备率、持证上岗率、应急措施完备率导致风险发生的概率较低，均低于30%。

4.4.3.5 敏感性分析

敏感性分析是确定各风险因素对某一风险事件贡献率的方法，在概率风险评估中起着重要的作用。利用 GeNie 软件所建立的贝叶斯网络进行分析，得出各指标节点对目标节点的敏感性分析结果，取敏感性均值排在前10的，如图4-9所示。

由图4-8及相关数据可知，当煤矿通风系统发生风险时，X_{33}、X_{32}、X_{11}、X_{24}这4个指标应当作为煤矿企业关注的重点，并采取针对性措施进行管控，直到潜在风险被控制。

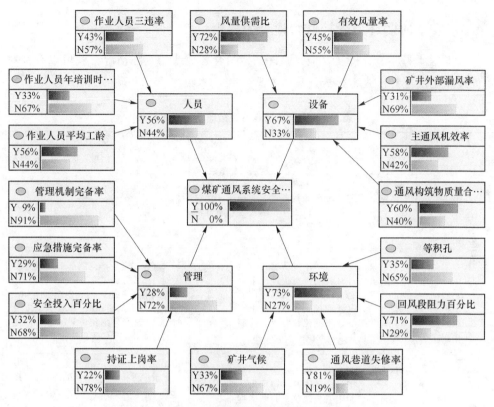

图 4-8　贝叶斯网络诊断推理

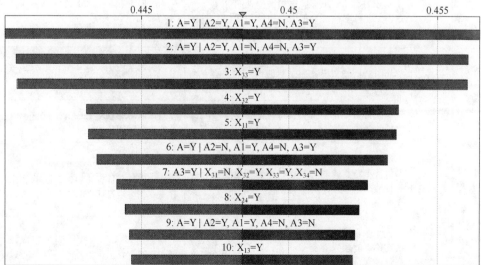

图 4-9　风险指标的敏感性分析

4.5　安全薄弱环节管控监督检查考核表

根据薄弱环节分析及安全风险评估,结合各战线的实际情况,就可以有针对性地制定出监督检查考核表,见表4-9。

表 4-9　安全薄弱环节管控监督检查考核表

序号	项目	考核内容	考核办法	评分标准
1	基本要求	区队制定薄弱环节管控制度,明确责任,将薄弱环节管控工作,纳入区队日常安全生产管理中	查资料	未制定薄弱环节管控制度,扣3分;制度不完善、修订不及时或有明显漏洞的扣1分;未纳入日常安全管理,未执行考核的扣3分
		区队根据赵固二矿年度薄弱环节梳理汇总表前每月月底前排查梳理出下月薄弱环节,制定安全生产薄弱环节梳理管控表,责任明确到班组。随生产条件、状态等发生变化及时更新薄弱环节内容。并报送专业科室	查资料	未制定安全生产薄弱环节梳理管控表的,扣2分;风险类别、管控措施、监控级别、责任人内容不全的,扣1分/处;未及时更新的,扣2分;未及时报送专业科室的扣0.5分/天;应梳理的薄弱环节未梳理出的扣1分/项
2	排查梳理	区队通过日、周、月末班组长队务会等活动,排查梳理本区队范围内的薄弱环节,制定管控措施,并明确责任人	查记录	记录中无排查薄弱环节内容的,扣1分;排查梳理不认真内容不全的,扣0.5分
		各区队将安全生产薄弱环节梳理管控表于月底25日前报送相关专业科室,专业科室梳理、汇总、审核后于27日前报送安全监察科	查资料	未及时上报的,每延迟一天扣0.5分/天
3	贯彻监控	各区队组织全员学习本辖区薄弱环节的防范措施,提高职工对薄弱环节的认知率	查资料	未组织学习的,扣2分;组织学习未覆盖全员的,扣0.5分/(人·次)
		区队带班干部、班长,每班落实本单位的薄弱环节	查记录	查区队薄弱环节管控安全确认记录本,少一次扣0.5分/(人·次)
		专业科室主管以上人员经常深入现场检查本专业薄弱环节管控措施现场执行情况,每月至少检查5次,并在专业例会上进行通报	查资料	未建立监督落实台账的扣1分/处;未按规定监督检查的扣0.5分/次,未在专业例会进行通报的扣1分/次
		各生产科室管理人员,每月三个班次交接班时段入并至少3次;辅助科室管理人员,每月三个班次交接班时段入并至少2次	查定位	薄弱时段入并未能达到规定次数的,扣减责任单位当月"双基"考核0.2分/(人·次)

续表 4-9

序号	项目	考核内容	考核办法	评分标准
4	现场落实	施工区队值班人员每班班前会强调薄弱环节的管控措施,明确薄弱环节当班责任人	查记录	查班前会记录,未贯彻此内容或责任人不明确的,扣0.5分/次
		薄弱环节现场,施工区队跟班队长、班长或其他责任人按防范措施要求填写安全确认原始记录本,对重要环节进行安全确认,并向区队值班汇报	查记录、查现场	未建立现场安全确认记录的扣2分/处;现场未按防范措施要求进行安全确认并填写记录的,扣0.5分/次(项);确认情况与实际不符的,扣2分/次
		现场抽查作业人员对薄弱环节及管控措施的掌握情况	查现场	不清楚本区队薄弱环节或管控措施的,扣0.5分/人次;班组长及以上管理人员不熟悉薄弱环节,扣1分/人
		管控措施在现场的落实情况	查现场	现场施工违反薄弱环节管控措施要求的扣2分/处,属"违章"行为的按照相关文件规定进行责任追究
5	加分项	薄弱环节管控力度大,工作有创新,切实解决实际问题,具体执行及推进效果好,形成先进适用的管理经验	查记录	形成先进适用的管理经验在全矿推广的加2分/项

注:各专业系统薄弱环节检查情况纳入当月专业系统对基层单位"双基"考核,上级单位及矿领导检查问题纳入安全管理专业进行考核。

4.6 本章小结

本章以赵固二矿为例,进行了薄弱环节分析,指出了其存在的薄弱环节;构建了基于 DS 理论 – 贝叶斯网络的安全风险评估模型;以通风系统为例,构建了通风系统风险评估的指标体系,并运用构建的风险评估模型进行了风险评估,得出了赵固二矿通风系统的风险等级,提出了预防风险的措施;最后提出了安全薄弱环节管控的措施和考核标准。

5　岗位作业标准化管理

根据前述分析，运用基础工业工程的工艺程序分析和作业分析，对采掘主要作业工种的作业流程进行优化，制定出其作业标准。

5.1　综采作业主要工种和岗位的作业标准

综采工作面包含的工种和岗位相对来说比较多，本研究就综采工作面存在的工种和岗位进行了梳理和汇总，对主要的工序绘制了工艺流程图和作业流程图。

采煤作业的流程：采煤机前面割煤，支架随机移架，刮板输送机在采煤机30m后左右开始推移。即：采煤机割煤→移架→推前部运输机→放顶煤、清煤→拉后部刮板输送机→采煤机割煤。具体的工艺流程图，如图5-1所示。

5.1.1　采煤机司机操作规程

5.1.1.1　一般规定

（1）未经专门培训，未持合格证人员不得操作采煤机。

（2）采煤机所有电气、液压保护装置必须灵敏可靠，严禁甩掉不用，特殊情况下应制订安全措施报矿总工程师批准，但不允许长期无保护运行。

（3）坚持巡回检查，严禁带病运行。

（4）不准用采煤机牵拉、推顶、托吊其他物件，更不准用采煤机破矸石和其他铁器。

（5）凡有下列情况之一者，不准开机割煤：

1）无冷却水、喷雾水或水量达不到要求。

2）遇有坚硬夹层超过煤机截割硬度指标。

3）刮板输送机出现急弯或停转。

4）采高低于"作业规程"要求。

5）支护不及时或顶板破碎。

（6）对违章指挥，采煤司机有权拒绝执行。

5.1.1.2　开机准备

（1）检查采煤机各部螺栓是否齐全、紧固，滚筒

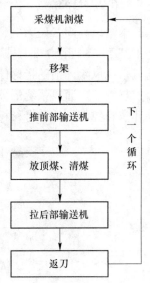

图5-1　采煤作业流程图

截齿是否齐全、锋利，调高千斤顶锁轴及挡板是否齐全。

（2）检查各操作手把、按钮是否灵活、可靠。

（3）检查滚筒内外喷雾装置是否畅通无阻，冷却水是否有渗漏现象。

（4）检查油标指示是否正常，否则加油。

（5）检查真空表读数是否在 3 ~ 10 水柱/英寸（1 英寸 = 2.54 厘米，$1mmH_2O = 9.8Pa$），否则更换吸液过滤器。

（6）检查跟机电缆卡子是否完好，电缆卡子坚固是否合适，严禁电缆受力运行。

（7）在检查机器时，必须将电机隔离开关手把、截割部离合器手把打在零位，并闭锁工作面刮板输送机后方可进行工作。

（8）检查无误后，清除机道障碍物并发出开车信号，通知人员离开，点动电机，待电机快停转时，挂上滚筒离合器，开机试转，注意监听各部位运转声响是否正常，各种信号、保护仪表指示是否正常，在确认采煤机完好时，方可牵引。

5.1.1.3 开机运行

（1）开启喷雾泵，启动电机并选择牵引速度。

（2）严格按照"作业规程"规定，切实掌握好采高，随时注意顶、底板和煤层的变化情况，顶底板割平。

（3）司机发现截齿短缺要及时补齐，不准在少齿的情况下工作。

（4）采煤机割煤时司机要随时注意观察压力表，温度表、真空表以及其他种指示信号，发现不正常指示时，要立即停机检查找出原因，严禁强行开机。

（5）专人随机清理电缆槽，随时注意观察跟机电缆、水管，不得使水管、电缆承受自重以外的张力，避免砸、压、卡、拉坏。

（6）采煤机不得带负荷启动，也不准在过载情况下强行割煤，如发现过载要仔细分析原因，必要时滚筒脱离、退出截口，停机检查。

（7）发现操作手把不灵或动作有误时，停机检查，排除故障后方可继续工作，严禁乱敲、乱砸、强行使用。

（8）牵引速度要由小到大，逐渐变化，严禁猛增猛减。

（9）在割煤过程中，煤机司机始终观察煤帮及支架架间支护情况。

5.1.1.4 停机

（1）一般选择顶板完整、无淋水的位置停机，采煤机停止运转后，司机必须将所有的操作手把、隔离开关手把打在中位或断开位置上。

（2）非特殊情况下，不准使用换向手把停机，正常情况下停机要先停牵引、后停电机，同时关闭冷却水路。

（3）临时停机时，在电机停隔离开关未停，滚筒离合器未脱离的情况下，司机不得离开岗位，其他各手把应恢复到中立位置。

（4）停机后如司机要暂时离开，必须将隔离开关打在断开位置，滚筒离合器手把打在脱离位置上。

（5）采煤机必须在空载情况下停机。

采煤机司机的操作流程图如图 5-2 所示。

5.1.2　液压支架工操作规程

5.1.2.1　一般规定

（1）液压支架工必须熟悉液压支架的性能、构造、原理和液压控制系统，掌握本操作规程，能够按完好标准维护保养液压支架，熟悉顶板管理方法和"工作面作业规程"，经培训考试合格并持证上岗。

（2）在液压系统截止阀、隔离阀关闭状态下，严禁操作支架。

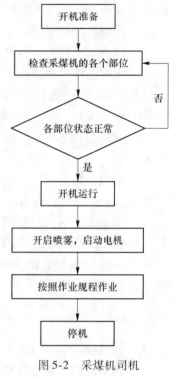

图 5-2　采煤机司机
操作流程图

（3）支架应保持完好状态，否则不准操作支架。

（4）液压支架工要与采煤机司机密切合作。移架时如支架与采煤机距离超过"作业规程"规定，应要求停开采煤机。

（5）掌握好支架的合理高度：最大支撑高度应小于支架设计最大高度100mm，最小支撑高度应大于支架设计最小高度200mm。当工作面实际采高不符合上述规定时，应采取措施后再移架。支架内各立柱机械加长段伸出长度应基本一致，其活柱行程应保证支架不被"压死"。

（6）支架所用的阀组、立柱、千斤顶，一般不准在井下拆检，可整体更换。更换前尽可能将缸体缩到最短，接头处要及时装上防尘帽。

（7）通过支架的管线必须吊挂排列整齐，不得有砸、压、挤、埋和扭折现象，否则不准操作支架。

（8）备用的各种液压胶管、阀组、液压缸、管接头等必须用专用堵头塞堵塞，更换时用乳化液清洗干净。

（9）更换胶管和阀组液压件时，只准在"无压"状态下进行，而且不准将高压出口朝向任何人。

（10）严禁随意拆除和调整支架上的安全阀。

（11）液压支架工操作时要掌握 8 项操作要领，做到"快、匀、够、正、直、稳、严、净，即：

1）各种操作要快。

2）移架速度要均匀。

3）移架步距要符合作业规程规定。

4）支架位置要正，不咬架。

5）各组支架要排成一直线。

6）支架、刮板输送机要平稳牢靠。

7）顶梁与顶板接触要严密不留空隙。

8）煤、矸、煤尘要清理干净。

5.1.2.2　准备、检查与处理

（1）准备。

1）工具：扳手、钳子、螺丝刀、套管、小锤、手把等。

2）备品配件：U 形销、高低压密封圈、高低压管、常用接头、弯管等。

（2）检查。

1）支架前端、架间有无冒顶、片帮的危险。

2）支架有无歪斜、倒架、咬架，架间距离是否符合规定，顶梁与顶板接触是否严密，支架是否成一直线或甩头摆尾，顶梁与掩护梁工作状态是否正常等。

3）结构件：顶梁、掩护梁、侧护板、千斤顶、立柱、推移杆、底座箱等是否开焊、断裂、变形，有无联结脱落，螺钉是否松动、压卡、扭歪等。

4）液压件：高低管有无损伤、挤压、扭曲、拉紧、破皮断裂，阀组有无漏液，操作手把是否齐全、灵活可靠，是否置于中间停止位置，管接头有无断裂，U 形销子是否合格。

5）千斤顶与支架、刮板输送机的连接是否牢固可靠。前部刮板输送机严禁软连接。

6）检查电缆槽（挡煤板）到支架前梁的高度是否能保证采煤机顺利通过。

7）照明灯、信号闭锁、洒水喷雾装置等是否齐全、灵活可靠。

8）支架有无严重漏液卸载现象，有无立柱伸缩受阻使前梁不接顶现象。

9）坡度较大的工作面，端（排）头支架及刮板输送机防滑锚固装置是否符合质量要求。

（3）处理。

1）顶板及煤帮存在问题，应及时自行接顶或采取超前维护等办法处理。

2）支架歪架、倒架、咬架时，应立即进行调整处理。

3）更换、处理液压系统中损坏的胶管，插牢 U 形销。

4）清理支架前、两侧及座箱的障碍物，将管、线、通讯线施吊挂、绑扎整齐。

5）上述四方面存在问题时应及时处理，否则不得移架。

6）支架的支柱、千斤顶、活柱不符合"作业规程"规定时，应采取措施进行处理。

5.1.2.3　移架操作及其注意事项

（1）移架前预先发出警告，被移支架周围不得有人停留通过。

（2）正确选择适宜的拉架方式，顶板破碎时要进行超前支护，并尽可能采用擦顶移架。

（3）正常移架操作顺序：

1）收回伸缩梁、护帮板、侧护板。

2）伸出后部输送机拉移千斤顶（仅放顶煤支架执行此操作）。

3）操作前探梁千斤顶，使用前探梁、护帮板收回，躲开前面的障碍物。

4）降柱使支架顶梁稍微脱离顶板（可以同时操作提架千斤顶）。

5）当支架可移动时立即停止降柱，使支架移至规定步距；同时注意尾梁和插板，防止大块矸石掉入后部输送机。

6）操作调架系统进行调架，使支架推移千斤顶与刮板输送机保持垂直，支架不歪、不斜，架间中心距符合规定，全工作面支架排成直线。

7）升柱（升柱前缩回提架千斤顶）同时调整平衡千斤顶，使主顶梁与顶板严密接触后持续供液约3～5s，以保证初撑力达到规定值。

8）伸出伸缩梁和护帮板，使护帮板顶柱煤壁，伸出侧护板使其紧靠相邻下方支架。操作尾梁插板，保证足够过煤高度。

9）将各操作手把恢复"零"位。

10）以上各动作要坚持"小降快位，立即支护"的原则，做到"快、够、正、匀、平、净、严、紧"。

（4）工作面支架应尽量升平，防止一高一低，或前高后低，左、右歪斜等情况出现，否则应立即进行处理。

（5）过断层、空巷、顶板破碎带及顶板压力较大的区域时的移架操作顺序：

1）按照过断层、空巷、顶板破碎带及压力大时的有关安全技术措施进行立即护顶或预先支护，尽量缩短顶板暴露时间及缩小顶板暴露面积。

2）一般采用"带压移架"，即同时打开降柱及移架手把，及时调整降柱手把，支架移动后停止降柱，移架到规定步距后立即升柱。

3）过老巷或溜煤眼时，必须按照专项措施要求进行操作，确保安全通过。

4）移架按正常移架顺序进行。

（6）工作面端头的排头支架的移架顺序：

1）安装并使用防倒、防滑千斤顶的支架必须两人配合操作，一人负责前移支架，一人操作防倒、防滑千顶。

2）先移第3架，再移第1架，最后移第2架。

（7）移架操作注意事项：

1）每次移架前都先检查本架管线，不得刮卡，清除架前障碍物。

2）带有伸缩前探梁的支架，割煤后应立即伸出前探梁支护顶板。

3）顶板破碎，压力大时，应采取"带压移架"或"擦顶移架"。

4）采煤机的前滚筒到达前应先收回前探梁、护帮板。

5）降柱幅度低于邻架侧护板时，升架前应先收回邻架侧护板，待升柱后再伸出邻架侧护板。

6）移架受阻达不到规定步距，一般情况下应先将支架升紧，再将操作阀手把置于中立位置，查出原因并处理后再继续操作。

7）移架操作时，应站在支架内操作，严禁身体探入刮板输送机挡煤板内或脚蹬液压支架底座前端或站在推移联杆上操作。

8）移架的下方和前方不准有其他人员工作。移动端头支架时，除移架工外，其余人员一律撤到安全地点。

9）按"作业规程"规定顺序移架，移架支护与采煤机截割、刮板输送机推移的相互距离，应符合"作业规程"规定。

10）操作中发现动作失灵和其他故障时，应按检修操作有关规定及时查明原因正确处理，不准盲目拆卸，乱敲乱搞。

（8）推移工作面刮板输送机：

1）检查支架推移千斤顶与刮板输送机挡煤板连接装置，必须牢固可靠，方可操作。

2）检查顶底板、煤帮和有关阻碍物无误后，方可进行推移。

3）刮板输送机推移前，应观察好铲煤板煤壁间无影响刮板输送机前移的台阶，矸石或物料堆积，否则予以清除或返机割平后再推。

4）推移工作面刮板输送机推移点与采煤机后滚筒应保持不少于15m距离，弯曲段不小于15m，满足设备使用要求。推移刮板输送机必须在运行状态下进行，整机推移完毕应成一条直线。

5）可自上而下或自下而上或从中间向两头推移刮板输送机，不准由两头向中间推移；因特殊情况需改变操作方向时应制定技术措施，并报有关部门批准。

6）拉移后刮板输送机时必须在支架后部煤放净后进行，拉移时后刮板输送机弯曲段不得小于10m。

7）除刮板输送机机头、机尾可停机推移外，工作面内的溜槽应在刮板输送机运行中推移。

8）机头机尾前移时，要专人指挥，专人操作，严密监视，动作协调，步距移够，机头前移时，应首先检查机头底部、转载机机尾及平溜槽段，所有电缆、管路、顺槽超前维护支架（柱）、机头锚固支柱、机头大梁支柱或框架无前移障碍；检查机头与转载机尾位置关系。

9）慢速绞车移机头、机尾时，必须按回柱绞车司机有关操作规定执行，并补充安全技术措施，刮板输送机推移到位后，随即将各操作手把扳到停止位置。

10）移设后的刮板输送机要做到：整机安设平稳，开动时不摇摆，机头、机尾和机身要平直，电动机和减速器的轴的水平度要符合要求。

（9）工作面放炮时，必须把支架的立柱、千斤顶、管线、通信设施等掩盖好，防止崩坏，必须把煤矸清理干净。

5.1.2.4　收尾工作

（1）割煤后，支架必须紧跟移设。

（2）移完支架后，各操作手把都恢复"零位"。

（3）清理支架内的浮煤、矸石及煤尘，并整理好架内的管线。

（4）经班长、验收员验收，合格后方可收工，清点工具，放置好备品配件。

（5）向接班液压支架工详细交代本班支架情况、出现的故障、存在的问题。按规定填写液压支架工作记录。

液压支架工的操作流程图如图 5-3 所示。

5.1.3　刮板输送机司机操作规程

5.1.3.1　一般规定

（1）刮板输送机司机必须经专门培训，取得操作合格证，未持合格证的人员，不准上岗操作。

（2）刮板输送机所配置的各种电气、机械、液压保护装置及连锁装置必须动作安全可靠，严禁甩掉不用。

（3）严禁用刮板输送机运输超重，超宽、超长、超高的设备或物料。用刮板输送

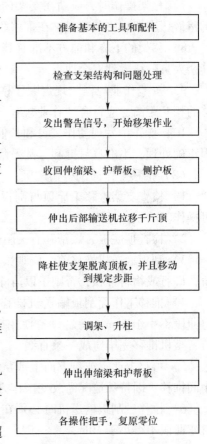

准备基本的工具和配件

↓

检查支架结构和问题处理

↓

发出警告信号，开始移架作业

↓

收回伸缩梁、护帮板、侧护板

↓

伸出后部输送机拉移千斤顶

↓

降柱使支架脱离顶板，并且移动到规定步距

↓

调架、升柱

↓

伸出伸缩梁和护帮板

↓

各操作把手，复原零位

图 5-3　液压支架工操作流程图

机运输一般物料，沿途要设专人巡视，发现问题立即停车。

（4）刮板输送机应沿机设有能发出"停止、开动"信号的装置，信号点设置距离不得超过 12m。

（5）三机的启动顺序为：胶带输送机、破碎机、转载机、刮板输送机。即确认上一台设备启动后方可启动下一台，停机顺序相反。

（6）对违章指挥，司机有权拒绝执行。

5.1.3.2 开车前的准备

（1）检查闭锁刮板输送机的信号装置是否灵敏可靠，否则禁止开车。

（2）检查刮板输送机的电动机、减速器、液压联轴节、机头、机尾各部的螺栓是否齐全紧固。减速器、液压联轴节是否有漏油、渗油现象、油量是否适当。牵引链及链轨有无损坏，齿轨有无脱落断裂。发现问题，应及时排除故障后，才可发出信号。

（3）空载情况下启动刮板输送机，仔细监听部件的运转声音是否正常，认真察看刮板链及连接环的磨损情况。是否有扭绕、跳链、拧麻花、刮板过度变形、连接螺栓脱落、刮板丢缺等现象，如发现上述现象要及时进行处理，否则严禁工作。

（4）检查刮板输送机机头和转载机的搭接情况，搭接高度不得小于 450mm，不得吃循环煤。

（5）检查刮板输送机铲煤板、挡煤板、拨链器、刮板等有无损坏与松动。

（6）检查刮板输送机机头处防尘设施是否完善，否则要及时处理。

5.1.3.3 重载运转

（1）在完成上述重载运转以前的所有工作后，刮板运输机司机在得到转载机、采煤机司机的通知后，发出启动预警信号，按先启动破碎机、转载机，最后顺序启动刮板运输机。

（2）刮板输送机运转以后，司机要注意观察其运行状态，监听运行声音是否正常。

（3）运转一段时间后，检查各部轴承的温度是否正常（温度不得超过75℃），检查电动机温度是否超过厂家铭牌的规定（温度不得超过110℃），检查液力耦合器温度（温度不得超过110℃）。

（4）刮板输送机要派专人看守，严禁大块矸石强行通过破碎机；防止吃循环煤，埋压胶带输送机，发现问题及时处理。

（5）严禁大块矸石强行通过采煤机，采煤机司机发现大块矸石后，立即按动闭锁，并待砸碎后，方能开机，以防拉断刮板链。

（6）刮板输送机司机在工作过程中，要与支架工、采煤机司机、清煤工、跟班电工协同作业，遇有闭锁临时停机时，要迅速查明原因，排除故障，然后开机。

（7）刮板输送机司机要及时根据刮板输送机中煤量的多少，提醒采煤机司机，控制好采煤机速度，防止压死刮板输送机。

（8）刮板输送机司机要注意机头、机尾行人，发现情况异常迅速停机。

（9）及时清理机头、减速箱处浮煤，不得压埋。

5.1.3.4　停机

刮板输送机停机前，必须先使输送机空载，然后发出信号停机。

5.1.4　转载机司机操作规程

5.1.4.1　一般规定

（1）未经专门培训，未持合格证的人员，不准上岗操作。

（2）转载机、破碎机所配置的各种电气、机械、液压保护装置及连锁装置必须使用，动作安全可靠，严禁甩掉不用。

（3）严禁用转载机运输超重、超宽、超长、超高的设备或物料。用转载机运输一般物料，沿途巡视、发现问题及时发送信号停车。

（4）转载机应沿机设有能发出"停止、开动"信号的装置，信号点的设置距离不得超过12m。

（5）三机的启动顺序为：胶带输送机、破碎机、转载机、刮板输送机。即确认上一台设备启动后方可启动下一台，停机顺序相反。

（6）对违章指挥，司机有权拒绝执行。

5.1.4.2　开车前的准备

（1）检查闭锁转载机、破碎机的信号装置，破碎机的入料安全急停开关是否灵敏可靠，否则禁止开车。

（2）检查转载机、电动机、减速器、液压联轴节、机头各部的螺栓是否齐全，紧固，减速器、液压联轴节是否有漏油、渗油现象，油量是否适当，检查转载机的机头伸缩机构是否可靠，检查破碎机的传动胶带是否完好，发现问题及时处理后，方可发出信号开机。

（3）空载情况下启动转载机、破碎机，仔细监听各部件的运转声音是否正常，认真察看刮板链及连接环的磨损情况。是否有扭绕、跳链、拧麻花、刮板变形、连接螺栓脱落、刮板丢缺等现象，如发现上述现象要及时进行处理，否则严禁工作。

（4）检查刮板输送机机头和转载机尾的搭接情况，搭接高度不得小于450mm、不得有互相干涉现象。

（5）检查转载机桥身部分挡煤板、底托板、固定螺栓有无松动、断损、短缺现象。拨链器、刮板等有无损坏与松动。

（6）检查转载机机头处的防尘设施是否完善，否则要及时处理。

（7）检查转载机侧电缆、水管、液压管路是否吊挂整齐，发现脱落和损坏，要及时处理。

5.1.4.3 重载运转

（1）在完成上述所有工作后，控制台电工在得到转载机司机的通知后，发出启动预警信号，按先启动胶带输送机、破碎机、转载机的顺序，启动转载机。

（2）转载机运转以后，司机要注意观察其运行状态，监听运行声音是否正常。

（3）运转一段时间后，检查各部轴承的温度是否正常（温度不得超过75℃），检查电动机温度是否超过厂家铭牌的规定（温度不得超过110℃），检查液力耦合器温度（温度不得超过110℃）。

（4）转载机前移时，必须清理机道上的浮煤、矸石、杂物，使机道通畅。保护好电缆、油管、水管，防止移动转载机时挤坏。转载机前移后，保持"平、正、稳、直"，并将移动千斤顶的活塞杆缩回到缸体内。

（5）转载机要派专人看守，防止埋压胶带输送机，发现问题及时按动闭锁，停机处理。

（6）转载机司机在工作过程中，要与支架工、煤机司机联网工（分层开采，需铺网时）、清理工、控制台电工协同合作，遇有闭锁临停机时，要迅速查明原因，排除故障，然后开机。

（7）转载机司机要及时根据转载机中煤量的多少，提醒采煤机司机，放煤工控制好煤机和放煤量速度，防止压死转载机。

（8）转载机司机要注意机头、机尾行人，发现情况异常迅速停机。

（9）及时清理机头、机尾、减速箱，不得压埋。

5.1.4.4 停机

转载机停机前，必须先使转载机空载，然后发出停机信号。

5.1.5 综采小班电工操作规程

（1）电气设备的检查、维护、修理和调整工作，必须由专职的跟班电工进行。

（2）不得带电检修、搬迁电气设备（包括电缆和电线）。检修或搬迁设备前，必须切断电源。所有开关手把，在切断电源时都应闭锁，悬挂"有人工作，不准送电"牌，只有执行这项工作的人员，才有权取下此牌并送电。

（3）各种电气保护装置，未经电气技术部门批准，严禁甩掉不用。

（4）跟班电工操作电气设备时，必须按规定佩戴好绝缘保护用品。

（5）电气设备停送电时，要严格按照有关停送电制度规定执行，杜绝"三违"。

5.1.6　乳化液泵站司机操作规程

5.1.6.1　一般规定

（1）未经专门培训，未持合格证的人不准操作泵站设备。

（2）按规定压力供液，不准随意更改。

（3）各种液压、电器保护装置必须灵敏可靠，不准甩掉；特殊情况，应制定安全措施报总工程师批准，但不允许长期无保护运行。

（4）按规定配制乳化液，配比浓度严格控制在3%～5%。

（5）泵体和液箱应保持水平、稳定，每次移动后要及时调整。

（6）泵站司机有权拒绝违章指挥。

5.1.6.2　启动前的检查

（1）检查各部件是否损坏，连接螺丝是否齐全紧固。

（2）检查液压系统，管路应连接齐全紧固，无渗漏，吸排软管不折叠。

（3）检查泵站润滑油、乳化油位及液位是否达到标准位置。

（4）检查泵站的各种保护是否齐全。

5.1.6.3　启动程序

（1）确认无误后，将吸液腔的放气堵拧松（吸液管拆卸过后），把吸液腔空气放尽，出液后拧紧。

（2）打开乳化液箱上的吸液管及回液管上的阀门。

（3）点动电机，观察电机转向与箭头所示方向是否相同，如方向不符，应将开关换向，手把扳到相反位置。

（4）启动电机，注意观察泵的运转状态，如发现问题应立即停泵检查处理。

（5）检查各压力表指示是否在标准范围。

（6）确认以上检查无误后，打开排液截止阀向工作面供液。

5.1.6.4　运转中应注意的事项

（1）泵在运转中有无异响和振动，卸载阀工作是否正常，检查柱塞润滑和密封性能，发现问题应停泵处理。

（2）检查电机及泵工作机构各部温升，发现异常应停泵处理。

（3）注意工作面停泵信号，停泵动作迅速，直接停止电机运转，并切断电源，停泵期间，司机不准脱离岗位。

（4）停泵后，必须得到工作面工作人员的开泵信号可再次开泵，无论是本机故障停泵，还是工作面信号停泵，再次开泵前必须向工作面发出开泵信号。

（5）正常运转中安全阀不应动作。

5.1.6.5　检修时的操作

（1）泵站检修必须切断电源并进行可靠的闭锁，挂警示牌后方可工作。

（2）供液系统检修必须用正确方法，将系统余压完全释放后方可进行。

（3）泵站系统各种压力控制元件，如安全阀、卸载阀等不准在井下拆检，要定期清洗各种过滤器。

（4）部件检修更换，注油、配液应采取有效防尘防污措施，保持设备、油质部件清洁。

5.1.6.6　乳化液配制

（1）坚持正常使用自动配液装置，不准甩掉不用。

（2）液箱清洗后或第一次配制应边检测浓度，边调整供水压力及吸油节流孔，直达到配比浓度要求，一旦调定合适，不准随意改动。

（3）定期检查清洗水箱、液箱、分离设施，至少每周清洗液箱一次，以保证乳化液压力。

（4）每周检测乳化液混溶状况和使用的水质变化情况，如发现乳化液有分油、析皂、沉淀现象，应立即查明原因及时处理。

（5）每班至少检查2次乳化液浓度配比并做好记录，如发现浓度升高或降低应及时分析处理。

5.1.7　综采检修工操作规程

5.1.7.1　上岗条件

（1）经过培训并考试合格后，方可上岗。

（2）熟知《煤矿安全规程》有关内容、《煤矿矿井机电设备完好标准》、《煤矿机电设备检修质量标准》及有关规定和要求，并了解周围环境及相关设备的关系。

（3）熟悉所维修设备的结构、性能、技术特征、工作原理，具备一定的钳工基本操作及液压基础知识，能独立工作。

5.1.7.2　安全规定

（1）上班前严禁喝酒，工作时精神集中，上班时不得干与本职工作无关的事情，遵守有关规章制度。

（2）所用维修工具、起吊设施、绳索等应符合安全要求。

（3）吊挂支撑物应牢固，在吊、运物件时，应随时注意检查顶板支护安全情况，检查周围有无其他不安全因素，禁止在不安全的情况下工作。

（4）在距检修地点 20m 内风流中瓦斯浓度达到 1.0% 时，严禁送电试车；达到 1.5% 时，必须停止作业，并切断电源，撤出人员。

（5）在倾角大于 15° 的地点检修和维修时，下方不得有人同时作业。如因特殊需要平行作业时，应制定严密的安全防护措施。

（6）维修工在进行检修工作时，不得少于 2 人，在维修时应与司机密切配好。

（7）需要在井下进行电、气焊作业时，必须按《煤矿安全规程》中的有关条款执行，制定相应的安全措施并经工程师批准。

5.1.7.3　操作准备

（1）下井前，要由维修工作负责人向有关人员讲清工作内容、步骤、人员分工和安全注意事项。

（2）维修工要根据当日工作的需要认真检查所带工具是否齐全、完好，材料、备件是否充足，是否与所检修和维修设备需要的材料备件型号相符。

（3）对需要维修的设备要停电、闭锁并挂"有人工作，严禁送电"停电牌，并与相关设备的工作人员联系，必要时也要对相关设备停电、闭锁并挂停电牌。

（4）维修工进入工作现场后，要与维修设备及相关设备的司机联系。

（5）清理需要维修设备的现场，应无妨碍工作的杂物。

5.1.7.4　正常操作

（1）检修工对所负责的设备维护检查时应注意：

1）检查各部紧固件应齐全、紧固。

2）润滑系统中的油嘴、油路应畅通，接头及密封处不漏油，油质、油量应符合规定。

3）转动部位的防护罩或防护栏应齐全、可靠。

4）机械（或液压）安全保护装置应可靠。

5）各焊件应无变形、开焊和裂纹。

6）机械传动系统中的齿轮、链轮、链条、刮板、托辊、钢丝绳等部件磨损

（或变形）无超限，运转正常。

7）减速箱，轴承温升正常，各项保护装置应齐全可靠，倾斜井巷中使用的带式输送机应检查防逆转装置和制动装置，发现问题应及时处理，并及时向当班领导汇报。

8）液压系统中的连接件、油管、液压阀、千斤顶等应无渗漏、无缺损、无变形。

9）相关设备的搭接关系应合适，附属设备应齐全完好。

10）液力耦合器的液质、液量、易熔塞、防爆片应符合规定，输送带接头可靠并符合要求，无撕裂、扯边。

（2）在打开机盖、油箱进行拆检、换件或换油等检修工作时，必须注意遮盖好，严防落入煤矸、粉尘、淋水或其他异物等。注意保护设备的防爆结合面，以免损伤。注意保护好拆下的零部件，应放在清洁安全的地方，防止损坏、丢失或落入机器内。

（3）处理刮板输送机漂链时，应停止本机。调整中部槽平直度时，严禁用脚蹬、手搬或用棍撬别正在运行中的刮板链。

（4）进行缩短、延长中部槽作业时，链头应固定，应采用卡链器，并在机尾处装保护罩。

（5）处理机头或机尾故障、紧链、接链后，启动试车前，人员必须离开机头、机尾，严禁在机头、机尾上部伸头察看。

（6）处理输送带跑偏时，应停机调整上、下托辊的前后位置或调整中间架的悬挂位置，严禁用手脚直接拽蹬运行中的输送带。

（7）检修输送带时，工作人员严禁站在机头、尾架、传动滚筒及输送带等运转部位的上方工作；如因处理故障必须站在上述部位工作时，要派专人停机、停电、闭锁、挂停电牌后方可作业。

（8）在更换输送带和做输送带接头等时，应远离转动部位 5m 以外作业；如确需点动开车并拉动输送带时，严禁站在转动部位上方和在任何部位直接用手拉或用脚蹬踩输送带。

（9）试车前必须与司机联系并通知周围相关人员后，方可送电，由司机操作试车。

5.1.7.5 收尾工作

（1）检修结束后，认真清理检修现场。检查清点工具及剩余材料、备品配件，特别是运转部位不得有异物。

（2）检修工应会同司机对维修部位进行检查验收；并就检修部位、内容、结果及遗留问题做好检修记录。

5.1.8　综采端头维护工操作规程

5.1.8.1　上岗条件

端头支护人员应熟悉采煤工作面顶底板特征、作业规程规定的顶板控制方式、端头支护形式和支护参数，掌握支柱与顶梁的特性和使用，经过培训、考试合格方可上岗操作。

5.1.8.2　安全规定

（1）在进行支护前，必须在已有的完好支护保护下，用长把工具敲帮问顶，摘除悬矸危岩和松动的煤帮。

（2）随时观察工作面动态，发现异常现象（如：巨大的震顶声、大量支柱卸荷或钻底严重、顶板来压显现强烈或出现台阶下沉现象等），必须立即发出警报，撤离所有人员，待顶板稳定后，由班（组）长按规定处理。

（3）按作业规程的规定打设两道超前抬棚，保证支柱站直站正成一条直线，π 型钢梁接顶严实，支柱初撑力、超前支护距离符合规定。

（4）支护时，严禁使用失效和损坏的支柱、顶梁和柱鞋。

（5）顶梁与顶板应紧密接触。若顶板不平或局部冒顶时，必须用木料穿实。

（6）不准将支柱打在浮煤（矸）上，坚硬底板要刨柱窝、见麻面；底板松软时，支柱必须穿鞋。

（7）支柱必须支设牢固、迎山有力；严禁在支柱上打重楔，严禁给支柱带双柱帽。

（8）必须根据支护高度的变化，选用相应高度的支柱。选用 1.0m 以上的单体液压支柱时，支设最大高度应小于支柱设计最大高度 0.1m，最小高度应大于支柱设计最小高度 0.2m，选用其他支柱时，严禁超高支设。

（9）不得使用不同类型和不同性能的支柱。

（10）不准站在输送机上或跨着输送机进行支护。

（11）调整顶梁、架设支柱时，其下方 5m 内不得有人。

（12）临时支柱的位置应不妨碍架设基本支柱；基本支柱架设好前，不准回撤临时支柱。

（13）平行作业的距离必须符合规定。支柱与回柱间的间隔距离不得小于 15m，其他的符合作业规程规定。当支护工序与其他工序发生脱节时，支护工有权要求暂停或减缓其他工序，优先进行支护。

（14）架设单体液压支柱时，要掌握好注液压力与时间，保证支柱的初撑力其柱径为 100mm 的不小于 90kN、柱径为 80mm 的不小于 60kN。

（15）采用长钢（板）梁支护的，长梁要迈步支护、交替前移，不得齐头并进。

（16）采用双楔顶梁支护的，双楔要成对使用齐全，反向插入打紧，伸出量要保持一致，伸出长度不得小于30mm。

（17）端头支护与巷道支护间距不得大于0.5m。

5.1.8.3 操作准备

（1）备齐注液枪、卸荷手把、液压升柱器、支柱定位卡具、锹、镐、锤、斧子、锯等工具，并检查工具是否完好、可靠。

（2）检查液压管路是否完好。

（3）检查工作地点的顶板、煤帮和支护是否符合质量要求，发现问题及时处理。

5.1.8.4 正常操作

（1）架设四对八架长钢（板）梁操作程序：清理切口柱位、准备好支柱和背料、将移梁器挂在被移钢梁上、卸载降柱、移动梁体、背顶、补柱升紧。

（2）移动长钢（板）梁要符合下列规定：

1）至少要有3人协同操作。

2）正常情况下，必须保持一梁三柱。

3）柱爪必须卡住梁牙。

4）支柱升紧后，柱头必需扎绑牢靠。

5）支设工作完成后，必须对支柱进行二次注液。

（3）十字铰接顶梁的操作程序同铰接顶梁。

（4）端头与巷道接茬处采用π型钢梁支护的，操作同端头长钢梁。

5.1.8.5 收尾工作

（1）将剩余的顶梁，背顶材料，失效和损坏的柱、梁等各种工具分别运送到指定地点、码放整齐。

（2）按规定进行交接班。

5.1.9 刮板输送机修理工操作规程

5.1.9.1 上岗条件

刮板输送机司机必须熟悉刮板输送机性能及构造原理和作业规程，掌握输送机的一般维护保养和故障处理技能，懂得回采工艺，必须经过专业技术培训，考试合格后，方可持证上岗。

5.1.9.2　安全规定

（1）司机应在机头上方操作，作业范围内的顶帮有危及人身和设备安全时，必须及时汇报处理后，方准作业。运输过程中要随时注意煤流中的大块煤、矸石等杂物，如有，应在确保自身安全的情况下将其拣出或发出信号停机处理。

（2）运输机的信号和电气闭锁装置必须齐全有效，否则不许开动刮板输送机。

（3）电动机附近 20m 以内风流中的瓦斯浓度达到 1.5% 时，必须停止运转，切断电源，撤出人员，进行处理；工作面回风巷风流中瓦斯浓度超过 1% 或二氧化碳浓度超过 1.5% 时，必须停止运转，撤出人员，进行处理。

（4）严禁人员蹬乘刮板输送机。用刮板输送机运送物料时，必须制定防止顶人和顶坏采煤机的安全措施。

（5）开动刮板输送机前必须发出开机信号，确认人员已经离开机器转动部位，发出预警信号并点动 3 次后，才准正式开动。点动试车发现刮板输送机有负荷启动困难时，不得强行开机。

（6）检修、处理刮板输送机故障时，必须切断电源，闭锁控制开关，挂上停电牌；运输机需反转时，机头、机尾必须有专人看护。

（7）进行掐、接链，点动操作时，人员必须躲离链条受力方向。正常运转时，严禁任何人正对机头（尾）作业或逗留，以免断链伤人。

（8）工作面刮板输送机与转载机搭接高度不小于 0.3m，卸载高度符合作业规程规定。

（9）工作面运输机移机头、机尾前，应首先检查作业地段周围顶板、煤帮及端头支护情况，处理一切安全隐患，并清理干净煤壁侧浮煤和矸石，移溜时要有专人观察，指挥机头、机尾的移溜情况，严禁硬顶、硬移。移溜时无关人员必须远离作业地段，作业人员必须站在安全区域。

（10）支架拉移后，应及时推移运输机，推移运输机距采煤机后滚筒 10 ~ 15m 处进行，弯曲长度不小于 15m。

5.1.9.3　操作准备

（1）备齐改锥、钳子、套管、小铁锤、铁锹、扳手等工具和刮板、接链环、链条、铁丝、螺栓、螺母等备品配件。

（2）检查机头、机尾处的支护是否完整，两安全出口是否符合作业规程规定，附近 5m 以内应无杂物、浮煤或浮渣，冷却水及喷雾洒水设施是否齐全无损有效。

（3）检查刮板输送机与相接的转载机的搭接是否符合规定要求，溜子弯曲处是否有脱节现象。

（4）检查各部是否螺栓紧固、联轴器间隙合格、防护装置齐全无损；各部轴承及减速器的油量是否符合规定、无漏油。

（5）检查运输机大链有无磨损或断裂，接链环的销子有无脱落现象，调整大链使其松紧适宜。

（6）检查防爆电气设备是否完好无损，电缆是否悬挂整齐，信号装置是否灵敏可靠。

5.1.9.4 操作顺序

刮板输送机司机操作顺序：检查，发出信号，试运转检查处理问题，正式启动喷雾，正式运转，结束停机。

5.1.9.5 正常操作

（1）发出开机信号，并喊话，确定人员离开机械运转部位后，再启动试运转。检查传动链松紧程度，是否有跳动、刮底、跑偏、漂链等情况。

（2）对试运转中发现的问题要及时处理，处理时要先发出停机信号并打开电气闭锁，将控制开关的手柄扳到断电位置锁定，然后挂上停电牌。

（3）待接到允许开机信号后，发出开机信号，再正式启动运转，然后打开喷雾装置喷雾降尘。

（4）刮板输送机运转中要随时注意电动机、减速器等各部运转声音是否正常，是否有剧烈震动，电动机、轴承是否发热（电动机温度不应超过80℃，轴承温度不应超过70℃），刮板链运行是否平稳无裂损；并应经常清扫机头附近及底溜槽漏出的浮煤。

（5）运转中发现下列情况之一，要立即闭锁停机，进行妥善处理：

1）超负荷运转，发生闷车声。

2）刮板链漂链、跳齿、断链，拨链器、舌板脱落时。

3）电气、机械部件温度超限或运转声音不正常时。

4）发现大木料、金属支柱、锚杆、大块煤矸等异物时。

5）信号不明或发现有人在刮板输送机上时。

6）电机、减速器无冷却水时。

（6）刮板输送机运行时，严禁清理转动部位的煤粉或用手调整刮板链，严禁人员从机头上跨越。

（7）本班工作结束后，将机头附近的浮煤清扫干净，待刮板输送机内的煤全部运出后，按顺序停机，然后关闭喷雾、冷却水阀门。

5.1.9.6　特殊操作

紧链、捯链工作：

（1）严格按照紧、捯链顺序进行工作，人员必须躲开链条受力方向。

（2）必须用紧链器进行紧、捯链，严禁用单体液压支柱或其他物体进行紧、捯链。

（3）紧链前应认真检查紧链装置，如阻链器、刹车器的完好情况，否则不得进行紧链工作。

（4）紧链时，输送机上无浮煤、矸，无杂物，无关人员要远避链条受力方向。

（5）将大链需要调整的部分运行到机头3m左右处停机，将阻链器固定好。

（6）反转输送机，使阻链器楔紧输送机刮板，这时一人点动电机，一人握紧刹车器，待紧到合适位置，拧紧刹车器；然后，进行捯、紧链工作。捯链、紧链期间必须专人把握刹车器，严禁松动，严禁操作刮板输送机。

（7）待紧、捯链完毕，松开刹车器，输送机恢复到正转位置。点动输送机，取下阻链器，正常运转。

5.1.9.7　收尾工作

（1）清扫机头、机尾各机械、电气设备上的粉尘。

（2）清点工具、备件等，在现场向接班司机详细交代本班设备的运转情况、出现的故障、存在的问题以及需要注意的事项，并按规定填写设备运行记录。

5.1.10　转载机修理工操作规程

5.1.10.1　上岗条件

转载机司机必须熟悉设备的性能及构造原理和顶板支护的基本知识，善于维护和保养转载机，会处理故障，必须经过专业技术培训，考试合格后，方可持证上岗。

5.1.10.2　安全规定

（1）转载机司机必须与工作面刮板输送机司机、运输巷带式输送机司机密切配合，按顺序开机、停机。

（2）开机前必须发出信号，确定对人员无危险，点动3次后方可正式启动。

（3）转载机的机尾保护等安全装置失效时，必须立即停机。

（4）有大块煤、矸时，应停止工作面刮板输送机运转。必须停机处理。

（5）检修、处理转载机故障时，必须切断电源，闭锁控制开关，挂上停电牌,确认破碎锤头不再转动后方可工作。

(6) 转载机液力耦合器的易熔塞或易爆片损坏后,必须立即更换,严禁用木头或其他材料代替。

5.1.10.3 操作准备

(1) 备齐扳手、钳子、螺丝刀、小锤、铁锹等工具和各种必要的短接链、接链环、螺栓、螺母、破碎机的保险销子等备品配件及润滑油等。

(2) 检查转载机、破碎机处的巷道支护是否完好、牢固。

(3) 检查电动机、减速器、液力耦合器、机头、机尾等各部分的连接件是否齐全、完好、紧固,减速器、液力耦合器有无渗油、漏液现象,油量是否符合要求。

(4) 检查电源电缆、控制线、监控线是否吊挂整齐、有无受挤压现象,信号是否灵敏可靠,喷雾洒水装置是否完好。

(5) 检查刮板链松紧情况,刮板与螺丝齐全紧固情况及转载机机尾与工作面刮板输送机机头搭接情况。

(6) 检查转载机桥身部分和倾斜段的侧板和底托板的固定螺栓是否紧固,行走小车是否平稳可靠。在空载情况下开机时,各部件的运转应无异常声音,刮板、链条、连接环有无扭挠、扭麻花、弯曲变形等。

5.1.10.4 正常操作

(1) 确定人员离开机械转动部位后,发出开机信号,先点动3次,再启动试运转,正常后对转载机进行试运转。

(2) 对试运转中发现的问题要及时处理,处理时要先发出停机信号,将控制开关的手柄扳到断电位置锁定,然后挂上停电牌。

(3) 发出开机信号,待接到开机信号后,打开喷雾装置,然后点动3次,再正式启动运转。

(4) 运行中要随时注意机械和电动机有无震动,声音和温度是否正常,转载机的链条是否一致(在满负荷情况下,链条松紧量不允许超过两个链环长度),有无卡链、跳链等现象。发现问题要立即发出信号停机处理。

(5) 结束工作面前将机头、机尾和机身两侧的煤、矸清理干净。待工作面采煤机停止割煤,工作面刮板输送机、转载机内的煤全部拉完后,再向控制台喊话,停止转载机,关闭喷雾阀门。

5.1.10.5 特殊操作

(1) 移动转载机前要清理好机尾、机身两侧及过桥下的浮煤、浮矸,保护好电缆、水管、信号线、液管等，并将其吊挂整齐。检查各液管是否有漏液现象，所用老汉木打紧、打牢，老汉木是否有防倒措施，拉移大链松紧度调整的是否合适。检查巷道支护并确保安全的情况下移动转载机。

（2）拉移转载机时必须由三人协同操作，所用信号要明确可靠，一个在转载机头观察跑道情况，一个在机尾观察，一人操作，发现问题必须立即停止拉移。

（3）移动转载机时要保持行走小车与带式输送机机尾架接触良好，不跑偏，移设后搭接良好，转载机机头、机尾保持平、直、稳，油缸活塞杆及时回收。

5.1.10.6　收尾工作

（1）清扫各机械、电气设备上的粉尘。

（2）在现场向接班司机详细交代本班设备的运转情况、出现的故障、存在的问题，并按规定填写设备运行记录。

5.1.11　胶带输送机司机操作规程

5.1.11.1　上岗条件

胶带输送机司机必须熟悉胶带输送机的性能和构造原理，具备保养、处理故障的基本技能，必须经过专业技术培训，考试合格，取得操作资格证后，方可持证上岗。

5.1.11.2　安全规定

（1）所有保护装置，如烟雾报警、超温洒水、跑偏、低速、煤位、信号闭锁系统、制动及制动闭锁系统均应齐全且灵敏可靠。严禁甩掉任何一种保护强行开机运行。

（2）禁止超负荷运转。

（3）禁止人员乘坐胶带输送机。在人员跨越处必须设有过桥。

5.1.11.3　操作准备

（1）检查动力系统、各种保护装置、连接件的紧固情况、信号闭锁完好情况。

（2）检查动力系统油脂、油位是否符合规定。

（3）检查清煤器的磨损情况。

（4）检查胶带张紧程度是否适当、胶带接头是否良好。

（5）检查胶带是否跑偏，托辊是否齐全并转动灵活，托辊架是否牢固、平正。

（6）检查底胶带是否有摩擦异物现象。

（7）检查喷雾装置是否完好。

（8）检查油泵电机及抱闸系统是否完好。

5.1.11.4 正常操作

（1）发出启动报警信号，并与各岗位取得联系，接到允许开机信号后方可启动运转。

（2）胶带输送机启动后，注意观察运行状况，检查各部轴承、电机、减速器等温升是否符合规定，若有异常，停机处理。

（3）胶带输送机运行中，集中精力，防止出现误操作。

5.1.11.5 特殊操作

A 缩胶带操作

（1）空负荷情况停车，切断电源并将开关手把打到零位，挂上停电牌，准备开储带装置拉紧绞车。

（2）根据胶带机尾承载段长度拆除相应长度的中间架及托辊，并回收至胶带头联络巷码放整齐。

（3）操作收缩油缸，把承载部连同皮带机尾一起向前牵引，直到与所剩余的中间架相对接，调整机尾部与中间部的中心，使之在一条直线上。

（4）启动张紧车进行储带。

（5）胶带张紧好后，摘去停电牌，发出启动信号，空载运转试车，检查调整胶带输送机机尾和机头储带仓跑偏情况。

B 回撤胶带操作

（1）空负荷情况停车，切断电源并闭锁。

（2）停机前应使要回撤的胶带停在离收带绞车最近处。

（3）停机后在回撤胶带处将胶带锁固。

（4）在收带接头处把非收的胶带用专用带夹夹住，并打好压戗柱。用带夹把所收胶带连到绞车钩头上，绞车绳不顺向时要加导向滑轮。

（5）启动张紧绞车、松胶带。收带绞车司机根据专人的指挥间断地牵引收带，直到所收胶带全部拉出。

（6）除去所收的胶带，接好胶带接头，整理好收带处的中间架，最后打开闭锁。

（7）启动张紧绞车，使胶带张紧，主电机送电，点动空载试车，检查跑偏情况。

（8）载重试车，如有问题及时处理。

5.1.11.6　收尾工作

（1）正常情况下工作结束停车时，使胶带处在最小负荷状态下，避免胶带输送机载重启动。

（2）停车后重新检查各种保护及各个部位的状况，处理异常现象。

（3）在现场向接班司机详细交代本班设备的运转情况、出现的故障、存在的问题。按规定填写设备运行记录。

5.1.12　乳化液泵站修理工操作规程

5.1.12.1　上岗条件

乳化液泵站司机必须熟悉乳化液泵的性能和构造原理，具备保养、处理故障的基本技能，必须经过专业技术培训，考试合格，取得操作资格证后，方可上岗。

5.1.12.2　安全规定

（1）乳化液泵站司机如发现乳化液泵和乳化液箱处于非水平稳固状态、乳化液箱位置高出泵体不足 100mm，应立即汇报、调整、处理。

（2）开关、电动机、按钮、接线盒等电气设备无法避开淋水时，必须妥善遮盖。

（3）电动机及开关地点附近 20m 以内风流中瓦斯浓度达到 1.5% 时，必须停止运转、切断电源、撤出人员、进行处理。

（4）应坚持使用自动配液装置，必须保证乳化液浓度始终符合规定要求（3% ~ 5%），保证配液用水清洁，符合规定。

（5）必须保证乳化液泵的输出压力不低于 30MPa。

（6）检修泵站必须停泵；修理、更换主要供液管路时必须关闭主管路截止阀，不得在井下拆检各种液压控制元件，严禁带压更换液压件。

（7）严禁擅自打开卸载阀、安全阀、蓄能器等部位的铅封和调整部件的动作压力（修理时除外）；在正常情况下，严禁关闭泵站的回液截止阀。

（8）供液管路要吊挂整齐，保证供液、回液畅通。

（9）要按以下要求进行定期检查、检修，并做好记录：

1）每班擦洗一次油污、脏物；按一定方向旋转过滤器 1 ~ 2 次；检测两次乳化液浓度。

2）每天检查一次过滤器网芯。

3）每 10 天清洗一次过滤器。

4）至少每月清洗一次乳化液箱。

5）每季度化验一次水质。

6）操作时发现有异声、异味、温度（泵、液）超过规定，压力表指示压力不正常，乳化液浓度、液面高度不符合规定，控制阀失效、失控，过滤器损坏或被堵不能过滤及供液管路破裂、脱开时应立即停泵。

7）开泵前必须发出开泵信号。停泵时，必须发出信号，切断电源，断开隔离开关。无论是停泵还是开泵的工作期间，泵站司机均不得脱离岗位。

5.1.12.3　操作准备

（1）备齐扳手、钳子、温度计、折射仪等工具和铅丝、擦布、油壶、油桶、管接头、U 形销、高低压胶管等必要的备品备件及润滑油、机械油、乳化油等。

（2）接班后，把控制开关手柄扳到切断位置并锁好，按规定要求对如下内容进行检查：

1）泵站附近巷道安全状况及有无淋水情况。

2）泵站的各种设备清洁卫生情况。

3）各部件的连接螺栓是否齐全、牢固，特别要仔细检查泵柱塞盖的螺钉。

4）泵站至工作面的管路接头连接是否牢靠。

5）各截止阀的手柄是否灵活可靠，吸液阀、手动卸载阀及工作面回液阀是否在开启位置，向工作面供液的截止阀是否在关闭位置，各种压力表、控制按钮是否齐全、完整、动作灵敏可靠。

6）乳化液有无析油、析皂、沉淀、变色、变味等现象。用折射仪检查乳化液配比浓度是否符合规定。液面是否在液箱的 2/3 高度位置以上。

7）配液用水进水口压力是否在 0.5MPa 以上。

8）检查电动机、联轴节和泵头是否转动灵活。

（3）拧松乳化液泵吸液腔的放气堵，待把吸液腔内的空气放尽并出液后拧紧。合上控制开关，点动电动机，检查泵的旋转方向是否与其外壳上的箭头标记方向一致。

5.1.12.4　正常操作

（1）启动电动机，慢慢关闭手动卸载阀，使泵压逐渐升到额定值。

（2）开泵后要检查以下内容，确定无问题或问题处理后，保持泵的正常运转：

1）泵运转是否平稳，声音是否正常。

2）卸载阀、安全阀的开启和关闭压力是否符合规定。

3）过滤站的脏物指示器是否正常，进、出口压力指示的压力差是否在1.5~3.0MPa 之间。

4）压力表的指示是否正常、准确。

5）柱塞润滑是否良好，齿轮箱润滑油压力是否在 0.2MPa 以上。

6）各接头和密封是否漏液。

7）乳化液箱中自动配液位开关及低液位保护开关是否灵敏可靠。

（3）接到工作面用液信号后，慢慢打开供液管路上的截止阀，开始向工作面供液。

（4）运转过程中应注意观察各种仪表的显示情况，机器声音、温度是否正常，乳化液箱是否平稳、液位是否保持在规定范围内、液面有无污染物，柱塞是否润滑，密封是否良好。发现问题，应及时与工作面联系，停泵处理。

发现下列情况之一时，应立即停泵：

1）异声异味。

2）温度超过规定。

3）压力表指示压力不正常。

4）自动配液装置启动不正常。

5）控制阀失效、失控。

6）过滤器损坏或被堵不能过滤。

7）供液管路破裂、脱开、大量泄露。

（5）当乳化液箱中液位低于规定下限时，泵站自动配液装置应启动配液。无自动配液装置的泵站，应在专用的容器内进行人工配液。配液时应把乳化液掺到水中，禁止把水掺到乳化液中。每次配液后，都要用折射仪检验乳化液的浓度，不符合规定时再进行调配，直到合格为止。

（6）因事故停泵和收工停泵时都应首先打开手动卸载阀，使泵空载运行，然后关闭高压供液阀和泵的吸液阀，再按泵的停止按钮，将控制开关手柄扳到断电位置，并切断电源。除接触器触头粘住时可用隔离开关停泵外，其他情况下只许用按钮停泵。

5.1.12.5　收尾工作

（1）停泵后要把各控制阀打到非工作位置，清擦开关、电动机、泵体和乳化液箱上的粉尘。

（2）在现场向接班司机详细交代本班设备运转情况、出现的故障、存在的问题。按规定填写设备检修记录或运行记录。

5.1.13　采煤机修理工操作规程

5.1.13.1　上岗条件

（1）必须经过专业技术培训，考试合格，持证上岗。

（2）应具备一定的钳工基本操作技能、液压基础知识及电气维修基础知识。

（3）应熟知《煤矿安全规程》有关内容、《煤矿矿井机电设备完好标准》《煤矿机电设备检修质量标准》及有关规定。

（4）应熟悉所检修采煤机的结构、性能、传动系统、液压部分和电气部分，能独立工作。

5.1.13.2 安全规定

（1）上班前严禁喝酒，严格遵守劳动纪律，严格遵守各项规章制度。

（2）上岗时应穿戴好安全防护用品。

（3）修理采煤机时，修理人员必须严格遵守入井的各项规定。

（4）检修前，工作面输送机必须停机、断电、闭锁，液压支架停止作业，并通报有关人员。

（5）修理前除原有装置外，还要另设可靠的临时防滑安全固定装置。

（6）在煤壁侧、机身上或机身两端修理采煤机时，应设专人进行监护，不准单人作业。应清理煤壁、顶板悬浮煤岩，在煤壁、顶板之间加设防护措施。

（7）当修理现场 20m 以内风流中瓦斯浓度超过 1% 时，严禁送电试机；达到 1.5% 时，必须停止作业，切断电源，撤出人员。

（8）在机身上检修其他部件时，必须切断电源，打开隔离开关和离合器。

（9）对泵、液压马达、各种阀组等液压部件按实验报告进行校验，核对无误后方可使用。

5.1.13.3 操作准备

（1）根据修理内容认真检查所用工具、量具、吊装用具、材料，备件的规格、质量、数量，应符合要求。

（2）修理地点应清洁，无影响修理的杂物，尤其是修理液压系统、电控系统的地点必须无污染、无粉尘。

（3）对采煤机进行外部清洗，除去煤泥、煤尘等污物。

（4）检查机体外部零部件无损坏、丢失。

（5）井下检修工作地点周围要洒水灭尘，要有足够的照明。

5.1.13.4 操作顺序

（1）清理修理现场，检查修理场所的安全状况。

（2）试机并了解故障的现象，判断故障原因，确定修理部位。

（3）切断电源，打开离合器，并挂"有人工作，禁止合闸"警示牌。

（4）关闭冷却水路。

（5）清理机体上浮煤、矸石及阻碍物。

（6）修理故障部位应遵守如下原则：先电气，后机械；先外部，后内部；先简单，后复杂；先传动系统，后液压系统。

5.1.13.5　正常操作

（1）拆装时，敲击应使用铜棒。

（2）拆装锈蚀或使用了防松胶的部位时，事先应用松动剂或震动处理后再进行。

（3）拆下的零部件及使用的工具应放在专用工具箱内，不准随处乱放，以防污染。

（4）更换零部件前必须进行质量检测，核实后方可使用。

（5）浮动油封的密封环不得有裂纹、沟痕，且必须成对使用或更换。

（6）O型圈密封圈不得过松或过紧，装在槽内不得扭曲切边，保持性能良好。

（7）骨架油封的弹簧松紧适宜，按相关规定调整。

（8）零部件装配前，其相互配合的表面必须擦洗干净，涂上清洁的润滑油。润滑和液压系统的清洗应用干净的棉布，不得用棉纱。零部件装配后，各润滑处必须注入适量的润滑油。

（9）主要紧固件应使用力矩扳手。

（10）修理后必须清洗油池，注入油池的油必须经过过滤。

（11）恢复送电前，修理人员应清理现场，拆除工作帐篷，清点工具，撤到安全地点。修理负责人向相关人员发出送电开机的命令后，方可送电，并由采煤机司机按规定开机试机。

（12）对于液压牵引采煤机，牵引部的液压系统在井下修理时，应采取必要的安全防护措施。

（13）液压件带入井下时，应有防污措施。

（14）更换滚筒和截齿时，必须护帮护顶，切断电源。

（15）对常用工具无法或难以拆除的部位和零部件，要使用专用工具，严禁破坏性拆除。

（16）采煤机电气部分的修理，按电气设备修理操作规程进行。

5.1.13.6　收尾工作

（1）修理结束进行全面试机，观察是否有异常。

（2）清点工具及剩余的材料、备件，并妥善放好。

（3）切断电气设备电源，清扫修理场地。

（4）井下修理完成后，应在采煤机运转正常后方可离开现场，并认真填写设备检修记录。

5.1.14 液压支架修理工操作规程

5.1.14.1 上岗条件

液压支架工必须熟悉液压支架的特性及构造原理和液压控制系统、作业规程和工作面顶板控制方式，能够按完好标准维护保养液压支架，必须经过专业技术培训，考试合格后，方可上岗。

5.1.14.2 安全规定

（1）采煤机正常割煤时，必须及时移架。当支架与采煤机之间的悬顶距离超过作业规程规定或发生冒顶、片帮时，应当要求停止采煤机割煤，及时超前拉架或勾顶。

（2）必须掌握好支架的合理高度：最大支撑高度不得大于支架的最大使用高度；最小支撑高度不得小于支架的最小使用高度。

（3）严禁在井下拆检立柱、千斤顶和阀组。整体更换时，应尽可能将缸体缩到最短；更换胶管和阀组液压件时，首先关闭高压管路截止阀，待更换件的工作腔压力释放后方可拆开。

（4）拆除和更换部件时，必须及时装上防尘帽。严禁将高压管口对着人体。

（5）备用的各种液压软管、阀组、液压缸、管接头等必须用专用堵头堵塞，更换前用乳化液清洗干净。

（6）检修主管路时，必须停止乳化液泵并采取闭锁措施，同时关闭前一级压力截止阀。

（7）严禁随意拆除和调整支架上的安全阀。

（8）必须按作业规程规定的移架顺序移架。

（9）采用邻架移架操作时，应站在上一架支架内操作下一架支架；本架操作时必须站在安全地点，面向煤壁操作，严禁身体探入刮板输送机挡煤板内或脚蹬液压支架底座前端操作。

（10）移架时，其下方和前方5m内不得有其他人员工作。移动端头支架、过渡支架时，必须在其他人员撤到安全地点之后方可操作。移端头支架过程中，必须注意观察支架前方的支护情况，防止推倒端头支护。

（11）移架受阻时，必须查明原因，不得强行操作。

（12）必须保证支架紧密接顶，初撑力达到规定要求。

（13）处理支架上方冒顶时，除遵守本规程外，还必须严格按照制定的安全措施操作。

（14）支架降柱、移架时，要开启喷雾装置同步喷雾。

5.1.14.3　操作准备

（1）备齐扳手、钳子、螺丝刀、套管、小锤等工具及U形销子、高低压液管、接头、密封圈等备品配件。

（2）检查支架有无歪斜、倒架、咬架，支架前端、架间有无冒顶、片帮的危险，顶梁与顶板接触是否严密，架间距离是否符合规定，支架是否成一直线，顶梁与掩护梁工作状态是否正常等。

（3）检查结构件。检查顶梁、掩护梁、侧护板、互帮板、千斤顶、立柱、推移杆、底座箱等是否开焊、断裂、变形，有无联结脱落，螺钉是否松动、压卡、扭歪等。

（4）检查液压件。检查高低压胶管有无损伤、挤压、扭曲、拉紧、破皮断裂，阀组有无滴漏；操作手柄是否齐全、灵活可靠、置于中间停止位置；管接头有无断裂，是否缺U形销子；推移千斤顶与支架、刮板输送机的连接是否牢固（严禁软连接）。

（5）检查电缆槽（挡煤板）有无变形，电缆、水管、照明线、通讯线敷设是否良好；挡煤板、铲煤板与连接销是否牢固，溜槽口是否平整，采煤机能否顺利通过；照明灯、信号闭锁、洒水喷雾装置等是否齐全、灵活可靠。

（6）检查收尾工作面，铺网的质量是否影响移架，联网铁丝接头能否伤人。坡度较大的工作面，端头过渡支架及刮板输送机防滑锚固装置是否符合质量要求。

（7）对存在的问题，应及时处理。支架有可能歪架、倒架、咬架而影响顶板控制的，应准备必要的调架千斤顶、短节锚链或单体支柱等，以备下一步移架时调整校正。

5.1.14.4　操作顺序

（1）正常移架操作顺序：

1）上下各1组支架的推溜操作手柄扳到推溜位置。

2）收回伸缩梁、护帮板、侧护板。

3）操作前探梁回转千斤顶，使前探梁降低，躲开前面的障碍物。

4）降柱使顶梁略离顶板。降柱时要先降后柱，再降前柱，降柱范围100～200mm。

5）当支架可移动时立即停止降柱，使支架移够规定步距。

6）调整支架状态，使推移千斤顶与刮板输送机保持垂直，调整侧护板，使支架不歪斜，中心线符合规定，全工作面支架排成直线。

7）升柱同时调整平衡千斤顶，保持顶梁与顶板严密接触接顶后继续供液 3～5s，使支架达到规定初撑力。

8）伸出伸缩梁使护帮板顶住煤壁。

9）将各操作手柄扳回"零"位。

（2）过断层、老巷、顶板破碎带及压力大时的移架操作顺序：

1）按照安全技术措施进行及时支护或超前支护，尽量使顶板缩短暴露时间、缩小暴露面积。

2）一般应采用"带压擦顶移架"即同时打开降柱及移架手柄，及时调整降柱手柄，使破碎矸石滑向采空区，移架达到规定步距后立即升柱。

3）过断层时，必须按作业规程规定严格控制采高，防止压死支架。

4）过下分层老巷或溜煤眼时，除超前支护外，必须确认下层老巷、溜煤眼已充实加固后方准移架。

5）其他同正常移架顺序。

（3）工作面端头过渡支架的移架顺序：

1）2人配合操作，1人负责前移支架，1人操作防滑、防倒千斤顶。

2）移架前将防倒、防滑千斤顶全部放松。

3）先移里面的一架，再移外面的一架，最后移中间的一架。

4）移中间一架时，应放松其底部防滑千斤顶，以防被顶坏。

5）其他操作同正常移架顺序。

5.1.14.5　正常操作

（1）清除架前障碍物，检查本架管线不被刮卡、上下相邻两组支架推移千斤顶处于推移状态时，即可移架。

（2）移架操作时要掌握八项操作要领，做到快、匀、够、正、直、稳、严、净，即：

1）各种操作要快。

2）移架速度要均匀。

3）移架步距要符合作业规程规定。

4）支架位置要正，不咬架。

5）各组支架要排成一直线。

6）支架、刮板输送机要平稳牢靠。

7）顶梁与顶板接触要严密不留空隙。

8）煤、矸、煤尘要清理干净。

（3）采煤机的前滚筒到达前应先收回护帮板。带有伸缩前探梁的支架，割煤后应立即伸出前探梁支护顶板。

（4）降柱幅度低于邻架侧护板时，升架前应先收邻架侧护板，待升后再伸出邻架侧护板。移架受阻达不到规定步距时，要将操作阀手柄置于断液位置，查出原因并处理后再继续操作。

（5）工作面遇断层、硬煤、硬夹石等需要爆破时，必须把支架的活柱、管线、通信设施等掩盖好，防止损坏。

（6）移完支架后，将各操作手柄都扳回"零"位。

5.1.14.6　收尾工作

（1）清理支架内的煤、矸及煤尘，整理好架内的管线，清点工具，放置好备品配件。

（2）向接班的液压支架工详细交代本班的支架情况、出现的故障、存在的问题。按规定填写设备运行记录。

5.1.15　综采维修电钳工操作规程

5.1.15.1　上岗条件

（1）必须经过专业技术培训，考试合格，持证上岗，能独立工作。学徒工不得独立进行操作。

（2）必须熟悉《煤矿安全规程》《煤矿机电设备完好标准》《煤矿机电设备检修质量标准》及电气防爆标准等有关内容和规定。

（3）必须熟悉电气设备的性能、结构和原理，具有熟练的维修保养以及故障处理的工作技能和基础知识。熟悉维修范围内的供电系统、电气设备分布及电缆与设备的运行状况。

（4）必须清楚采区巷道、工作地点的安全状况和瓦斯浓度，并熟悉出事故时的停电顺序和人员撤离路线。

（5）必须掌握现场电气事故处理和触电事故抢救的基本知识。

5.1.15.2　安全规定

（1）严格执行交接班制度和工种岗位责任制，坚守工作岗位，严格遵守停送电制度及有关规章制度。

（2）必须随身携带合格的验电笔和常用工具、材料、停电警示牌及便携式瓦斯监测仪，并保持电工工具绝缘合格。

（3）在检修、运输和移动电气设备前，要注意观察工作地点周围环境和顶板支护情况，保证人身和设备安全，严禁空顶作业。

（4）排除威胁人身安全的电气故障或按规定需要监护的工作时，不得少于两人。

（5）所有电气设备、电缆和电线，不论电压高低，在检修检查或搬移前，必须首先切断设备的电源，严禁带电作业、带电搬运和约时送电。

（6）只有在瓦斯浓度低于1%的风流中，方可按停电顺序停电，打开电气设备的门（或盖），经目视检查正常后，再用与电源电压相符的验电笔对各可能带电或漏电部分进行验电，确认无电后，方可进行对地放电操作。

（7）电气设备停电检修检查时，必须将开关闭锁，挂上"有人工作，禁止送电"的警示牌。无人值班的地方必须派专人看管好停电的开关，以防他人送电。环行供电和双路供电的设备必须切断所有相关电源，防止反供电。

（8）当要对低压电气设备中接近电源的部分进行操作检查时，应断开上一级开关，并对本台电气设备电源部分进行验电，确认无电后方可进行操作。

（9）在有瓦斯突出危险的巷道内打开设备盖检查时，必须切断设备前级电源后再进行检查。

（10）工作面开关的停送电，必须执行"谁停电、谁送电"的制度，不准他人送电，不准约时送电。

（11）一台总开关向多台设备和多地点供电时，停电检修完毕需要送电时，确认所供范围内无其他人员工作时，方准送电。

（12）检修、检查高压电气设备时，应按下列规定执行：

1）检查高压设备时，必须切断前一级电源开关。

2）停电后，必须用与所测试电压相符的高压测电笔进行测试，确认停电后，必须进行放电，放电时应注意：

① 放电前要进行瓦斯检查。

② 放电前，必须先将接地线一端接到接地网（极）上，接地必须良好。

③ 放电人员必须戴好绝缘手套、穿上绝缘鞋或站在绝缘台上进行放电。

④ 最后用接地棒或接地线放电。

⑤ 放电后，将检修高压设备的电源侧接上短路接地线，方准开始工作。

（13）检修中或检修完成后需要试车时，应保证设备上无人工作，先进行点动试车，确认安全正常后方可进行试车或投入正常运行。

（14）在使用普通型仪表进行测量时，应严格执行下列规定：

1）测试仪表应每年校验一次，使用时应在校验有效期内。

2）测试仪表由专人携带和保管，测量时，一人操作，一人监护。

3）测试地点瓦斯浓度必须在1%以下。

4）测试仪表的挡位应与被测电器相适应。

5）测试电子元件设备的绝缘电阻时，应拔下电子插件。

6）测试设备和电缆的绝缘电阻后，必须将导体放电。

5.1.15.3　操作准备

（1）准备检修、维护用的材料、配件、工具、测试仪表及工作中其他用品。

（2）停电检修前与工作面其他需要用电人员联系，并告知预计检修完成时间，以便于其他工作的展开。

（3）在工作地点交接班，了解前一班设备运行情况，设备故障的处理及遗留问题，设备检修、维护情况和停送电等方面的情况，安排本班检修、维修工作计划。

5.1.15.4　操作顺序

（1）检查工作地点的安全状况。

（2）需检修的电气设备按停送电规定进行停电操作。

（3）需打开隔爆盖检修的电气设备，先测瓦斯符合要求后再操作。

（4）按规定程序进行正常操作。

（5）工作完毕清理现场，做好收尾工作。

5.1.15.5　正常操作

（1）接班后对维护地区内电气设备的运行状况、缆线吊挂及各种保护装置和设施等进行巡检，并做好记录。

（2）巡检中发现漏电保护、报警装置和带式输送机的安全保护装置失灵、设备失爆或漏电、信号不响、电话不通、电缆损伤等问题时，要及时进行处理。对处理不了的问题，必须采取措施，并向有关领导汇报。防爆性能遭受破坏的电气设备，必须立即处理或更换。

（3）对使用中的防爆电气设备的防爆性能，每月至少检查一次，每天检查一次设备外部。检查防爆面时不得损伤或玷污防爆面，检修完毕后必须涂上防锈油，以防止防爆面锈蚀。

（4）维修电气设备需要打开机盖时，要有防护措施，防止煤矸掉入设备内部。拆卸的零件，要存放在干燥清洁的地方。

（5）电气设备拆开后，应记清所拆的零件和线头的号码，以免装配时混乱和因接线措施而发生事故。

（6）在检修开关时，不准任意改动原设备上的端子位序和标记，所更换的保护组件必须是经矿测试组测试过的。在检修有电气联锁的开关时，必须切断被联锁开关中的隔离开关，实行机械闭锁。装盖前必须检查防宝腔内有无遗留的线头、零部件、工具、材料等。

（7）开关停电时，要记清开关把手的方向，以防所控制设备倒转。

（8）采煤工作面电缆、照明信号线应按《煤矿安全规程》规定悬挂整齐。使用中的电缆不准有鸡爪子、羊尾巴、明接头。加强对电气设备和移动电缆的检查与维护，避免其受到挤压、撞击和炮崩，发现损伤后，应及时处理。

（9）各种电气保护装置必须定期检查维修，按《煤矿安全规程》及有关规定要求进行调整、整定，不准擅自甩掉不用。

（10）电气安全保护装置的维护与检修应遵守以下规定：

1）不准任意调整电气保护装置的整定值。

2）每班开始作业前，必须对低压检漏装置进行一次跳闸试验，严禁甩掉漏电保护或综合保护运行。

3）移动变电站低压检漏装置的试验按有关规定执行，补偿调节装置经一次整定后，不能任意改动。用于检测高压屏蔽电缆监视性能的急停按钮应每天试验一次。

（11）安装与拆卸设备时应注意下列事项：

1）电气设备的安装与电缆敷设应在顶板无淋水和底板无积水的地方，不应妨碍人员通行，距轨道和钢丝绳应有足够的距离，并符合规程规定。

2）直接向采煤机供电的电缆，应使用电缆夹。

3）橡套电缆之间的直接连接，必须采用冷压、冷补工艺。

4）用人力敷设电缆时，应将电缆顺直，在巷道拐弯处不能过紧，人员应在电缆外侧搬运。

5）工作面与巷道拐角处的电缆要吊挂牢固，工作面的电缆及开关的更换必须满足设计要求。

6）搬运电气设备时，要绑扎牢固，禁止越宽超高，要听从负责人指挥，防止伤人和损坏设备。

5.1.15.6 特殊操作

（1）井下供电系统发生故障后，必须查明原因，找出故障点，排除故障后方可送电。禁止强行送电或用强送电的方法查找故障。

（2）发生电器设备和电缆着火时，必须立即切断就近电源，使用电器灭火器材灭火，严禁用水灭火，并及时向调度室汇报。

（3）发生人触电事故时，必须立即切断电源或使触电者迅速脱离带电体，然后就地进行人工呼吸，同时向调度室汇报。在触电者未完全恢复、医生未到达之前不得中断抢救。

5.1.15.7 收尾工作

（1）清点工具、仪器、仪表、材料，填写检修纪录。

（2）现场交接班，将本班维修情况、事故处理情况、遗留的问题向接班人交接清楚。对本班未处理完的事故和停电的开关要重点交接，交接清除后方可离岗。

5.1.16　清煤工操作规程

5.1.16.1　上岗条件

清煤工必须掌握作业规程中与清煤有相关的各项规定以及支护工等相关工种的基本知识，必须经过专业技术培训，考试合格后，方可上岗。

5.1.16.2　安全规定

（1）清煤工必须在完好的支护下清煤。

（2）清煤过程中，若发现有冒顶预兆时，必须立即撤离危险区，并向班（组）长汇报。

（3）清煤时随时观察顶板、煤帮状况，煤壁伞檐超过规定或有片帮危险时必须按规定及时处理。

（4）人员进入机道内撅煤时，必须先停止采煤机和输送机，并进行闭锁。

5.1.16.3　正规操作

（1）清煤时，清煤工站在支架与工作面运输机挡煤板之间，面向采煤机前进方向（在采煤机后方），并与采煤机后滚筒的距离不小于25m。

（2）清煤时要握紧锹把，自上而下清煤。

（3）浮煤清理要符合作业规程要求，清到运输机内，且必须清见底板，严禁清到支架中间。

（4）清煤时应先装块煤，后装碎煤，不许将矸石等杂物清入刮板输送机内。

（5）清理完支架前的浮煤后，要清理干净支架推移油缸、底座及支架脚踏板上的浮煤。

5.1.16.4　收尾工作

收拾好工具，放到指定地点，按规定进行交接班。

5.1.17　端头及超前支护工操作规程

5.1.17.1　上岗条件

支护工应熟悉采煤工作面顶底板特征、作业规程规定的顶板控制方式、支护形式和支护参数，掌握单体液压支柱的特性和使用方法，必须经过专业技术培训，考试合格后，方可上岗。

5.1.17.2 安全规定

（1）进入工作地点后，先检查工作范围的支柱和顶板情况，改掉歪扭、失效等不合格支柱，卸载的单体要进行补液，确保工作范围内的支护安全可靠。

（2）支护工的升柱、挂梁、戗柱窝等所有操作，无特殊情况时，都要站在倾斜上方操作。

（3）所有单体的手柄、注液阀的方向位置要一致。

（4）在乳化液泵停开期间，严禁对承载支柱进行降柱操作。

（5）进行支护前，必须在完好支护保护下，用长柄工具进行敲帮问顶，清除悬矸危岩和松动的煤帮。

（6）随时观察巷道动态，发现大量支柱卸载或钻底严重、顶板来压显现强烈或出现台阶下沉现象等，必须立即发出警报，撤离所有人员。

（7）严禁使用失效和损坏的支柱、顶梁、柱帽、柱鞋。

（8）顶梁与顶板应平整接触。若顶板不平或局部冒顶时，必须用木料背实。

（9）不准将单体支柱架设在浮煤上，底板松软时，支柱必须穿鞋。

（10）必须根据支护高度的变化，选用相应高度的支柱。单体液压支柱支设最大高度应小于支柱设计最大高度 0.1m，最小高度应大于支柱设计最小高度 0.2m，选用其他支柱时，严禁超高支设。

（11）不准站在转载机上或站在正在运转的运输机上进行支护。

（12）调整顶梁、架设支柱时，其下方 5m 内不得有人。

（13）临时支柱的位置应不妨碍架设基本支柱，基本支柱架设好前，不准回撤临时支柱。

（14）支柱与其他工序平行作业的距离必须符合规定。

（15）不得用手镐或其他工具代替卸载手柄。

（16）在用单体液压支柱三用阀不得正对人行道。

（17）顶板破碎、煤壁片帮严重时，应掏梁窝挂梁，提前支护顶板。

5.1.17.3 操作准备

（1）备齐注液枪、卸载手柄、锹、镐、锤、锯等工具，并检查工具是否完好、牢固可靠。

（2）检查液压管路是否完好。

（3）检查工作地点的顶板、煤帮和支护是否符合质量要求，发现问题必须及时处理。

5.1.17.4　正常操作

架设戴帽点柱程序：

（1）量好排、柱间距，清理柱窝，竖立支柱，用注液枪清洗注液阀煤粉，1人扶柱，将手柄和注液阀调整到规定位置，将注液枪卡套卡紧注液阀，给支柱戴帽，开动液枪手柄均匀供液升柱，使柱爪卡住柱帽，并供液使支柱达到规定初撑力为止。

（2）升柱后要及时拴好防倒绳、防倒链。

（3）单体液压支柱架设工作结束后，必须对初撑力达不到规定要求的支柱进行二次注液。

（4）架设"一梁三柱"棚程序：

1）量好排、柱间距，清理柱窝，把单体支柱放在棚梁中间位置，用注液枪清洗注液阀煤粉，1人扶柱，将注液阀调整到规定位置，将注液枪卡套卡紧注液阀，2人协同抬起棚梁，将棚梁放至临时支柱上，放平、放稳。

2）给单体支柱注液，使棚梁接至顶板，棚梁两端用8号铁丝固定在顶板上。

3）将棚梁两端的单体支柱分别按规定打起，撤掉中间的临时支柱。

5.1.17.5　特殊操作

（1）架设木垛操作程序：确定垛位，清理垛位。顺走向码放底层，顺倾向码放第二层。顺走向、倾向交替码放到与顶板紧密接触为止，打好加紧楔。

（2）架设木垛必须符合下列规定：

1）架设木垛应选用相同规格的木料，其规格符合作业规程规定，木料之间必须采用平面接触，不准使用三棱木，腐烂、破损和变形的木料。

2）木垛一般应架设成长方形、方形或实心的，靠工作面一侧及其侧面的一面必须打齐。四角都必须打紧楔，加紧楔不得打在顶层。

3）木垛层面应和工作面倾斜面相一致，迎山角应与基本支架的迎山角相一致。上、下方向各层的接触点必须保持在一条直线上。

4）木垛应码放在机头1号支架的上方，必须先架设好木垛后再拉移支架。

5）在断层或裂缝处码木垛时，必须将木垛分别码于断层或裂缝的两边，不准在其正下方码一个木垛。

6）倾斜工作面的木垛下方必须架设好护柱，架设前应在垛位的上方设置挡卡。

7）密集支柱的规格、数量、排柱距必须符合作业规程规定。

8）抬棚的架设必须符合作业规程规定，并保证与基本支架接实。

9）戗柱的位置、数量和架设方式必须符合作业规程的要求。

5. 1. 17. 6 收尾工作

（1）将剩余的顶梁、背顶材料、失效和损坏的柱、梁等各种工具分别运送到指定地点。

（2）按规定进行交班。

5.1.18 回柱绞车司机操作规程

5. 1. 18. 1 上岗条件

（1）回柱绞车司机必须熟悉本工作面作业规程，必须经过专业技术培训，考试合格后取得操作资格证后，方可持证上岗。

（2）必须熟悉所使用绞车的结构、性能、原理、主要技术参数、完好标准和《煤矿安全规程》的相关规定，能进行一般性检查、维修、润滑保养及故障处理，按照本操作规程要求进行操作。

（3）必须掌握工作地点的巷道情况，如巷道长度、坡度、边坡地段、支护方式、轨道状况、安全设施状况、信号联系方法、牵引长度及规定牵引车数等。

5. 1. 18. 2 安全规定

（1）回柱绞车硐室（或安装地点）应挂有司机岗位责任制和回柱绞车管理牌板（标明：绞车型号、功率、配用绳径、牵引长度等）。

（2）必须严格执行"行人不行车，行车不行人"的规定。

（3）在操作过程中，一律听从信号指挥。听不清信号，不准开车，绞车附近及绳道内人员要及时躲开。

（4）有下列情况之一者，必须停车：

1）绞车移动时。

2）导向轮移动或看守导向轮人发出信号。

3）其他不安全情况或有人喊停车时。

4）绞车附近、绞车与导向轮间有人时。

5）钢丝绳钩头距绞车或导轮1.5m时。

（5）滑轮及滑轮柱要符合下列规定：

1）滑轮柱子小头直径不小于200mm。使用时大头向下，小头向上。

2）滑轮柱子顶端要有柱窝，深度不小于500mm，顶板破碎要加深柱窝，窝底加垫帽。底柱窝深不小于100mm，底板破碎或松软要穿铁鞋。

3）滑轮柱与底板成60°~75°。方向视两绳的合力方向而定。

4）滑轮必须拴在滑轮柱的下部，最高不得超过底板0.5m，上边缘必须与绞车滚筒成一直线。

5）滑轮底部应用半圆木或木板垫木，防止回柱时上下摆动。

6）拴滑轮的钢丝直径必须不小于18mm的新绳，否则不得使用。

7）滑轮的位置要保证钢丝绳的一端对绞车中心，另一端和回柱方向成直线。

8）滑轮的滑动销子、轮夹、轮轴必须齐全，滑轮沟槽直径最小要大于钢丝绳直径的1/4。

9）在滑轮靠工作面一侧，应加打一对支柱，防止断绳伤人及拉倒工作面支柱。

（6）工作时，必须集中精力，按信号操作。开车时不得远离绞车，必须站在护身柱后方。

5.1.18.3　操作准备

（1）备齐小锤、长柄工具等工具及油壶、螺丝等备品配件。

（2）检查绞车附近的顶帮、巷道位置是否支护完整牢固、安全，有无杂物堆积影响操作。

（3）检查绞车安装是否牢固，压柱、戗柱是否符合作业规程；钢丝绳在滚筒上固定是否牢固，排绳是否整齐，一个捻距内断丝面积是否超过原钢丝绳总断面面积的10%。

（4）检查电气设备是否摆设稳固适宜、操作方便。

（5）检查绞车设备各部件、螺栓、垫圈、护罩是否齐全牢固，常用闸是否灵活，减速箱和轴承的油质是否合格，油量是否充足。

5.1.18.4　正常操作

（1）先进行2~3次的正反车试转，并与信号工用信号联系，试验其准备性。

（2）集中精力，听取信号，按信号进行开车、停车、倒车等操作。

（3）电动机、轴承温度达60℃时，要停车找出原因，等温度下降后方准开车。

（4）看滑轮工应在滑轮柱上方0.5m以外工作。松主绳时，在滑轮下方钢丝绳外侧密切配合向下给绳，以防咬绳。

（5）看滑轮工必须用哨子或矿灯与回柱绞车司机联络，发现滑轮卡绳、柱子松动、咬绳、销子松动等情况时，必须立即吹哨停车。

（6）不论开车或停车，看滑轮工都必须集中精力，目视工作范围动态，严禁打盹或离开岗位。运行时，滑轮内侧不准人员停留或通过。

（7）信号工必须听从操作人员指挥，精力集中，密切注意钢丝绳运行方向，当发现钢丝绳运行方向有误时，应立即发出停车信号，并重新发出正确的信号。发信号要迅速、准确。

（8）信号工始终要和操作人员位置保持5~8m距离，随工作位置推进而改变工作位置。

（9）工作结束后，把钢丝绳全部缠在滚筒上，把开关把手打在断电位置，锁紧闭锁螺栓，切断电源。

5.1.18.5 特殊操作

（1）移回柱绞车前，要选择顶板及支架完好、无淋水、空间宽敞、有利于安设的地点，安设好牢固的压、饺柱，并清理好绞车移动的通道。

（2）移回柱绞车时应至少2人操作。拴好牵引绳，人员撤到安全地点后，发出开车信号。移动时要慢速牵引，严密注视牵引柱的牢固性和被移绞车是否碰撞、挤压巷道支架、电缆或其他设备，绞车开关电缆是否拉紧，发现问题立即停车，处理好后再移动。

（3）绞车移到位后，将开关打到零位，再打好压柱和饺柱。四根压柱要与顶、底板垂直。两根饺柱打在绞车前面两侧，与底板呈60°~75°。各柱下头均需打在绞车底盘下，上头支在顶板柱窝内，当顶板破碎或为复合顶时，应加柱帽，底板松软要下底梁。

（4）安装绞车要保证其平、正、牢。经试车，确认绞车稳固无问题后，方可使用。

5.1.18.6 收尾工作

收拾好工具，向接班人、班（组）长汇报运转情况、出现的故障、存在的问题等。按规定现场交接班。

5.1.19 洒水防尘工操作规程

5.1.19.1 上岗条件

（1）洒水防尘工必须经过专业技术培训，考试合格后，方可上岗。

（2）洒水防尘工需要掌握以下知识：

1）熟悉入井人员的有关安全规定。

2）熟悉防尘管路、设施的工作原理。

3）掌握《煤矿安全规程》对防尘管路、设施以及防尘的有关规定。

4）了解防尘管路、设施的安装要求。

5）了解有关煤尘爆炸的知识。

5.1.19.2 安全规定

（1）要保证防尘管路、设施齐全、灵敏可靠。

（2）确保防尘水源充足，水质符合要求。

（3）洒水防尘工要按作业规程规定使用防尘管路、设施进行防尘工作，不得自行决定不洒水灭尘。

（4）操作时，要注意胶带输送机和附近的顶板情况，不得冒险操作。

5.1.19.3　操作准备

（1）洒水防尘工应严格按措施要求进行施工。

（2）下井前应准备好所有工具和器材。

5.1.19.4　操作顺序

本工种操作应遵照下列顺序进行：检查（静压水管→装置）→洒水防尘。

5.1.19.5　正常操作

（1）装管路时，应按照管路工操作规程进行操作。

（2）对井下各净化水幕、喷雾装置进行检查。

（3）对巷道的积尘情况进行检查，如果需要清理，要采取措施进行清理。

（4）对各作业地点的防尘设施（水幕、喷雾等）以及使用情况进行检查，发现问题及时处理。

（5）采掘工作面的洒水防尘工作应指定专人从事或由采掘工兼任。

（6）冲刷巷道积尘操作如下：

1）冲刷巷道的人员，要穿雨衣、靴，戴口罩、绝缘手套等进行工作。

2）冲刷运输巷道时，应事先与运输调度联系，并在冲刷地点里外分别设岗，观察行人和车辆，当人员或车辆通过时，停止冲刷。

3）冲刷工作要顺着风流进行。

（7）按照规定时间对巷道进行冲刷。

5.1.19.6　收尾工作

收拾好工具，放好防尘管路及连接头、U 形卡等。

5.1.20　验收员操作规程

5.1.20.1　班前准备

（1）按规定佩戴好劳动保护用品。

（2）携带好随身作业工具，保证行动安全方便。

（3）领取矿灯和自救器时，要检查是否完好，性能可靠。

（4）携带便携式瓦检仪的人员，要携带完好、准确的便携式瓦检仪上岗。

（5）必须携带安全工作资格证，无证不准上岗。

（6）高空作业人员应检查、携带合格的保险带和安全帽。

5.1.20.2 接班

（1）从工作面胶带运输巷进入到工作面接班。

（2）查看询问交接班验收员上班的验收结果，并询问工作过程中质量和安全问题的处理情况。

（3）查看上班的验收记录表，做到心中有数。

（4）根据询问和查看的记录情况，和交接班验收员一道对验收项目进行现场检查验收。

（5）查明遗留问题，并详细记录在交接班验收表上。

（6）对查明的遗留问题，确定责任者，并由交接班验收员共同根据规定提出处理意见。

（7）交接双方在交接表上签字后，把存在的问题通知给有关人员，采取措施进行处理。

（8）接班验收员打电话向队里汇报交接情况。

（9）履行交接手续。

5.1.20.3 作业

（1）检查一下自带的验收工具、仪器的完好状况，若有问题必须调整和更换。

（2）督促和监护有关工种的作业人员首先处理好上班的遗留问题，具备开工开机条件时，协同班组长、安全员发出生产命令。

（3）生产班作业的验收：

1）在两巷中利用卷尺标出每个循环的起始位置，并根据标记验收推进度。

2）对工作面的支护情况和顶板管理，按照质量标准化标准进行动态和静态验收，并对操作者进行作业跟踪和监督。

3）用卷尺验收安全出口的高度和宽度是否符合要求。

4）验收工作面两端头的支护情况：端头至外帮的支护符合规程要求。上下顺槽至煤壁线20m范围内支架完整无缺，背帮接顶可靠，并进行超前加强支护。

5）验收煤壁机道的平直是否符合要求。

6）验收两巷与工作面文明生产（巷道净高不小于1.8m，支护合格，巷道中无积水、杂物，材料、设备堆放整齐、并有标志牌，行人侧宽度不小于0.7m，工作面浮煤及时清理，喷雾系统使用正常，支架上无积尘）。

7）在工作面均匀选5点，再在各点间任意选5点，共选10点，用卷尺量采高（不超过规定值±100mm），记录并计算合格率。

8）对工作面的机电设备运行状况进行全面动态验收和监督（乳化液泵站和液压系统完好，泵压和浓度符合要求；电缆悬挂、管路铺设符合规定；工作面运输机头与顺槽运输机搭接合理，底链不拉回头煤；机电设备运转正常）。

9）检查和验收工作面运输机机头、机尾压柱，小绞车的压、戗柱或地锚完好状况及行人过桥设置完好情况。

（4）检修作业的检查验收：除对工作面的工程质量进行详细复查验收外，对各工种的检修作业，严格按其岗位作业责任制，设备检修操作规程考核。

（5）对检查出有关工程质量和安全生产方面问题，及时责令作业人员重新返工或纠正，下班时处理不了的问题要记录清楚。

（6）出现非人为的意外事故，必须先通知班组长和安全员，并向队里汇报后，再进行处理。

5.1.20.4　交班

（1）交班前对工程质量和机电设备的运转情况进行一次全面自查并做详细记录。

（2）自查后本班内能够处理的问题，立即责令作业人员处理，做好交接班前的准备工作。

（3）根据自查和处理情况，当接班验收员到达交接班地点后，详细做出交代。

（4）同接班验收员一道对工作面的工程质量和遗留问题进行一次复查，确定存在的问题，并根据矿、队的管理制度，提出责任处理意见。

（5）把本班生产验收情况向队值班人员汇报后，同接班人员按规定履行交接班手续，准备下班上井。

（6）上井后，口头向值班队干汇报本班工作面存在问题和交接班情况，并提出合理化建议。

5.1.21　水泵工操作规程

5.1.21.1　上岗条件

司机必须经培训、考试合格后持证上岗，熟悉排水设备和控制电气设备的构造、性能、工作原理，做到会使用、会保养、会排除一般性故障。

5.1.21.2　安全规定

（1）上班前禁止喝酒，接班后不得做与本职工作无关事宜，遵守《煤矿安全规程》有关规定。

（2）严格遵守以下安全守则和操作纪律：

1）不得随意变更保护装置的整定值；

2）操作高压时一人操作一人监护，戴绝缘手套，穿绝缘靴，站在绝缘台上，电器电机接地良好。

（3）有下列情况，水泵不得投入运行：

1）电动机故障没排除，控制设备、电压表电流表、压力表失灵；

2）水泵或管路漏水；

3）电压降太大，电压不正常；

4）水泵不能正常运行、管路不能正常工作。

（4）在发生或处理事故期间，司机不得离开泵房。

5.1.21.3　操作准备

（1）水泵启动前应对下列部位进行检查：

1）设备各部件螺栓紧固、无松动、阀门灵活可靠；

2）联轴器间隙符合规定，防护罩应可靠；

3）轴承润滑油油质合格，油量适当；

4）接地系统正常；

5）各仪表指示正常，电源电压符合要求。

（2）盘车2~3转，泵转动灵活，无卡阻现象。

（3）对检查发现的问题必须及时处理，设备不得带病工作。

5.1.21.4　操作顺序

启动：向泵充水→充满水后启动电机→电机达到正常转速后，打开排水阀门→完成启动→正常排水。

停机：关闭水泵出水口阀门→断电停机。

5.1.21.5　正常操作

（1）泵体充水必须将泵或水龙头灌满水，泵内无水或有积存空气不得启动。

（2）启动水泵电动机。

（3）水泵司机班中应进行巡回检查：

1）检查时间每小时一次；

2）检查内容：水泵有无异常声音，振动、出水是否正常，电机温度、水泵温度、水泵密封的松紧程度，不进气，滴水不成线；

3）随时观察后段平衡管内水的流动，绝对禁止堵塞。

（4）司机日常维护内容：

1）轴承润滑、油质油量要符合规定；

2）更换盘根，调整好松紧程度，保持均匀漏水每分钟 10～12 滴；

3）定期清刷水龙头罩，清除吸水井杂物。

5.1.21.6 特殊操作

（1）出现下列情况之一应紧急停机：

1）泵震动或故障性异响；

2）水泵不吸水、漏水或闸阀、法兰滋水；

3）启动时间过长，电流不返回；

4）电机冒烟、冒火、电影断电；

5）电压降严重超标，水泵电机变声、电流值明显超限；

6）其他紧急事故。

（2）紧急停机程序：

1）在时间允许时，先关出水阀门，否则停机后应立即关闭出水阀门；

2）拉开负荷开关，停止电机运行；

3）若电源断电停机时，拉开电源刀闸；

4）做好记录。

5.1.21.7 收尾工作

检查设备，清理和擦净水泵上的油水和污物，保持设备清洁完好，清扫泵房卫生，认真做好记录，做好交接班工作。

5.1.22 信号工操作规程

5.1.22.1 一般要求

（1）信号工必须经过培训，考试合格后持证上岗作业。

（2）信号工必须熟练掌握信号装置的结构、原理和操作方法，做到"会使用、会维护、会保养、会处理一般性故障"。

（3）信号工必须熟知巷道的长度、坡度、边坡地段、中间水平车场、轨道状况、安全设施配置、信号联系方式、规定牵引车数等基本情况。

（4）信号工必须严格执行"行车不行人、行人不行车"的规定。

（5）信号工必须严格遵守信号规定。信号规定：1）一点停车；2）两点拉车；3）三点放车；4）四点慢拉；5）五点慢放。

5.1.22.2 作业前检查

上岗后，必须对运输线路及信号系统全面检查一遍，发现隐患要立即进行处理，现场无法处理的要立即汇报。隐患不处理，不准发开车信号。

（1）检查信号系统是否齐全，声光兼备，声音清晰，准确可靠。

（2）配合把钩工检查：

1）钢丝绳。要求无弯折、无硬伤、无打结、无严重锈蚀，断丝不超限，保险绳与主绳连结牢固，无损伤；

2）阻车器、挡车杠、跑车防护装置等安全设施是否灵活可靠；

3）轨道、道岔质量是否完好。

（3）检查运输线路上是否有障碍物，轨道两侧是否有足够的安全行车空间。

（4）检查运输线路内顶帮支护是否完好，有无完全隐患。

（5）检查、确认运输线路内有无行人或作业人员，严格执行"行车不行人，行人不行车"的规定。

5.1.22.3 正常操作

下放车辆：

（1）把钩工挂钩后，信号工必须认真检查确认车辆连接状况。

（2）认真检查核对所挂车辆的质量和数量是否符合规定。

（3）认真检查待运车辆捆绑是否牢固，重心是否稳定，有无超高、超宽、超长车辆。

（4）检查确认运输线路内无行人或作业人员。

（5）确认无误、接到把钩工发出行车指令后，发信号给下车场信号工，待回复可以行车后，发出缓慢开车信号。

（6）监视阻车器、挡车杠开启状态和车辆运行状况，目送车辆通过阻车器、挡车杠。

（7）发送正常行车信号，正常行车。

（8）下平台信号工密切关注轨道上的车辆运行情况，当车辆距离下车场挡车杠20m时，向绞车司机发出减速信号。

（9）监视车辆通过挡车杠和道岔，车辆到达底车场后，及时发出停车信号。

5.1.22.4 安全注意事项

（1）信号工必须站在躲避硐室内操作信号，严禁站在巷道内或危险地点操作信号。

（2）严禁他人代替发送信号。

（3）严禁用矿车运送人员，严禁扒、蹬、跳车。

（4）车辆运行时，应严密注视车辆运行状况，发现异常，及时发送停车信号。

（5）严禁用空钩头拖拉钢轨等物料，拉空钩时必须有专人牵引，并通知绞车司机低速运行。

（6）运送超长、超宽、超高、超重以及特殊物料的车辆时，必须有经批准的安全措施，并严格按照措施要求操作。

5.2 综掘作业主要工种和岗位的作业标准

综掘机主要用于破碎煤样体，主要是用于煤巷和部分软岩巷道的掘进作业，弄清楚综掘作业的流程对于煤矿的安全生产十分重要，尤其是对于综掘作业各工种的标准化管理和施工都意义重大。

综掘作业流程为：

交接班→安全检查和安全确认→检查中腰线→画巷道轮廓线→割上部煤、出煤→敲帮问顶，临时支护→锚网支护顶板和两帮上部→割下部煤、出煤→支护下部帮→清理工作面→延长皮带→下一个循环。综掘作业的作业流程图如图 5-4 所示。

5.2.1 巷道维修工操作规程

（1）维修工必须根据编制的维修各种支护形式的安全技术措施进行施工，维修前认真学习规定的质量标准和技术要求。

（2）认真检查维修地段的支架、顶板情况，发现不安全因素及时进行处理，拆除损坏支架后，先找掉顶、帮浮矸活面，并作好其他安全事项。

（3）损坏支架拆除后，若顶帮暴露面积过大时，要采取临时护帮护顶措施，严禁空顶作业。

（4）注意观察顶帮压力情况，发现顶帮来压时，应立即妥善处理，方可继续工作。

（5）所有维修巷道工作，必须由外向里进行。

（6）拆梁换柱时，应先在坏棚旁进行加棚，或先打新柱，再取掉歪扭柱。修过的棚子必须背实背牢，符合质量要求。

（7）修棚时所打的柱必须打在硬底上，不

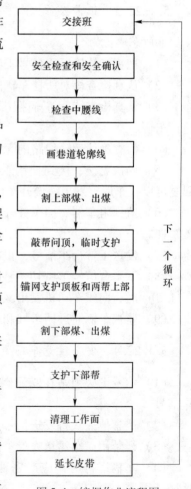

图 5-4　综掘作业流程图

准支在浮煤浮矸上。

（8）拆棚修棚时，必须将附近的电器设备保护好。

（9）凡修理困难大的地点，绞车地点或个别有险情位置要指定有经验的老工人担任。并由班长或组长具体交代处理方法或者亲自指挥。

（10）压力较大的巷道维修前，应将临近的支架打顶柱或托棚进行加固。维修时，只准一架一架地进行，在第一架未修好前不得拆第二架。

（11）维修过程中，若遇冒顶时，必须等一定的时间，待顶板稳定下来后，再采取措施进行处理。处理冒顶前，要认真找掉顶帮的浮矸活石，并备齐刹顶时所用的材料。处理冒顶时，首先要选好退路，要分工明确，班长或组长统一指挥，要有经验的老工人观山。绞架要接顶、连锁，楔子要打紧背牢背实。

（12）修复旧井巷时，必须先进行瓦斯检查，排放瓦斯，恢复通风，当有害气体不超限时，才准进行维修工作。

（13）在行驶机动车辆和其他运输平巷中维修时，要设专人负责观察车辆的来往情况，以便通知人员及时撤离。在倾斜巷道中维修时，必须定好时间停止行车。

（14）维修结束后，必须清理巷道内所有浮碴、杂物。

（15）一切行人通过维修地点时，必须先与维修人员打招呼，取得同意后，方可通过。

5.2.2 巷修机电维修工操作规程

（1）检修人员必须了解熟悉所修设备的结构性能及安全装置所起的作用。

（2）拆装设备要选用合适的拆装工具和用品，以免损坏设备。

（3）拆装设备要按拆装工艺的先后次序进行，正确拆装设备。

（4）对拆下的部件要分类进行摆放，对零件较多的设备要进行编号，不得装错或少装，对拆下的部件不得碰伤损坏或丢失。

（5）设备装配前，对相配合的部件要进行测量，根据不同的间隙选用不同的装配方法，不准不测量盲目进行装配。

（6）对于拆下的部件，轴承等要进行清洗，机壳内的杂物要清理干净，对于转动的部件装配时要进行注油。

（7）检修设备要按检修标准进行检修组装，保证检修质量。

（8）拆装吊运设备要观察周围环境，多人作业要有专人指挥，避免发生人身机械事故。

（9）不准在悬吊物件下作业。

（10）检修设备前，首先要把场地打扫干净，检修完后，对场地要进行清理打扫，保持环境卫生，做到文明生产。

（11）高空作业时要带好可靠的安全带，传递东西要用绳提，不可抛扔。

（12）起重机等高空设备检修时，检修地点下方应设置棚栏和警标，禁止人员通过或滞留。

（13）检修设备要做好记录，责任到人。

（14）试车前，对设备要进行全面的检查，先盘车后送电，并且要有专人指挥。

（15）试车前，人员要避开设备的旋转方向，要做到先晃车后运转。

5.2.3　巷修电工操作规程

（1）凡电工使用的工具、仪表、仪器设备等要有专人保管，使用前必须详细检查，有故障的不得使用。

（2）各种设备检修时，必须做好详细记录，检修后要进行试验，合格后方可使用。

（3）拆线圈去绝缘时要戴手套，刮焊锡时，要戴防目镜和袜罩。

（4）检查变压器等大件需多人操作时，要有专人负责，协调配合，工作时人员要精力高度集中。

（5）高压电气设备切断电源时，要穿绝缘鞋，不可随便触动。

（6）停电检修时，要先验电、后放电，要挂停电牌，并设专人看管、加栅栏，严格送电制度，专人停送电，严禁喊话、电话、多人联系。

（7）高空作业要佩戴安全带。

（8）防爆设备要符合工艺规程，防爆面要进行磷化处理。

（9）严禁带电作业。

（10）常用电气设备除安全电源外，都必须外装接地极。

5.2.4　攉碴、装车工操作规程

（1）装车前应首先敲帮问顶，邻近支架及帮顶维护安全可靠。

（2）注意瞎炮及崩出的火药雷管，一旦发现，首先拣出，交放炮员退回火药库。

（3）大块煤矸石禁止装车；装车时应先将车底装入碎碴后再装煤、矸块，以防砸坏车底。

（4）两人同时装车时，锹要错开（一上一下），避免两锹相碰。车前车后不准同时进行工作；眼盯锹走，不准背向矿车装车。

（5）装车时，禁止任何人手扶车沿。

（6）用手搬大块煤岩块时，应先检查有无裂缝，以防砸脚。大块超出车沿不得超过100mm。

（7）装车时，先通知邻近人员躲开，其他人在装车地方通过时，应取得装车人员同意，停止装车后方可通行。

（8）在有坡度的巷道内装车时，司机不准离开闸把，车轮下打好"掩"后再装车，不得在车的下方装车。

（9）摘挂链子时，禁止将头伸入两车中间，车未停稳，车轮下未打好"掩"前不准摘挂。

（10）装车前，先把锹握紧，空装一次，看锹头运转弧线距棚梁位置和两帮有无障碍，待一切正常时方准装车。

（11）巷道较窄、较低时，不可使用长把锹，攉碴前先检查能否刮平；底板松软时，不准攉到柱窝以下。

（12）使用溜槽，井巷坡度在30°以上时，必须分段打闸或设挡板，溜口上方必须设护身闸板，以防物料飞出伤人。25°以上时，溜槽必须用绳或铁丝拴在柱脚上，以防溜子下滑，巷道存放溜槽时，必须斜放，下端支在支柱上，用绳拴在棚腿上。不准蹬溜子或骑在溜子槽上攉碴。攉碴、通碴必须有护身板。手不准握锹拐把。坡度大于20°时，适当留碴，防止碰坏溜杆（煤）嘴。

（13）放炮前先铺铁板将溜槽盖好，然后放炮。

（14）攉碴、装碴前，先在碴堆上洒水并用水冲刷巷道两帮，以防煤（岩）尘飞扬。

（15）装车前先检查并取出车内的物料，煤矸车内不得装入物料。

（16）在使用耙斗机跟皮带运输的工作面，攉碴时耙斗机必须停止运转。

5.2.5　推车工操作规程

（1）推车工必须熟悉工作范围内的巷道关系，车场、轨道、道岔、坡度情况及巷道支护状况。

（2）一人只准推一个车，不准推串车或一人一手推车一手拉车。同向推车时的间距，在轨道坡度小于或等于5‰时不得小于10m，坡度大于5‰时不得小于30m，坡度大于7‰时，严禁人力推车。前车停时要发出信号通知后车。

（3）严禁蹬车、放飞车。

（4）推车时人要站在车的后面，不得扶车沿和车帮推车，防止挤伤。

（5）在坡度大处停车时，要用木楔掩住，卡牢。

（6）推车时要头戴矿灯，抬头注视前方，不要低头推车。遇下列情况要大声喊"车来了"并控制车速：

1）开始推车与停车时；

2）接近道岔或巷道口时；

3）接近弯道或巷道狭窄处时；

4）前面有人或障碍物时；

5）接近风门或车速过大时。

（7）过道岔时，要停车，先扳道岔，矿车经过时速度放慢，车通过要将道岔扳回原位。

（8）车掉道后恢复上道的操作：

1）先将矿车刹住，先抬一头后抬另一头；

2）要用小铁道，撬棍进行复位，严禁一人操作；

3）抬扛矿车时，人员只准站在矿车的前后和外侧宽处，不要站在里侧狭窄处；

4）多人操作时要互相呼应，动作一致，注意安全。

（9）收工时要将重车分别稳妥停在空重车道上，不准把矿车停留在中途巷道中，同时把沿途溅洒、漏下的浮煤清扫到矿车内，不准将煤矸扫入水沟。

（10）进行交接班或向班长汇报。

5.2.6　打眼工操作规程

5.2.6.1　一般规定

（1）上岗前必须经过专门培训并考试合格，取得本工种岗位操作资格证书。

（2）认真学习"作业规程"的有关内容，掌握巷道支护参数、质量标准、施工工艺及爆破要求等。具备自保、互保的意识和能力。

（3）掌握所用设备、材料的有关结构、性能等，会处理钻具的一般故障和进行日常保养。

（4）交接班及班中要认真检查工作范围内的安全情况，发现问题及时处理。

5.2.6.2　准备工作

（1）作业环境安全检查：

1）由外向里依次（逐棚、逐排）检查巷道的永久支护、临时支护及安全设施，发现安全隐患及时进行处理。

2）严格执行敲帮问顶制度，敲净顶帮的活矸、危岩。敲顶时要用长柄工具，人员要站在安全地点，并有专人监护，同时观察好退路，保证退路畅通无阻。

3）检查有害气体浓度是否符合规定，发现问题立即处理。

（2）工具、设备及材料检查：

1）根据工序要求认真检查各种工具、材料，保证质量可靠，数量满足要求。量具要校核准确，设备性能可靠，运转正常。

2）认真检查各种风水管路连接是否牢固，风水压是否合适。

3）校正中、腰线，按"作业规程"中巷道断面图和爆破图表的要求画出巷道轮廓线，确定眼位，并做出标记。

5.2.6.3　施工操作

A　气腿式凿岩机

（1）检查：凿岩机各部分及风水管路连接是否可靠，钻杆和钻头的质量及连接是否牢固。

（2）试运转：凿岩工将凿岩机扶稳，点眼工将钻杆安装到凿岩机上，并扣好卡钎器，然后试运转。试机时先开水，后开风，观察风钻、钻杆运转是否正常，注水孔是否畅通。

（3）点眼：凿岩工扶稳凿岩机，点眼工在一侧托住钻杆，两人配合使凿岩机对好眼位，然后凿岩工小开风阀门，轻顶凿岩机，待钻进 10～20mm 并使钻杆不再移位后，点眼工立即躲开，以防断杆伤人。点眼前应在眼位上用风镐刨出眼窝。

（4）打眼：凿岩工调整好凿岩机的角度，待钻杆慢慢钻进 20～30mm 后，进行全风压钻进，给水要均匀适当。操作凿岩机时要站在钻机的一侧，手扶钻机两腿前后错开，不准骑在气腿上，以防断杆伤人。打眼时人员不准站在钻机前方。

（5）打眼时，凿岩机、钻杆与钻眼的方向要一致，推力要均匀，以防断杆、夹杆或掉钻头。当钻进速度减慢，如因水平推力过小，应停止钻进，调整钻腿位置，加大水平推力再继续钻进。

（6）钻眼过程中，如突然停风时应将钻杆拔出，以免因无风支腿下落，凿岩机将钻杆压弯变形。如突然停水，应停止钻进，查明原因进行处理，待正常供水后再进行钻进。

（7）打眼时允许 1～2 人操作一台凿岩机，不准在无人操作的情况下打眼。

（8）使用多台风钻同时作业时，要划分好区域，定钻、定人、定钻眼顺序，不准重叠作业。

（9）当眼位过高时，必须搭设工作平台，不准将气腿蹬在支架上打眼。

（10）钻眼应与岩石的层理、节理方向成一定夹角，尽量避开沿岩石层（节）理方向打眼。

（11）下山施工钻眼时，应将迎头底部至少一茬炮距离的积矸清到实底，防止炮眼打在老眼上。每打完一个炮眼钻杆拔出后，应及时插上木楔，防止岩粉将炮眼堵住。

（12）任何情况下严禁边钻眼边装药。

（13）钻完一个眼或换钻杆时要先关风，后关水。

（14）钻眼后必须用吹眼器将岩粉吹净，吹眼时操作人员应位于炮眼一侧，面部背向眼孔，其他人员要离开迎头，以防吹出的杂物喷出伤人。

（15）钻眼过程中，应定时向注油器注油，保证风钻润滑良好。

（16）防止断杆伤人的方法：

1）熟练操作，精力要集中，保持钻架稳定使钻杆平直前进。钻杆不得左右摇摆，钻架起落要稳。

2）在岩石坚硬、裂隙发育时，应采用"十字型"钻头，防止钻头被夹，造成断杆。

3）不得使用含碳量高的钻杆。

（17）拔钻杆的方法：

1）先将气腿下端稍向后移，然后用双手拉住风钻手把向后退，这时风钻不停，借助钻杆旋转力将钻杆拔出。

2）用以上方法拔不出来时，可以将气腿向前移到钻杆下面，利用气腿相反方向的顶力把钻杆拔出。

3）用以上两种方法仍拔不出来时，可将钻杆从风钻上拆下，用双手或专用工具来回推拉转动钻杆，把钻杆拔出来。

B 风动锚杆钻机

（1）使用前的准备：

1）使用前，操作者必须仔细阅读使用说明书，了解设备的性能、特点，熟练掌握使用方法。

2）使用前向注油器注满润滑油，使用过程中必须定时定量进行添加，保证注油器中有润滑油。

3）检查并安装水、气接口处的过滤网，无过滤网不得开机。

4）接气管前，应打开气源气阀，放掉压气中的积水。

5）连接好钻机的气水管路，插好插销，以防使用中脱落。

6）开机前，检查水、气控制开关，并使之处于关闭位置。

7）检查气源和水源，保证气压和水压达到规定的数值。

8）检查钻杆是否平直，钻杆内孔是否畅通，钻头必须锋利。

9）戴上保护器。

10）保证钻孔位置地面无障碍，底板比较平坦。

（2）钻机空载试验：

1）接通气源，将气腿控制阀打开，支腿慢慢上升，各级支腿全部伸出。然后关掉气阀，各级支腿在自重作用下缩回，这样使支腿升起和降下3次。

2）按下气马达控制阀检查马达的旋转情况。同时打开气腿和马达控制阀，使支腿的上升与马达旋转同步进行。

3）将水控制阀打开，观察钻杆连接套处是否有水流出。

（3）钻孔：确定空载试验正常后，安装好钻杆即开始钻孔。

1）将气腿控制阀打开，使支腿慢慢升起，钻头抵达顶板眼位。将水控制阀打开，给钻杆供水，然后缓慢压下马达控制阀，使马达慢速旋转。控制转速和推进速度进行开眼，当钻头钻进岩石约 20mm，调整转速和推进速度，以正常的钻孔速度进行钻孔。

2）将支腿控制阀和水控制阀分别打开，阀门的开启应从小逐渐加大。钻孔过程中，操作者可根据需要将风、水控制阀以及马达控制阀及时调节至合适位置。一般情况下，在软岩条件下，需最大转速、较小的推力；在硬岩条件下，钻机需较小转速、较大的推力；在泥岩中钻孔时，尤其要注意水压和水量。若孔中出水少，则应停止马达，冲洗后再进行钻进；若钻孔阻力过大，将要卡钻时，应左右晃动把手避免卡钻。

3）钻孔结束后，使马达缓慢转动，关闭支腿气阀。支腿开始排气并回落，钻杆随机落下，待支腿完全收缩后关闭马达控制阀，再关闭水阀。

4）如第一根钻杆钻孔深度达不到要求时，则从钻杆连接套中拔出短钻杆，将长钻杆插入钻好的孔中，再将钻杆尾部插入钻机的钻杆连接套中。按上述程序继续钻进，直到孔深达到要求。钻进结束后停机拔出钻杆。

（4）注意事项：

1）水、气管接头连接牢固，严防断开伤人。

2）使用过程中必须定时定量添加润滑油。

3）钻孔过程中，必须根据岩石状况及时调整钻机的旋转速度和支腿推力，使之相互匹配，以获得最佳钻进效果。

4）操作钻机时，操作者要站稳，以保证钻机平衡。

5）钻机突然停钻时，操作臂将向右摆动，操作者应注意自己的位置，操作臂右侧不准有人，以确保安全。

6）操作者不要穿宽松的衣服，钻眼时严禁用手或使其他物品触及钻杆。

7）钻眼过程中，要注意观察巷道的顶、帮状况，确保作业安全。

8）支腿收缩时，操作者不可将手放在支腿上，以免划伤。

9）钻机平放时人员不得正对气腿方向。

10）钻眼结束后，应关掉水源、气源，并检查钻机有无损伤和松动的螺丝，并加注润滑油。

5.2.7　验收员操作规程

5.2.7.1　班前准备

（1）按规定佩戴好劳动保护用品。

（2）携带好随身作业工具，保证行动安全方便。

（3）领取矿灯和自救器时，要检查是否完好，性能可靠。

（4）携带便携式瓦检仪的人员，要携带完好、准确的便携式瓦检仪上岗。

（5）必须携带安全工作资格证，无证不准上岗。

（6）高空作业人员，应检查、携带合格的保险带和安全帽。

5.2.7.2　接班

（1）从工作面胶带运输巷进入到工作面接班。

（2）查看询问交接班验收员上班的验收结果，并询问工作过程中质量和安全问题的处理情况。

（3）查看上班的验收记录表，做到心中有数。

（4）根据询问和查看的记录情况，和交接班验收员一道对验收项目进行现场检查验收。

（5）查明遗留问题，并详细记录在交接班验收表上。

（6）对查明的遗留问题，确定责任者，并由交接班验收员共同根据规定提出处理意见。

（7）交接双方在交接表上签字后，把存在的问题通知给有关人员，采取措施进行处理。

（8）接班验收员打电话向队里汇报交接情况。

（9）履行交接手续。

5.2.7.3　作业

（1）检查一下自带的验收工具、仪器的完好状况，若有问题必须调整和更换。

（2）督促和监护有关工种的作业人员首先处理好上班的遗留问题，具备开工开机条件时，协同班组长、安全员发出生产命令。

（3）生产班作业的验收。

（4）在两巷中利用卷尺标出每个循环的起始位置，并根据标记验收推进度。

（5）对工作面的支护情况和顶板管理，按照质量标准化标准进行动态和静态验收，并对操作者进行作业跟踪和监督。

（6）用卷尺验收安全出口的高度和宽度是否符合要求。

（7）验收工作面两端头的支护情况：端头至外帮的支护符合规程要求。上下顺槽至煤壁线20m范围内支架完整无缺，背帮接顶可靠，并进行超前加强支护。

（8）验收煤壁机道的平直是否符合要求。

（9）验收两巷与工作面文明生产（巷道净高不小于1.8m，支护合格，巷道中无积水、杂物，材料、设备堆放整齐并有标志牌，行人侧宽度不小于0.7m，工作面浮煤及时清理，喷雾系统使用正常，支架上无积尘）。

（10）在工作面均匀选5点，再在各点间任意选5点，共选10点，用卷尺量采高（不超过规定值±100mm），记录并计算合格率。

（11）对工作面的机电设备运行状况进行全面动态验收和监督（乳化液泵站和液压系统完好，泵压和浓度符合要求；电缆悬挂、管路铺设符合规定；工作面运输机头与顺槽运输机搭接合理，底链不拉回头煤；机电设备运转正常）。

（12）检查和验收工作面运输机机头、机尾压柱，小绞车的压、戗柱或地锚完好状况及行人过桥设置完好情况。

（13）检修作业的检查验收：除对工作面的工程质量进行详细复查验收外，对各工种的检修作业，严格按其岗位作业责任制，设备检修操作规程考核。

（14）对检查出有关工程质量和安全生产方面问题，及时责令作业人员重新返工或纠正，下班时处理不了的问题要记录清楚。

（15）出现非人为的意外事故，必须先通知班组长和安全员，并向队里汇报后，再进行处理。

5.2.7.4　交班

（1）交班前对工程质量和机电设备的运转情况进行一次全面自查并做详细记录。

（2）自查后本班内能够处理的问题，立即责令作业人员处理，做好交接班前的准备工作。

（3）根据自查和处理情况，当接班验收员到达交接班地点后，详细做出交代。

（4）同接班验收员一道对工作面的工程质量和遗留问题进行一次复查，确定存在的问题，并根据矿、队的管理制度，提出责任处理意见。

（5）把本班生产验收情况向队值班人员汇报后，同接班人员按规定履行交接班手续，准备下班上井。

（6）上井后，口头向值班队干汇报本班工作面存在问题和交接班情况，并提出合理化建议。

（7）详细填写各种记录表。

5.2.8　架棚支护工操作规程

5.2.8.1　适用范围

本规程适用于各类煤矿中在掘进工作面从事架棚支护作业的人员。

5.2.8.2　上岗条件

（1）架棚支护工必须经过专业技术培训，考试合格后，方可上岗。

（2）架棚支护工必须认真学习作业规程，掌握规定的支护形式、支护技术参数、质量标准要求等情况。

5.2.8.3　安全规定

（1）不符合作业规程规定的支护材料。

（2）腐朽、劈裂、折断、过度弯曲的坑木。

（3）露筋、折断、缺损的混凝土棚。

（4）严重锈蚀或变形的金属支架。

（5）施工时，必须按照作业规程规定采用前探梁支护或其他临时支护形式，严禁空顶作业。其支护材料、结构形式、质量应符合作业规程规定。

（6）支护过程中，必须对工作地点的电缆、风筒、风管、水管及机电设备妥善加以保护，不得损坏。

（7）严禁将棚腿架设在浮煤浮矸上。

（8）放炮崩倒、崩坏的支架应及时修复或更换。修复支架前，应先清理危石、活矸，做好临时支护；扶棚或更换支架，应从外向里逐架依次进行。

（9）在倾斜巷道内架棚，必须有一定的迎山角，迎山角值应符合作业规程的规定。支架必须迎山有力，严禁支架退山。

（10）架棚巷道支架之间必须安设牢固的拉杆或撑木。工作面 10m 内应敷设防倒器或采取其他防止放炮崩倒支架的措施。

（11）对工程质量必须坚持班检和抽检制度，隐蔽工程要填写"隐蔽工程记录"单。

（12）在压力大的巷道架设对棚时，对棚应一次施工，不准采用补棚的方法，以免对棚高低不平，受力不均。

（13）巷道支护高度超过 2m，或在倾角大于 30° 的上山进行支护施工，应有脚手架或搭设工作平台。

（14）架棚后应对以下项目进行检查，不合格时应进行处理。

1）梁和柱腿接口处是否严密吻合；

2）混凝土支架是否按要求放置木垫板；

3）梁、腿接口处及棚腿两端至中线的距离；

4）腰线至棚梁及轨面的距离；

5）支架有无歪扭迈步，前倾后仰现象；

6）支架帮、顶是否按规定背紧、背牢。

（15）背帮背顶材料要紧贴围岩，不得松动或空帮空顶。顶部和两帮的背板应与巷道中线或腰线平行，其数量和位置应符合作业规程规定。梁腿接口处的两肩必须加楔打紧，背板两头必须超过梁（柱）中心。

（16）底板是软岩（煤）时，要采取防止柱腿钻底的措施。在柱腿下加垫块时，其规格、材质必须符合作业规程要求。

（17）采用人工上梁时，必须手托棚梁，稳抬稳放，不要将手伸入柱梁接口处；采用机械上梁时，棚梁在机具上应放置平稳，操作人员不得站在吊升梁的下方作业。

（18）架设梯形金属棚时应遵守下列规定：

1）严禁混用不同规格、型号的金属支架，棚腿无钢板底座的不得使用。

2）严格按中、腰线施工，要做到高矮一致、两帮整齐。

3）柱腿要靠紧梁上的挡块，不准打砸梁上焊接的扁钢或矿工钢挡块。

4）梁、腿接口处不吻合时，应调整梁腿倾斜度和方向，严禁在缝口处打入木楔。

5）按作业规程规定背帮背顶，并用木楔刹紧，前后棚之间，必须上紧拉钩和打上撑木。

6）固定好前探梁及防倒器。

（19）在井下加工梯形木棚时，应遵守下列规定：

1）用量具准确度量棚梁和柱腿的尺寸。

① 柱腿用料时，要将料的粗端在上，超长的坑木只准截去细端。

② 按作业规程中规定的接口方式和规格量画好砍口线，柱口和梁口的深度不得大于料径的1/4。

③ 用弯料时，必须保证料的弓背朝向巷道顶帮。

2）锯砍棚料时的注意事项：

① 锯砍棚料时，应将木料放平稳，不许发生滚动。

② 砍料时，要注意附近人员和行人的安全，斧头和斧把不能碰在障碍物上。

③ 砍料人不得将脚伸到砍料处近旁。

④ 及时清除粘连在斧头上的木屑，注意木料上的木节、钉子，避免砍滑伤人。

⑤ 锯、砍料的地点，应避开风、水管路和电缆。

（20）架设混凝土棚时必须遵守下列规定：

1）混凝土支架接口处，要垫经防腐处理木板或可塑性材料。

2）找正支架时，不准用大锤直接敲打支架；必须敲打时，应垫上木块等可塑性材料，保护支架不被损坏。

3）混凝土支架巷道一般应采用预制水泥板背顶背帮，梁柱不准直接与顶、帮接触。

4）在煤层和软岩巷道中，混凝土支架紧跟工作面时，必须采取防炮崩的加固措施，确保不崩倒、崩坏混凝土支架。

（21）架设拱形棚应遵守下列规定：

1）拱梁两端与柱腿搭接吻合后，可先在两侧各上一只卡缆，然后背紧帮、顶，再用中、腰线检查支架支护质量，合格后即可将卡缆上齐。卡缆拧紧扭矩不得小于 150N·m。

2）U 形钢搭接处严禁使用单卡缆。其搭接长度、卡缆中心距均要符合作业规程规定，误差不得超过 10%。

（22）架设无腿拱形支架时，应先根据设计要求打好生根梁孔，再安设生根梁桩，并浇注混凝土稳固，7 天后才可上梁。

5.2.8.4　操作准备

（1）施工前，要备齐支护材料和施工工具以及用于临时支护的前探梁和处理冒顶的应急材料。

（2）检查支架质量，严禁混用不同规格，不同型号的金属支架，不得使用中间焊接的棚头，棚头与棚腿之间必须有防错位装置。

（3）支护前和支护过程中，要经常敲帮问顶，用长柄工具及时处理危岩、活石。

（4）支护前，应按中腰线检查巷道毛断面的规格质量，处理好不合格部位。

（5）上、下山架棚时，必须先停止车辆运行。架棚地点下方不得有人行走或逗留，上山架棚地点下方设好挡矸卡子。

（6）施工前，要掩护好风、水、电等管、线设施；施工设备要安放到规定地点。

5.2.8.5　操作顺序

架棚支护应按下列顺序操作：

（1）备齐工具和支护材料。

（2）排除隐患。

（3）移前探梁、架棚梁、接顶。

（4）将中腰线延长至架棚位置。

（5）挖腿窝。

（6）立棚腿。

（7）背顶背帮。

（8）使好撑木、拉杆、联棚器等稳固装置。

（9）检查架棚质量，清理现场。

5.2.9 单体支护工操作规程

5.2.9.1 上岗条件

单体支护人员应熟悉采煤工作面顶底板特征、作业规程规定的顶板控制方式、支护形式和支护参数，掌握支柱与顶梁的特性和使用方法，经过培训、考试合格后，方可上岗操作。

5.2.9.2 安全规定

（1）进行支护前，必须在已有的完好支护保护下，用长把工具敲帮问顶，摘除悬矸危岩和松动的煤帮。

（2）随时观察工作面动态，发现异常现象（如：巨大的震顶声、大量支柱卸荷或钻底严重、顶板来压显现强烈或出现台阶下沉现象等），必须立即发出警报，撤离所有人员，待顶板稳定后，由班（组）长按规定处理。

（3）按作业规程的规定进行铺、联网。

（4）顶梁前的余网量不得小于0.3m。

（5）严禁使用失效和损坏的支柱、顶梁和柱鞋。

（6）顶梁与顶板应紧密接触。若顶板不平或局部冒顶时，必须用木料背实。

（7）不准将支柱架设在浮煤（矸）上，坚硬底板要刨柱窝、见麻面；底板松软时，支柱必须穿鞋。

（8）支柱必须支设牢固、迎山有力；严禁在支柱上打重楔，严禁给支柱带双柱帽。

（9）严禁支柱超高支设。

（10）不准站在输送机上或跨着输送机进行支护。

（11）调整顶梁、架设支柱时，其下方5m内不得有人。

（12）临时支柱的位置应不妨碍架设基本支柱；基本支柱架设好前，不准回撤临时支柱。

（13）平行作业的距离必须符合规定。支柱与回柱间的间隔距离不得小于15m；支柱与推移输送机的距离不得大于15m；其他的符合作业规程规定。当支护工序与其他工序发生脱节时，支护工有权要求暂停或减缓其他工序，优先进行支护。

（14）在采煤工作面架设单体液压支柱时，要保证支柱的初撑力符合规程要求。

5.2.9.3 操作准备

（1）备齐注液枪、卸荷手把等工具，并检查工具是否完好、牢固可靠。

（2）检查液压管路是否完好。

（3）检查工作地点的顶板、煤帮和支护是否符合质量要求，发现问题及时处理。

5.2.9.4　正常操作

（1）架设戴帽点柱程序：单体液压支柱。量好排、柱距—清理柱位—竖立支柱—用注液枪清洗注液阀煤粉—将注液枪卡套卡紧注液阀—给支柱戴帽—供液升柱。

（2）操作时应符合下列规定：

1）挂网时将网展开拉直，按作业规程要求进行连接。

2）竖立支柱前，要按作业规程规定确定柱位，清扫柱位浮煤，刨柱窝、麻面、放置柱鞋，对号回出临时密集支柱。

3）支柱时人员要站在支柱地点上方操作。架设单体液压支柱时1人扶柱，将手把体和注液阀调整到规定位置；1人用注液枪清洗注液阀嘴，然后将注液枪卡套卡紧注液阀，开动手把均匀供液升柱，使柱爪卡住梁牙或柱帽，并供液使支柱达到规定初撑力为止。

4）升柱后要及时拴好防倒绳。

5）单体液压支柱架设工作结束后，必须对新架设的支柱进行二次注液。

（3）应按作业规程规定及时铺网、挂梁、支设临时支柱和贴帮柱。

（4）顶板破碎、煤壁片帮严重时，应提前支护顶板；提前支护方式按作业规程规定操作。

5.2.9.5　特殊操作

（1）密集支柱和丛柱的规格、数量、排柱距必须符合作业规程规定。两段密集支柱之间必须留有宽度不小于0.5m的安全出口，出口间的距离符合作业规程规定。

（2）抬棚的架设必须符合作业规程规定，并保证与基本支架接实，架设时超前于放顶的距离不得小于作业规程规定。戗柱的位置、数量和架设方式必须符合作业规程的要求。

5.2.9.6　收尾工作

将剩余的顶梁，背顶材料，失效和损坏的柱、梁等各种工具分别运送到指定地点并码放整齐。

5.2.10　锚杆支护工操作规程

5.2.10.1　适用范围

（1）本规程适用于煤矿在掘进工作面从事锚杆支护作业的人员。

（2）锚杆支护基本支护形式是指巷道单体锚杆支护、锚网支护、锚网带（梁）支护。其他支护形式参照基本支护形式执行。

5.2.10.2 上岗条件

（1）锚杆支护工必须经过专门培训、考试合格后，方可上岗。

（2）锚杆支护工必须掌握作业规程中规定的巷道断面、支护形式和支护技术参数和质量标准等；熟练使用作业工具，并能进行检查和保养。

5.2.10.3 安全规定

（1）在支护前和支护过程中要敲帮问顶，及时清除危岩悬矸。

1）应由两名有经验的人员担任这项工作，一人敲帮问顶，一人观察顶板和退路。敲帮问顶人员应站在安全地点，观察人应站在敲帮问顶人的侧后面，并保证退路畅通。

2）敲帮问顶应从有完好支护的地点开始，由外向里，先顶部后两帮依次进行，敲帮问顶范围内严禁其他人员进入。

3）用长把工具敲帮问顶时，应防止煤矸顺杆而下伤人。

4）顶帮遇到大块断裂煤矸或煤矸离层时。应首先设置临时支护，保证安全后，再顺着裂隙、层理敲帮问顶，不得强挖硬刨。

（2）严禁空顶作业，临时支护要紧跟工作面，其支护形式、规格、数量、使用方法必须在作业规程中明确规定。

（3）煤巷两帮打锚杆前用手镐刨至硬煤，并保持煤帮平整。

（4）严禁使用不符合规定的支护材料：

1）不符合作业规程规定的锚杆和配套材料及严重锈蚀、变形、弯曲、径缩的锚杆杆体。

2）过期失效、凝结的锚固剂。

3）网格偏大、强度偏低、变形严重的金属网和塑料网。

（5）锚杆眼的直径、间距、排距、深度、方向（与岩面的夹角）等，必须符合作业规程规定。

1）使用全螺纹钢等强锚杆，锚孔深度应保证锚杆外露长度30~50mm。

2）巷帮使用管缝式锚杆时，锚杆眼深度与锚杆长度相同。

3）对角度不符合要求的锚杆眼，严禁安装锚杆。

（6）安装锚杆时，必须使托板（或托梁、钢带）紧贴岩面，未接触部分必须楔紧垫实，不得松动。

（7）锚杆支护巷道必须配备锚杆检测工具，锚杆安装后，对每根锚杆进行预紧力检测，不合格的锚杆要立即上紧；对锚杆锚固力进行抽查，不合格的锚杆必须重新补打。

(8) 当工作面遇断层、构造时，必须补充专门措施，加强支护。

(9) 要随打眼随安装锚杆。

(10) 锚杆的安装顺序：应从顶部向两侧进行，两帮锚杆先安装上部、后安装下部。铺设、连接金属网或塑料网时，铺设顺序、搭接及连接长度要符合作业规程的规定。铺网时要把网张紧。

(11) 锚杆必须按规定作拉力试验。煤巷必须进行顶板离层监测，并用记录牌板显示。

(12) 巷道支护高度超过 2.5m，或在倾角较大的上下山进行支护施工，应有工作平台。

5.2.10.4　操作准备

操作前须做好以下准备工作：

(1) 备齐锚杆、网、钢带等支护材料和施工机具。

(2) 检查施工所需风、水、电。

(3) 检查钻眼机具。

(4) 检查锚杆、锚固剂等支护材料是否合格。

(5) 按中腰线检查巷道荒断面的规格、质量，处理好不合格的部位。

5.2.10.5　操作顺序

锚杆支护工必须按以下顺序进行操作：

(1) 敲帮问顶，处理危岩悬矸。

(2) 进行临时支护。

(3) 打锚杆眼。

(4) 安装锚杆、网、钢带（梁）。

(5) 检查、整改支护质量，清理施工现场。

5.2.10.6　正常操作

(1) 敲帮问顶，处理危岩悬矸。

(2) 及时按照作业规程规定进行临时支护。

(3) 打锚杆眼：

1) 敲帮问顶，检查工作面围岩和临时支护情况。

2) 确定眼位，做出标志。

3) 在钻杆上做好眼深标记。

4) 用煤电钻、风钻或锚杆钻机打眼。

5）打锚杆眼时，应从外向里进行；同排锚杆先打顶眼，后打帮眼。断面小的巷道打锚杆眼时要使用长短钻杆。

（4）锚杆安装。

1）清锚杆眼。

2）检查锚杆眼深度，其深度应保证锚杆外露丝长度为30～50mm。锚杆眼的超深部分应填入炮泥或锚固剂；未达到规定深度的锚杆眼，应补钻至规定深度。

3）检查树脂药卷，破裂、失效的药卷不准使用。

4）将树脂药卷按照安装顺序轻轻送入眼底，用锚杆顶住药卷，利用搅拌器或钻机开始搅拌，达到规定时间后停止搅拌。

5）套上托板，上紧螺母。

5.2.10.7　收尾工作

支护完毕后，检查所有锚杆的预紧力，不合格的及时上紧。

5.2.11　锚索支护工操作规程

5.2.11.1　适用范围

本规程适用于各类煤矿中在掘进工作面从事锚索支护作业的人员。

5.2.11.2　上岗条件

（1）锚索支护工必须经过专门培训、考试合格后，方可上岗。

（2）锚索支护工必须掌握作业规程中规定的巷道断面、支护形式和支护技术参数和质量标准等；熟练使用作业工具，并能进行检查和保养。

5.2.11.3　安全规定

（1）锚索支护工要熟悉锚索支护原理，锚索结构及主要技术参数；熟悉作业地点环境，能够熟练使用支护工具，熟悉锚杆机性能、结构和工作原理，并能排除一般故障，并做好使用前后的检查和保养。

（2）锚索支护材料要符合施工措施的规定。

（3）采用树脂锚固时，最小锚固长度要不低于1.5m。

（4）单根锚索设计锚固力应大于200kN。

（5）检查施工地点支护状况，严防片帮、冒顶伤人。在有架空线巷道内作业时，要先停电。

（6）打锚索眼时，要注意观察钻进情况，有异常时，必须迅速闪开，防止断杆伤人，钻机5m以内不得有闲杂人员。

（7）锚索安装48h后，如发现预紧力下降，必须及时补拉。张拉时如发现锚固不合格，必须补打合格的锚索。

（8）服务年限10年以上锚索需注浆防锈。采用425号普通硅酸盐水泥，注纯水泥浆，水灰比为0.45～0.5。注浆压力0.5～1MPa。如钻孔漏浆，需反复注浆，每次注浆间隔约6h，也可隔天注浆。

（9）巷道支护高度超过3m，或在倾角较大的上下山进行支护施工，必须有脚手架或搭设工作平台。

（10）钢绞线旋向应与搅拌工具旋转方向相反。

5.2.11.4　操作准备

（1）施工前，要备齐钢绞线、锚固剂、托板、锚具等支护材料和锚杆打眼机、套管、锚索专用驱动头、张拉油缸、高压油泵、液压剪、注浆泵等专用机具以及常用工具。

（2）准备好施工所需风、水、电。

（3）锚杆钻机打眼前进行以下检查：

1）检查所有操作控制开关，所有开关都应处在"关闭"位置。

2）检查油雾器工作状态，确保油雾器充满良好的润滑油。

3）清洁风水软管，检查其长度及与锚杆机连接情况。

4）检查锚杆机是否完好。

5）检查是否漏水，及时更换水密封。

6）安装钻杆前检查钻头是否锋利，检查钻杆中孔是否畅通，严禁使用弯曲的钻杆打眼。

（4）张拉锚索前，检查张拉油缸、油泵各油路接头是否松动。

5.2.11.5　操作顺序

锚索支护工必须按以下顺序进行操作：

（1）备齐机具及有关材料。

（2）检查并处理工作地点的隐患。

（3）检查施工所需风、水、电。

（4）打锚索钻孔及注浆孔。

（5）组装锚索。

（6）安装、锚固锚索。

（7）张拉锚索。

（8）清理现场。

5.2.11.6　正常操作

（1）打锚索眼：

1）敲帮问顶，检查施工地点围岩和支护情况。

2）根据锚孔设计位置要求，确定眼位，并做出标志。

3）检查和准备好锚杆钻机、钻具、电缆及风水管路。

4）必须采取湿式打眼。

5）竖起钻机把初始钻杆插到钻杆接头内，观察围岩，定好眼位，使锚索机和钻杆处于正确位置。钻机开眼时，要扶稳钻机，先升支腿，使钻头顶住岩面，确保开眼位置正确。

6）开钻。操作者站立在操作臂长度以外，分腿站立保持平衡。开始钻眼时，用低转速，随着钻孔深度的增大，调整到合适转速，直到初始锚孔钻进到位。

① 在软岩条件下，锚杆机用高转速钻进，要调整支腿推力，防止糊眼。

② 在硬岩条件下，锚杆机用低转速钻进，要缓慢增加支腿推力。

7）退钻机，接钻杆，完成最终钻孔。

（2）安装、锚固锚索：

1）检查锚索眼及注浆孔质量，不合格的及时处理。

2）把锚索末端套上专用驱动头、拧上导向管并卡牢。

3）将树脂药卷用钢绞线送入锚索孔底，使用两块以上树脂药卷时，按超快、快、中速顺序自上而下排列。

4）用锚杆打眼机进行搅拌，将专用驱动头尾部六方插入锚杆机上，一人扶住机头，一人操作锚杆机；边推进边搅拌，前半程用慢速后半程用快速，旋转约40s。

5）停止搅拌，但继续保持锚杆机的推力约1min后，缩下锚杆机。

（3）树脂锚固剂凝固1h后进行上托板和张拉工作。

1）装上托盘、锚具，并将其托至紧贴顶板的位置，把张拉油缸套在锚索上，使张拉油缸和锚索同轴，挂好安全链，人员撤开，张拉油缸前不得有人。

2）开泵进行张拉并注意观察压力表读数，达到设计预紧力或油缸行程结束时，迅速换向回程。

3）卸下张拉油缸，用液压剪截下锚索外露部分。

5.2.12 锚喷工操作规程

5.2.12.1 一般规定

（1）上岗前必须经过专门培训并考试合格，取得本工种岗位操作资格证书。

（2）认真学习"作业规程"的有关内容，掌握施工工艺、支护方式、质量标准和有关施工安全注意事项，具备自保、互保的意识和能力。

（3）能熟练操作和维修凿岩、喷浆机具，进行打注锚杆、喷浆作业。

5.2.12.2　准备工作

（1）作业环境安全检查：

1）由外向里依次（逐棚、逐排）检查巷道永久支护、临时支护及安全设施，发现安全隐患必须先进行处理。

2）严格执行敲帮问顶制度，敲帮问顶时要用长柄工具，先顶后帮，人员要站在安全地点，并有专人监护，同时观察好退路。

3）检查有害气体浓度是否符合规定，发现问题立即处理。

（2）工具、设备及材料检查：

1）根据工序要求认真检查各种工具、材料，保证质量合格、数量满足要求，设备性能可靠，试运转正常。

① 钻具检查：见"凿岩工"部分。

② 锚杆检查：杆体规格尺寸，垫片、螺母、托盘规格。

③ 锚固剂检查：规格、型号、有效期及外观质量检查。

④ 喷浆机及喷浆料检查：喷枪、喷射机是否完好，喷浆料是否符合要求等。

⑤ 其他检查：前探梁、钢带、金属网、量具等。

2）认真检查各种风水管路，保证连接牢固，风水压大小合适。

（3）校正中、腰线，按"作业规程"中巷道断面图和爆破图表要求画出巷道轮廓线，确定眼位，并做好标记。

5.2.12.3　操作施工

A　锚杆支护

a　树脂锚杆施工操作

（1）临时支护：支设前探梁、铺网、上钢带（钢筋梯）、连接好顶网。

（2）打眼、扫眼：严格按照"作业规程"及"凿岩工操作规程"要求打眼，用压风将眼内岩（煤）粉、积水吹扫干净。扫眼时操作人员应站在孔口的侧面，正对钻眼方向不得有人。

（3）安装锚杆。

1）检查：检查锚杆孔的布置形式、孔距、孔深、角度以及锚杆部件是否符合"作业规程"要求，不符合要求的要及时进行处理和更换。

2）安装树脂锚固剂：按"作业规程"规定的规格、顺序将树脂锚固剂送入锚杆眼，用锚杆将锚固剂缓慢推入眼底。

3）搅拌锚固剂：将钻机与锚杆连接、开动钻机，边搅拌边将锚杆推进至孔底，然后继续搅拌。

4）搅拌时间和等待时间必须达到规定要求。

5）紧固锚杆：等待时间过后，开动钻机、上紧螺母，使托盘贴紧岩面，锚杆达到规定预紧力。

6）锚杆安装过程中，操作人员必须扶牢钻机，且钻机的左侧严禁有人，防止钻机摆动伤人。

b 锚索安装操作

（1）检查：锚索眼的布置等是否符合要求，所需机具材料是否合格。

（2）安装树脂锚固剂：按"作业规程"规定的规格、数量、顺序将锚固剂轻轻送入锚索孔中。

（3）推进、搅拌锚固剂：用锚索缓慢地将锚固剂推入孔底，连接锚索与钻机，开动钻机，边搅拌边将锚索推至孔底，当锚索到达孔底时，快速搅拌至规定时间后停止。

（4）树脂锚固剂的搅拌时间和等待时间必须达到规定要求。

（5）安装托盘、紧固锚索：等待超过规定时间后，撤掉钻具、安装托盘及锁具，用张拉机具紧固锚索至设计的预紧力。

c 其他工作

（1）锚杆支护工作结束后，应及时清理施工现场，出净浮煤（矸），巷道净断面尺寸必须符合"作业规程"规定。

（2）未用完的支护材料等应堆放到指定地点，并码放整齐。

（3）电缆、风管、水管及风筒应按"作业规程"规定的位置吊挂和敷设整齐。

（4）施工设备应经常进行清理和维修、保养，确保正常使用。

（5）检查支护质量是否符合"作业规程"规定。

B 喷射混凝土支护

a 准备工作

（1）安全检查：对工作范围进行全面检查，敲帮问顶，清掉活矸、危岩。排尽迎头积水，清理现场，检查各种防尘设施以及个人防护用品是否完好、齐全。

（2）质量检查：依据巷道的规格要求，全面检查受喷段尺寸状况、锚杆安装和金属网铺设是否符合设计要求，发现问题应及时处理。对受喷段岩面凸凹不平位置，要用手镐或风镐尽量找平。用手镐或风镐切齐直墙，清理出喷射基础使其达到设计深度。

（3）设备工具检查：检查喷浆机是否完好，接好风水管、输料管以及喷头，安设好照明灯。用专用工具清理喷浆机内的大块矸石或物料，紧固好摩擦板，送电空载试运转。输料管要平直，不得有急弯，接头必须严密，不得漏风。严禁将非抗静电的塑料管做输料管使用。

（4）喷浆材料准备。

1）检查：喷射混凝土所用材料的标号、规格、材质等均应符合"作业规程"的规定。

2）加水：拌料前应对骨料含水量进行检查，若水量不足要对骨料进行加水。加水量以拌出料手握成团、松手即散，形成灰包砂状态为宜。

3）拌料、运料：根据喷射工作量的大小拌好喷浆用料，并运送到施工地点。

4）清理：拌料结束，应将料车及料池外的骨料、杂物等清理干净。

5）拌料时，要按规定使用好各种防尘设施和用品。

（5）在巷道拱顶和两帮安设喷厚标志。

b　喷浆机的使用与操作

（1）操作顺序：开机顺序为开水→开风→送电→喂料；停机顺序为停止喂料→停电→停风→停水。如遇特殊情况，要先停电。

（2）调整喷浆机风水压，使水压比风压大 0.1MPa 左右。操作过程中，要注意观察压力表显示情况，发现问题及时停机处理。

（3）喷浆机运转时，要密切注意运转情况。如发现漏风跑气、压力表显示不正常、电机有异常声响等，要立即停机处理。

（4）喂料停止后，要待料腔、料管内余料全部吹净后再停机，并将机器内外清扫干净。

（5）严禁喷浆机倒转和长时间空运转。

c　喷浆机喂料

（1）喂料：采用人工喂料，可由 2~3 人操作。喂料人员将料加入料斗，做到连续均匀，快慢适当，减少粉尘飞扬。多人喂料时要相互协调，注意对方铲起铲落，保证安全。

（2）加速凝剂：喂料人员要根据不同的喷射要求及喷射手信号指示，控制好速凝剂掺入量，并及时将料筛上大块骨料取下。

（3）喂料过程中发现异常情况时，应立即停止喂料，采取措施进行处理。

d　喷射操作

（1）喷射前，工作范围内的巷道洒水冲洗干净。

（2）喷射顺序：从基础开始，自下而上、由后向前，先填凹找平后，再按正规操作进行。

（3）喷射操作一般由 2 人配合进行，喷射手抱喷头进行喷射操作，副手观察喷射情况和进行安全监护，及时用信号指示喷射位置和方向，遇到问题负责联系和协助处理。

（4）喷射手要掌握好喷射角度，喷嘴力求垂直岩面。喷墙时其喷射角度以下俯 10°~15°为宜，喷正顶时其最小仰角为 65°。

（5）喷射时，应根据风压大小和回弹情况，及时调整喷射距离。喷头距受喷面的距离一般为 0.8 ~ 1.0m，风压大时距离可适当加大，风压小时可适当缩小，根据回弹情况调整到最佳喷射距离。

（6）采用划圈喷射法，即喷出料以一圈压半圈，呈螺旋状沿横向由下向上，反复运动，圈径以 200 ~ 250mm 为宜。

（7）喷射手要控制好水灰比，以喷出料不发白、不流淌、表面有光泽为宜。

（8）喷浆厚度一次不能太厚，顶部一般不超过 50mm，帮部不超过 100mm，如一次喷厚达不到设计要求，至少应等 15min 以后再进行补喷。

（9）注意控制好喷射厚度，拉线喷射时以不吃线为准。

（10）喷射过程中如出现堵管等异常情况，要用信号及时通知喂料人员，立即停止喂料并停机、停风，采用敲击法敲击管道开风吹通。处理时要按住喷头，如仍吹不通时，应将管路拆开处理。

（11）若岩面出水，可分别采用封、截、导、吹等方法进行处理。

（12）任何情况下，喷头不能对着人。

（13）操作人员应佩戴防护眼镜，以防回弹物伤害眼睛。

e　其他工作

（1）喷射结束后要排净迎头积水，将回弹料清理干净，用铲子或镐切齐墙脚，并将喷射凸出部分用铲子铲平。

（2）清除喷浆机周围余料和管线设备上的回弹物、浮尘。

（3）检查喷射质量并做好验收记录。

（4）拆除喷射管路，将物料、工具等分类码放整齐。

（5）喷浆支护后应按规定时间进行洒水养护，养护时间不少于 7 天。

C　安全注意事项

（1）对于断层破碎带、煤层松软区、地质构造变化带、地应力异常区、动压影响区等围岩支护条件复杂区域及其他特殊地点，必须采取加密锚杆、全长锚固、锚索加固、点柱及架棚等强化支护措施，其支护范围应延伸至巷道正常段起点以外 5 ~ 10mm。

（2）锚杆支护作业时，如遇顶板出现淋水或淋水加大、围岩层（节）理发育、突发性片帮掉渣、巷道不易成型、钻眼速度异常、放煤炮、顶底板及两帮移进量显著增加等情况，应立即停止作业，向有关部门汇报并采取加强支护措施，必要时应立即撤出人员。

（3）任何煤巷作业地点，不得使用作为永久支护的锚杆、锚索、钢带、金属网起吊设备或其他重物。

（4）对锚杆支护巷道应进行定期检查。对顶、帮失效的锚杆应及时补打，对松动的螺母应及时紧固。

（5）综放（采）工作面大断面切眼施工时，巷中应至少增设一排单体支柱，以提高巷道支护的稳定性，单体支柱距掘进工作面的最大距离必须符合"作业规程"中的规定。

（6）煤巷锚杆支护巷道应按规定进行综合监测和日常监测。施工人员应了解观测内容，掌握观测方法，发现异常及时汇报，并采取相应措施。

（7）施工过程中，要随时进行敲帮问顶工作，用长柄工具及时处理活矸、危岩。

（8）工程质量验收必须坚持班检和抽检相结合，隐蔽工程要填写"隐蔽工程记录"单。

（9）大断面巷道施工，或在倾角大于30°的斜巷进行锚杆支护施工，必要时应搭设牢固的脚手架或工作平台。

（10）综掘工作面距工作面200m以内、普掘工作面距工作面100m以内，必须备有5～10架备用棚及相应的支护材料。

5.2.13　锚杆拉力试验工操作规程

5.2.13.1　一般规定

（1）上岗前必须经过专门培训并考试合格，取得本工种岗位操作资格证书。

（2）认真学习"作业规程"的有关内容，熟悉锚杆支护施工工艺，具有一定的现场施工经验和自保、互保的意识和能力。

（3）锚杆拉力试验工应了解拉力计的结构性能，熟练掌握其使用方法。

5.2.13.2　操作准备

（1）工作环境安全检查：认真检查试验地点的顶板支护、通风、设备等安全状况，排除安全隐患，停止影响锚杆拉力试验的一切工作。

（2）设备检查：

1）检查油量。逆时针方向打开拉力计手压泵的卸荷阀，使千斤顶中的液压油回到手压泵的油筒中，拧开油筒端的堵头，抽出油标检查。如油量不足，应加注符合要求的机械油或液压油，直到油位符合要求。

2）排气。液压油路系统联结好以后，必须进行排气。排气的方法是：把手压泵放在比千斤顶稍高的地方，摇动手压杆，使千斤顶活塞伸出，再打开卸荷阀，使活塞缩回，连续几次即可。排气时不能加压。

3）设备连接。用高压软管两端的快速接头配合专用卡子将千斤顶和手压泵连接起来。连接时应检查接头处是否有污物，严防污物进入接头内。

4）对锚杆拉力计各部件进行检查，使其符合使用要求。

5.2.13.3 操作

（1）连接拉力计：卸掉待测锚杆的螺母和托盘，把锚杆拉力计的加长杆拧到待测锚杆末端并上满丝，再套上衬套及千斤顶，使活塞伸出端朝外，最后拧紧螺母。

（2）拉力测试：将手压泵的卸荷阀顺时针拧紧，压动手压泵压杆，用力要均匀，不要用力过猛。当压力表上的读数达到规定的数值后停止，并详细做好记录。

（3）拆卸拉力计：检测完毕，逆时针方向缓慢松开卸荷阀，使压力表指针降到零位，千斤顶活塞全部缩回。再把各部件从锚杆上卸下，将锚杆拉力计放回专用工具箱内。

（4）检测合格的锚杆要重新上好锚杆托盘和螺母，并使其达到设计预紧力。检测不合格的锚杆应做好标记并安排补打锚杆。

5.2.13.4 注意事项

（1）拉拔锚杆时，人员应躲至千斤顶周围的安全地点。

（2）锚杆杆尾直径一旦出现缩径时，应立即卸载。

（3）使用锚杆拉力计时，加压应缓慢均匀，一般不超过其额定压力或拉力值的85%。

（4）高压软管应定期进行打压试验，严禁使用不合格的软管。

（5）当设计变更或材料变更时，应及时进行锚杆拉力试验。

（6）锚杆拉力计应统一管理、定期校验，使其保持完好。

5.2.14 掘进质量验收工操作规程

5.2.14.1 一般规定

（1）上岗前必须经过专门培训并考试合格，具备本工种岗位操作资格证书。

（2）认真学习"作业规程"的有关内容，熟练掌握掘进施工质量验收标准和有关计量器具的使用、操作与维护，熟悉掘进施工工艺，具有一定的现场施工经验及自保、互保的意识和能力。

（3）质量验收工要有高度的工作责任心，严格遵循"检查上道工序，保证本道工序，服务下道工序"的工序管理原则，认真做好施工过程中每道工序的质量监督、检查。

（4）质量验收工对各种检测数据要认真记录、及时整理，对于质量不合格的应及时安排整改，并做好复查工作。

（5）验收工作应与现场施工负责人一起进行，以便确认和安排整改。

（6）严格执行现场交接班制度。交接班时对现场安全状况、施工质量、施工进度和现场材料、工具、设备的使用状况以及其他重要事项，要交代清楚。

5.2.14.2　准备工作

（1）作业环境安全检查：

1）按照由外向里、先顶后帮的原则，认真检查工作范围内的支护状况，严格执行敲帮问顶制度，用长柄工具清理顶帮及迎头的活矸、危岩。

2）通风状况良好，各种安全设施齐全，设备灵敏、可靠。

3）用于登高作业的梯子或脚手架，其敷设必须牢固可靠。

（2）工具材料及中腰线检查、准备：

1）备齐各种计量器具及其他工具材料，对计量器具进行校核，保证计量准确和满足使用要求。

2）对施工地点的中、腰线标志点进行校核、延线。使用激光指向的施工地点，要对激光指向仪的工作状态进行检查，发现问题及时处理。

5.2.14.3　验收操作

A　一般步骤

（1）确定验收基准线：根据设计要求及现场情况，按照巷道中心线与施工中心线、拱基线与腰线的关系，确定验收基准线并做好标记。

（2）画巷道轮廓线：根据巷道断面图及施工大样图，画好施工巷道轮廓线。

（3）验收：根据验收基准线和巷道轮廓线，按照"作业规程"和"工程质量验收标准"逐项进行检查、验收，对不合格项目安排整改并做好记录。

B　验收基准线确定方法

（1）采用激光指向的掘进工作面：根据施工巷道的中腰线与激光点中心位置关系确定。

（2）无激光指向的掘进工作面：

1）采用人工看线确定巷道施工中心线，根据施工中心线与巷道中心线的位置关系确定巷道中心线，并做好标记。

2）采用坡度规（或其他量测工具）分别由两帮腰线标志点，按设计坡度向迎头延伸腰线，根据施工腰线与验收基准腰线的关系，确定验收基准腰线并做好标记。坡度规延腰线时线要拉紧，取正反两次标志点的中间位置。

C　半圆拱轮廓线确定方法

半圆拱巷道工作面积矸过多无法找出半圆拱中心位置时，可以采用平弦法确定积矸上部半圆拱轮廓线。

（1）巷道中心线可以按一般步骤的第（1），（2）款的有关要求确定。

（2）将原1m腰线或拱基线，换算提高到超过矸石堆积高度作为施工腰线并延到迎头，以确定半圆拱拱顶高度并做好标记。

（3）结合（1）和（2）确定拱顶中心位置。

（4）根据施工大样图中各弦线位置与弦长的数据关系，从拱顶向下依次确定弦线的端点位置并做好标记。

（5）将确定的弦线端点用平滑曲线进行连接，即得出拱部巷道轮廓线。

D　质量验收

（1）支护材料的规格、质量、数量、位置、顺序等是否符合要求。

（2）掘进毛断面质量：光爆眼痕率、超挖和欠挖尺寸、迎头断面平整度、循环进尺、最大控顶距等是否符合要求。

（3）临时支护质量：前探梁的数量、规格、位置、吊环状况、背帮接顶质量及迎头空顶距是否符合要求。

（4）巷道支护质量：净宽、净高及中腰线，架棚巷道的前倾后仰、迎山角，撑木和垫板的位置与数量，背帮接顶质量，柱窝深度，棚距、扭矩、支架梁水平、棚梁接口等是否符合要求。

（5）锚喷质量：锚杆（索）间排距、角度、位置、外露长度、预紧力、拉拔力，托板压网质量、金属网铺设搭接、混凝土厚度、表面平整度、基础深度等是否符合要求。

（6）炮眼角度、深度、位置等是否符合爆破图表要求。

（7）水沟、轨道质量。

（8）风水管路、电缆吊挂、卫生清理、材料码放等是否符合要求。

（9）其他验收项目是否符合要求。

E　注意事项

（1）量测巷道几何尺寸时，必须垂直巷道中、腰线。

（2）使用坡度规（或其他仪表）量测坡度或角度时，必须将坡度规正反方向量测两次取两次的平均数值。

（3）量测架棚巷道的三角线时，其量测基准点必须在巷道中心线位置上。

（4）现场测试锚杆（或锚索）的拉拔力时，必须由专人扶住与锚杆（或锚索）连接的张拉装置，张拉时人员应躲至安全地点。

5.2.14.4　数据处理

（1）根据现场验收记录表的内容要求，如实填写各种量测数据，不得遗漏或弄虚作假。

（2）质量验收工上井后，必须将各种验收记录及时送交有关人员进行统计处理。

（3）各种验收记录必须妥善保管，以便作为奖惩和质量依据。

5.2.15 掘进机司机操作规程

5.2.15.1 一般规定

（1）操作掘进机掘进巷道时必须执行本规程。

（2）掘进机司机必须经培训考试取得合格证后，持证上岗。

（3）掘进机司机必须熟悉掘进机的结构及工作原理，了解设备性能、液压系统的构成，并能正确、迅速地判断以及处理一般故障。

（4）严禁无冷却喷雾开机。

（5）班中需更换或补充截齿时，必须断开掘进机电气控制回路，断开掘进机隔离开关，切断掘进机供电电源。

（6）切割完支护时，必须将铲板落至与底板接触，将电气控制回路断开，断开掘进机上的隔离开关，切断掘进机供电电源。

（7）掘进机截割遇有硬岩时，应有保护掘进机受损伤的防护措施。

（8）掘进机所有电气、液压保护装置必须保持齐全、灵敏、可行，严禁甩掉不用。

（9）巷道中有淋水时，必须及时采取措施保护电控箱、接线腔、电气控制操作台、液压油箱等，防止进水及防潮。

（10）在发生危及人身安全、设备安全和其他紧急情况下，可采用紧急停车手段，使机器停机。

（11）坚持掘进机的完好检查，不准带病作业。

（12）迎头气体超限或通风不良时严禁开机。

（13）掘进机司机有权拒绝一切违章指挥。

5.2.15.2 开机前的一般检查

（1）迎头是否通风良好，水源充足，转载运输设备是否正常，巷道支护是否良好。

（2）掘进机各部件是否齐全、完整坚固。

（3）各电气按钮是否灵敏可靠，液压系统管路、各控制阀、马达、油泵、油缸等是否完好和有无漏油现象。

（4）液压箱、各齿轮箱有无缺油和油脂变质现象。

（5）截齿是否齐全完好。

（6）刮板输送机的刮板链条是否完好、张紧适宜，有无断裂、弯曲、链条错牙、跳链及少螺栓等现象。

（7）电缆是否有承受张力、绝缘层被损坏和漏电等现象。

（8）喷水管路是否畅通无阻和有无漏水现象。

（9）检查各电气操作开关、液压操作手柄，使其处于预备开机的正常状态。一般情况，紧急停止按钮处在停止状态，液压操作手柄处在中立位置或零位状态。

（10）检查后部胶带输送机机尾是否受力受压。

5.2.15.3 起动及运转

（1）起动前，必须提前 3min 发出警报，只有在铲板前方和截割臂附近无人时，方可起动掘进机。

（2）不准带负荷起动，不准过负荷运转。

（3）掘进机运转过程中，装载部附近不准有人。

（4）保证截割的底板平整。

（5）调整速度时，必须注意机器的平稳，由慢到快，不能冲击，掘进机后退时将铲板抬起。

（6）截割头降落在最低位置时，必须将铲板落下或停止耙爪运转，防止耙爪与截割臂相互干涉。

（7）行走时，要注意扫清机体两侧的浮煤，以防抬高机体、降低断面高度。

（8）行走时如履带松弛或发出声响，必须及时张紧履带，防止链条受损。

（9）截割时，要集中精力操作，以防割前探梁碰倒棚腿或棚梁。

（10）开机时必须及时开冷却喷雾，严禁不开冷却喷雾开机。

（11）司机必须集中精力，时刻观察周围环境的安全情况，并按工作面"作业规程"及时支护，不准空顶作业。

（12）司机在掘进机运转过程中，必须注意掘进机运转情况，发现声音异常或其他异常情况时必须及时与维修工联系，查明原因，处理好后，方可继续开机。

（13）司机要控制好巷道截割面防止割顶割底。

（14）由专人监护电缆、水管，不得承受自重以外的张力，以防止电缆、水管拉脱、拉坏和被挤伤。

（15）发现操作手柄按钮失灵时，必须停机检查处理，严禁乱敲乱砸，强行使用。

（16）发现运转部位受阻时，必须停机检查原因，严禁反复用正反运转撞击。

（17）一旦发现危险情况，必须立即停机、停电，以防事态扩大。

5.2.15.4 停机

（1）停机时间如果较长，必须将掘进机开至安全无淋水地带，缩回截割头，并与底板接触，切断掘进机隔离开关及跟机断路开关电源，并关闭水闸门。

（2）将铲板与底板接触，将刮板输送机和转载机上的煤（岩）运输干净。

（3）将所有控制阀和操作手柄位置置于零位或空档。

（4）班中临时停机，在未断开电气控制回路开关的情况下，司机不得离开岗位，其他各种开关手柄必须恢复到停止位置。

5.2.16　人力运料工操作规程

5.2.16.1　适用范围

本规程适用于各类煤矿从事人力运输物料的作业人员。

5.2.16.2　上岗条件

（1）人力运料工必须经过专门培训、考试合格后，方可上岗。

（2）运料工要熟悉巷道的坡度、道岔、拐弯、沿途设施及矿车至两帮的安全间隙，以便在发车、推车、拐弯、速度控制、发车警号、停车时做到心中有数。

5.2.16.3　安全规定

（1）装卸和运送物料时，必须按作业规程要求的物料规格、品种、数量进行。

（2）在架线巷道装卸、运送物料时，必须注意人员或物料不要碰触架空线，或采取相应安全措施。

（3）在平巷装卸时，必须先用木楔将矿车稳住。

（4）在斜巷装卸时，不准摘绳；在斜巷卸料时，必须待车停稳后在料车下方安设防止物料下滑的设施，否则不准卸料。

（5）运料时，注意不要刮碰支架和电器设备及管、线。

（6）在有运输机的巷道内搬运材料时，要和司机联系好。人行道安全间隙不符合要求或跨越运输机时，必须停机搬运。

（7）推料车过风门时，必须开一关一，不得同时打开，也不准用车撞门。

（8）斜巷运料时，人员要躲开物料下方，避免物料滑落伤人。

（9）小立眼运料时，必须捆紧拴牢，眼内不准行人，下口设好警戒，严禁往下自溜物料。

（10）装运超高、超宽、超长、超重物料时，必须使用专用车辆并制定专门措施。

5.2.16.4　准备工作

选好搬运路线，清除障碍，选择合理的搬运方法，安排搬运人员并分工明确。

5.2.16.5 操作顺序

按以下顺序进行操作：
（1）检查熟悉推车路线。
（2）检查车辆状况。
（3）装料。
（4）推车。
（5）卸料。

5.2.16.6 正常操作

（1）两人以上装卸时，必须互叫互应，行动一致，要先起一头或先放一头，做到轻起轻放，不准盲目乱扔，以防物料弹落伤人或砸坏设备。

（2）同车内的物料长短应一致，否则必须长料在下、短料在上。长短料插穿时应按运行方向前低后高，并必须用绳索或铁丝捆绑牢固。

（3）卸料前先清理环境，防止卸料砸坏电器设备及管、线，以及砸飞他物伤人。

（4）堆放物料时，要按品种、规格分类码放整齐平稳，料堆要下宽上窄，并要保证行人行车宽度和通风断面。

5.2.17 转载机司机操作规程

5.2.17.1 上岗条件

转载机司机必须熟悉设备的性能及构造原理和顶板支护的基本知识，善于维护和保养转载机，会处理故障，必须经过专业技术培训，考试合格后，方可持证上岗。

5.2.17.2 安全规定

（1）转载机司机必须与工作面刮板输送机司机、运输巷带式输送机司机密切配合，按顺序开机、停机。

（2）开机前必须发出信号，确定对人员无危险，点动3次后方可正式启动。

（3）转载机的机尾保护等安全装置失效时，必须立即停机。

（4）有大块煤、矸时，应停止工作面刮板输送机运转。必须停机处理。

（5）检修、处理转载机故障时，必须切断电源，闭锁控制开关，挂上停电牌，确认破碎锤头不再转动后方可工作。

（6）转载机液力耦合器的易熔塞或易爆片损坏后，必须立即更换，严禁用木头或其他材料代替。

5.2.17.3　操作准备

（1）备齐扳手、钳子、螺丝刀、小锤、铁锹等工具和各种必要的短接链、接链环、螺栓、螺母、破碎机的保险销子等备品配件及润滑油等。

（2）检查转载机、破碎机处的巷道支护是否完好、牢固。

（3）检查电动机、减速器、液力耦合器、机头、机尾等各部分的连接件是否齐全、完好、紧固，减速器、液力耦合器有无渗油、漏液现象，油量是否符合要求。

（4）检查电源电缆、控制线、监控线是否吊挂整齐、有无受挤压现象，信号是否灵敏可靠，喷雾洒水装置是否完好。

（5）检查刮板链松紧情况，刮板与螺丝齐全紧固情况及转载机机尾与工作面刮板输送机机头搭接情况。

（6）检查转载机桥身部分和倾斜段的侧板和底托板的固定螺栓是否紧固，行走小车是否平稳可靠。在空载情况下开机时，各部件的运转应无异常声音，刮板、链条、连接环有无扭挠、扭麻花、弯曲变形等。

5.2.17.4　正常操作

（1）确定人员离开机械转动部位后，发出开机信号，先点动3次，再启动试运转，正常后对转载机进行试运转。

（2）对试运转中发现的问题要及时处理，处理时要先发出停机信号，将控制开关的手柄扳到断电位置锁定，然后挂上停电牌。

（3）发出开机信号，待接到开机信号后，打开喷雾装置，然后点动3次，再正式启动运转。

（4）运行中要随时注意机械和电动机有无震动，声音和温度是否正常，转载机的链条是否一致（在满负荷情况下，链条松紧量不允许超过两个链环长度），有无卡链、跳链等现象。发现问题要立即发出信号停机处理。

（5）结束工作面前将机头、机尾和机身两侧的煤、矸清理干净。待工作面采煤机停止割煤，工作面刮板输送机、转载机内的煤全部拉完后，再向控制台喊话，停止转载机，关闭喷雾阀门。

5.2.17.5　特殊操作

（1）移动转载机前要清理好机尾、机身两侧及过桥下的浮煤、浮矸，保护好电缆、水管、信号线、液管等，并将其吊挂整齐。检查各液管是否有漏液现象，所用老汉木打紧、打牢，老汉木是否有防倒措施，拉移大链松紧度调整的是否合适。检查巷道支护并确保安全的情况下移动转载机。

（2）拉移转载机时必须由三人协同操作，所用信号要明确可靠，一个在转载机头观察跑道情况，一个在机尾观察，一人操作，发现问题必须立即停止拉移。

（3）移动转载机时要保持行走小车与带式输送机机尾架接触良好，不跑偏，移设后搭接良好，转载机机头、机尾保持平、直、稳，油缸活塞杆及时回收。

5.2.17.6　收尾工作

（1）清扫各机械、电气设备上的粉尘。

（2）在现场向接班司机详细交代本班设备的运转情况、出现的故障、存在的问题，并按规定填写设备运行记录。

5.2.18　湿式喷浆机操作规程

5.2.18.1　准备

（1）按规定佩戴好劳动保护用品。

（2）携带好随身作业工具，保证行动安全方便。

（3）领取矿灯和自救器时，要检查是否完好，性能可靠。

（4）必须携带安全工作资格证，无证不准上岗。

（5）检查电气装置各线路接点是否牢固和有无漏电现象。

（6）观察油标，检查减速器内润滑油是否充足。

（7）检查机器各部分的联结是否正确、牢固。

（8）短时运转一下机器，以便于掌握运转情况（注意运转方向是否与箭头方向一致，避免摩擦板发热）。

（9）检查施加于结合板的夹紧压力，先用手锁紧夹紧装置杆上的螺母，直到压紧为止，然后再使用扳手上紧 2~3 圈，直到结合板不漏气为止。有两种检查结合板夹紧程度的方法，可任选一种：

1）弯折输料管，打开主阀门，压力在 0.3MPa 左右时，结合板处没有压气泄出。

2）转动机器约 1/2 圈，当停机时，转子立即停止并向后转动稍许（由于压紧橡胶的弹性所致）。

3）检查除尘管路各部件是否完好，有无破损情况。

5.2.18.2　作业

准备工作完毕后，就可向机内加入拌合料，机器操作者应首先打开总风管阀门，上风管的阀门开启 1/3 圈，再调整下气管（到旋流器的压缩空气）到大约 0.05~0.1MPa 空载气压（取决于输送距离）。同时，开启除尘装置阀门，然后喷射工开启喷头水阀，预湿待喷地点表面。这时操作工可开动机器，开始喷混凝土作业。现在工作压力大约是 0.2 ~ 0.4MPa，根据拌和料水灰比和输送距离长短，调整确定通往旋流器的气压后，再次开启上气管阀门，直到机器余气口处没有较多的物料泄出为止。

5.2.18.3　停机

（1）先关闭混凝土搅拌机，待料斗内无料时，关闭混凝土喷射机料斗振动器阀门和速凝剂料斗振动器阀门，然后关闭混凝土喷射机电机和除尘器电机，喷头不出料时，关闭上下风路阀门和主风阀。

（2）旋转除尘器侧面手柄，清除滤袋表面灰尘。拔下吸尘管，清理吸尘管及两端接头内粉尘。

（3）打开上溢气观察口盖，清理上溢气孔内粉尘。

（4）拔下除尘器吸尘管，清理吸尘管及两端接头内粉尘。

（5）打开积尘室抽屉，清空粉尘。

（6）清理搅拌机各料斗螺旋叶片上的黏结料，打开搅拌输送料槽橡胶护板清理螺旋叶片及护板上的余料。清理混凝土喷射机及搅拌机其余各部件卫生。

5.2.18.4　交班

（1）每班应拆卸混凝土喷射机出料弯头，橡胶结合板旋转体，清除黏结物，拆卸座体，清除积存在座体内的余料。

（2）加料均匀与喷射作业协调一致，避免压死振动筛现象发生。

（3）如果混凝土喷射机料斗内返风严重，说明压紧机构未压紧，或摩擦板磨损严重，应予更换。

（4）若料斗座与转子体之间有气体排出，可能是橡胶防尘护套变形或损坏，应检查和更换。

（5）除尘器内滤袋按日三班工作制，应每月更换一次。拔下除尘器吸尘管，启动除尘器电机，手掌放置于除尘器吸入口，应感觉到明显的吸入力。若无吸入力或吸入力很小，说明滤袋堵塞严重，失去过滤功能，应予以更换。

5.2.19　可伸缩胶带输送机司机操作规程

5.2.19.1　上岗条件

胶带输送机司机必须熟悉胶带输送机的性能和构造原理，具备保养、处理故障的基本技能，必须经过专业技术培训，考试合格，取得操作资格证后，方可持证上岗。

5.2.19.2 安全规定

（1）所有保护装置，如烟雾报警、超温洒水、跑偏、低速、煤位、信号闭锁系统、制动及制动闭锁系统均应齐全且灵敏可靠。严禁甩掉任何一种保护强行开机运行。

（2）禁止超负荷运转。

（3）禁止人员乘坐胶带输送机。在人员跨越处必须设有过桥。

5.2.19.3 操作准备

（1）检查动力系统、各种保护装置、连接件的紧固情况，信号闭锁完好情况。

（2）检查动力系统油脂、油位是否符合规定。

（3）检查清煤器的磨损情况。

（4）检查胶带张紧程度是否适当、胶带接头是否良好。

（5）检查胶带是否跑偏，托辊是否齐全并转动灵活，托辊架是否牢固、平正。

（6）检查底胶带是否有摩擦异物现象。

（7）检查喷雾装置是否完好。

（8）检查油泵电机及抱闸系统是否完好。

5.2.19.4 正常操作

（1）发出启动报警信号，并与各岗位取得联系，接到允许开机信号后方可启动运转。

（2）胶带输送机启动后，注意观察运行状况，检查各部轴承、电机、减速器等温升是否符合规定，若有异常，停机处理。

（3）胶带输送机运行中，集中精力，防止出现误操作。

5.2.19.5 特殊操作

（1）缩胶带操作：

1）空负荷情况停车，切断电源并将开关手把打到零位，挂上停电牌，准备开储带装置拉紧绞车。

2）根据胶带机尾承载段长度拆除相应长度的中间架及托辊，并回收至胶带头联络巷码放整齐。

3）操作收缩油缸，把承载部连同皮带机尾一起向前牵引，直到与所剩余的中间架相对接，调整机尾部与中间部的中心，使之在一条直线上。

4）启动张紧车进行储带。

5）胶带张紧好后，摘去停电牌，发出启动信号，空载运转试车，检查调整胶带输送机机尾和机头储带仓跑偏情况。

（2）回撤胶带操作：

1）空负荷情况停车，切断电源并闭锁。

2）停机前应使要回撤的胶带停在离收带绞车最近处。

3）停机后在回撤胶带处将胶带锁固。

4）在收带接头处把非收的胶带用专用带夹夹住，并打好压戗柱。用带夹把所收胶带连到绞车钩头上，绞车绳不顺向时要加导向滑轮。

5）启动张紧绞车、松胶带。收带绞车司机根据专人的指挥间断地牵引收带，直到所收胶带全部拉出。

6）除去所收的胶带，接好胶带接头，整理好收带处的中间架，最后打开闭锁。

（3）启动张紧绞车，使胶带张紧，主电机送电，点动空载试车，检查跑偏情况。

（4）载重试车，如有问题及时处理。

5.2.19.6　收尾工作

（1）正常情况下工作结束停车时，使胶带处在最小负荷状态下，避免胶带输送机载重启动。

（2）停车后重新检查各种保护及各个部位的状况，处理异常现象。

（3）在现场向接班司机详细交代本班设备的运转情况、出现的故障、存在的问题。按规定填写设备运行记录。

5.2.20　掘进机维修工操作规程

5.2.20.1　适用范围

本规程适用于全省各类煤矿中从事巷道掘进机维修作业人员。

5.2.20.2　上岗条件

（1）维修工必须经过专业技术培训，并考试合格后，方可持证上岗。

（2）维修工必须熟悉机器的结构、性能、工作原理，具有一定的机械、电气基础知识，掌握维修技术。

5.2.20.3　安全规定

（1）维修时必须将掘进机截割头落地，并断开掘进机上的电源开关和磁力起动器的隔离开关；严禁其他人员在截割臂和转载桥下方停留或作业。

（2）要严格按照技术要求，对机器进行润滑、维护保养，不得改变注油规定和换油周期。

5.2.20.4 操作准备

（1）带齐维修工具、备品备件及有关维修资料和图纸。

（2）维修前必须认真检查掘进机周围的顶板、支护、通风、瓦斯情况，以确保工作区域安全。切断机器电源，将开关闭锁并挂停电牌。

5.2.20.5 正常操作

（1）严格按规定对机器进行"四检"（班检、日检、旬检、月检）和维护保养工作。

（2）润滑油、齿轮油、液压油牌号必须符合规定，油量合适，并有可靠的防水、防尘措施。

（3）液压系统、喷雾系统、安全阀、溢流阀、节流阀、减压器等必须按照使用维修说明规定的程序进行维修并将其调整到规定的压力值。

（4）机器要在井下安全地点加油，油口干净，严禁用棉纱、破布擦洗，并应通过过滤器加油，禁止开盖加油。

（5）需用专用工具拆装维修的零部件，必须使用专用工具。严禁强拉硬扳，不准拆卸不熟悉的零部件。

（6）油管破损、接头渗漏应及时更换和处理。更换油管时应先卸压，以防压力油伤人和油管打人。

（7）所有液压元件的进出油口必须戴防尘帽（盖），接口不能损坏和进入杂物。

（8）更换液压元件应保证接口清洁。螺纹连接时应注意使用合适的拧紧力矩。

（9）液压泵、马达、阀的检修和装配工作应在无尘场所进行，油管用压风吹净，元部件上试验台试验合格后戴好防尘盖（帽），再造册登记入库保管。

（10）紧固螺钉（栓）必须按规定程序进行，并应按规定力矩拧紧。采用防松胶防松时，必须严格清洗螺钉及螺钉孔。

（11）在起吊和拆、装零部件时，对接合面、接口、螺口等要严加保护。

（12）电气箱、主令箱和低压配电箱应随掘进机进行定明检查和清理，各电气元器件、触头、接插件连接部分，接触要良好。

（13）隔爆面要严加保护，不得损伤或上漆，应涂一层薄油，以防腐蚀。

（14）电气系统防爆性能必须良好，杜绝失爆。

（15）电机的运转和温度、闭锁信号装置、安全保护装置均应正常和完好。

（16）在机器下进行检修时，除保证机器操作阀在正确位置锁定外，还应有至少一种机械防尘装置。

（17）机器在中、大修时，应按规定更换轴承、密封、油管等。

（18）设备外观要保持完好，螺丝和垫圈应完整、齐全、紧固，入线口密封良好。

（19）严格按规定的内容对掘进机进行日常和每周的检查及维护工作，特别是对关键部件须经常进行维护与保养。

（20）应经常检查和试验各系统的保护和监控元件，确保正常工作。

5.2.20.6　收尾工作

（1）维修工作结束后，应对掘进机进行全面检查，并参照出厂验收要求试车，符合要求后，方可交付司机使用。

（2）清理好机器表面，并将工具及技术资料整理好，放置在专用工具箱内，妥善保管。

（3）维修人员应将机器存在问题及维修情况向司机和有关人员交代清楚，并做好维修记录，存档备查。

5.2.21　水泵工操作规程

5.2.21.1　上岗条件

司机必须经培训、考试合格后持证上岗，熟悉排水设备和控制电气设备的构造、性能、工作原理，做到会使用、会保养、会排除一般性故障。

5.2.21.2　安全规定

（1）上班前禁止喝酒，接班后不得做与本职工作无关事宜，遵守《煤矿安全规程》有关规定。

（2）严格遵守以下安全守则和操作纪律。

1）不得随意变更保护装置的整定值；

2）操作高压时一人操作一人监护，戴绝缘手套，穿绝缘靴，站在绝缘台上，电器电机接地良好。

（3）有下列情况，水泵不得投入运行：

1）电动机故障没排除，控制设备、电压表、电流表、压力表失灵；

2）水泵或管路漏水；

3）电压降太大，电压不正常；

4）水泵不能正常运行、管路不能正常工作。

（4）在发生或处理事故期间，司机不得离开泵房。

5.2.21.3　操作准备

（1）水泵启动前应对下列部位进行检查：

1）设备各部件螺栓紧固、无松动、阀门灵活可靠。

2）联轴器间隙符合规定。防护罩应可靠。

3）轴承润滑油质合格，油量适当。

4）接地系统正常。

5）各仪表指示正常，电源电压符合要求。

（2）盘车2～3转，泵转动灵活，无卡阻现象。

（3）对检查发现的问题必须及时处理，设备不得带病工作。

5.2.21.4　操作顺序

启动：向泵充水→充满水后启动电机→电机达到正常转速后，打开排水阀门→完成启动→正常排水；

停机：关闭水泵出水口阀门→断电停机。

5.2.21.5　正常操作

（1）泵体充水必须将泵或水龙头灌满水，泵内无水或有积存空气不得启动。

（2）启动水泵电动机。

（3）水泵司机班中应进行巡回检查：

1）检查时间每小时一次；

2）检查内容：水泵有无异常声音，振动、出水是否正常，电机温度、水泵温度、水泵密封的松紧程度，不进气，滴水不成线；

3）随时观察后段平衡管内水的流动，绝对禁止堵塞。

（4）司机日常维护内容：

1）轴承润滑、油质油量要符合规定；

2）更换盘根，调整好松紧程度，保持均匀漏水每分钟10～12滴；

3）定期清刷水龙头罩，清除吸水井杂物。

5.2.21.6　特殊操作

（1）出现下列情况之一应紧急停机：

1）泵震动或故障性异响；

2）水泵不吸水、漏水或闸阀、法兰滋水；

3）启动时间过长，电流不返回；

4）电机冒烟、冒火、电影断电；

5）电压降严重超标，水泵电机变声、电流值明显超限；

6）其他紧急事故。

（2）紧急停机程序：

1）在时间允许时，先关出水阀门，否则停机后应立即关闭出水阀门；

2）拉开负荷开关，停止电机运行；

3）若电源断电停机时，拉开电源刀闸；

4）做好记录。

5.2.21.7　收尾工作

检查设备，清理和擦净水泵上的油水和污物，保持设备清洁完好，清扫泵房卫生，认真做好记录，做好交接班工作。

5.2.22　信号工操作规程

5.2.22.1　一般要求

（1）信号工必须经过培训，考试合格后持证上岗作业。

（2）信号工必须熟练掌握信号装置的结构、原理和操作方法，做到"会使用、会维护、会保养、会处理一般性故障"。

（3）信号工必须熟知巷道的长度、坡度、边坡地段、中间水平车场、轨道状况、安全设施配置、信号联系方式、规定牵引车数等基本情况。

（4）信号工必须严格执行"行车不行人、行人不行车"的规定。

（5）信号工必须严格遵守信号规定。信号规定：1）一点停车；2）两点拉车；3）三点放车；4）四点慢拉；5）五点慢放。

5.2.22.2　作业前检查

上岗后，必须对运输线路及信号系统全面检查一遍，发现隐患要立即进行处理，现场无法处理的要立即汇报。隐患不处理，不准发开车信号。

（1）检查信号系统是否齐全，声光兼备，声音清晰，准确可靠。

（2）配合把钩工检查。

1）检查钢丝绳：要求无弯折、无硬伤、无打结、无严重锈蚀，断丝不超限，保险绳与主绳连结牢固，无损伤。

2）检查阻车器、挡车杠、跑车防护装置等安全设施是否灵活可靠。

3）检查轨道、道岔质量是否完好。

（3）检查运输线路上是否有障碍物，轨道两侧是否有足够的安全行车空间。

（4）检查运输线路内顶帮支护是否完好，有无完全隐患。

（5）检查、确认运输线路内有无行人或作业人员，严格执行"行车不行人，行人不行车"的规定。

5.2.22.3　正常操作

下放车辆：

（1）把钩工挂钩后，信号工必须认真检查确认车辆连接状况。

（2）认真检查核对所挂车辆的质量和数量是否符合规定。

（3）认真检查待运车辆捆绑是否牢固，重心是否稳定，有无超高、超宽、超长车辆。

（4）检查确认运输线路内无行人或作业人员。

（5）确认无误、接到把钩工发出行车指令后，发信号给下车场信号工，待回复可以行车后，发出缓慢开车信号。

（6）监视阻车器、挡车杠开启状态和车辆运行状况，目送车辆通过阻车器、挡车杠。

（7）发送正常行车信号，正常行车。

（8）下平台信号工密切关注轨道上的车辆运行情况，当车辆距离下车场挡车杠 20m 时，向绞车司机发出减速信号。

（9）监视车辆通过挡车杠和道岔，车辆到达底车场后，及时发出停车信号。

5.2.22.4　安全注意事项

（1）信号工必须站在躲避硐室内操作信号，严禁站在巷道内或危险地点操作信号。

（2）严禁他人代替发送信号。

（3）严禁用矿车运送人员，严禁扒、蹬、跳车。

（4）车辆运行时，应严密注视车辆运行状况，发现异常，及时发送停车信号。

（5）严禁用空钩头拖拉钢轨等物料，拉空钩时必须有专人牵引，并通知绞车司机低速运行。

（6）运送超长、超宽、超高、超重以及特殊物料的车辆时，必须有经批准的安全措施，并严格按照措施要求操作。

5.2.23　无极绳绞车司机操作规程

5.2.23.1　一般规定

（1）绞车司机必须由经过培训后，取得合格证的人担任，并持证上岗，其他人不得操作。

（2）信号工必须持证上岗、坚守岗位，精力集中，认真操作，与绞车司机要密切协作，不做与本岗位无关的事。

（3）信号工跟车时应走在大巷人行道。

（4）绞车钢丝绳每班必须有专职人员检查2次，发现钢丝绳变化异常或断丝增多时，应及时向有关部门及有关领导汇报。

5.2.23.2　绞车运行前的检查

检查起动器、通信信号、语音报警等电气设备是否正常；电机对轮处的手闸应处于松闸状态；路途挡车器应处于打开位置；轨道中有无影响车辆运行的杂物，巷道内保险设施是否灵活可靠；运输时检查车辆之间的连接及保险绳连接是否可靠；载重车是否超载或偏载，绞车严禁超载，运送三超物件时必须编制专门安全措施。

（1）绞车。

1）开车前应检视各连接处是否正常，如电气线路是否正确，开关等有无缺陷；各连接处螺栓是否紧固；轴承及减速器内润滑油是否充足；销轴等构件是否窜动，按钮、护罩、钢丝绳等是否符合规定。

如果换挡运行，挡位是否正确、到位和自锁良好等，在检查完各处情况，一切正常后，可开动电机进行运转；在检查电液制动闸正常和绞车无异声后方可正常运行。

2）手闸的使用，当在停车时电解液制动闸不能保证绞车停止转动时，应立即使用手闸进行制动。

3）无极绳绞车机械换挡变速时，必须是在停车后进行，在运行中严禁换挡。换挡手柄必须在慢速位置或快速位置，严禁挂空挡开车。换挡时如不能顺利挂挡，允许盘转电机连轴器。

（2）张紧装置。

1）张紧装置应牢固、垂直地安装在水泥地基上，每班应检查螺栓固定基础情况，不得有松动变形情况；

2）张紧装置两端导向轮的方向，应与钢丝绳的走向保持一致；

3）运行时须注意顶滑轮和配重是否上下移动自如，不得有卡滞现象。

4）该装置可吸收钢丝绳系统由于弹性变形而伸长的部分；同时，可为绞车提供尾张力，保证钢丝绳在卷绳筒绳衬上有较稳定的正压力，促使绞车正常牵引，而不致钢丝绳在卷绳筒上打滑。

（3）梭车。

1）每班运行前，必须由专人检查梭车上固定钢丝绳的两个楔块，如有松动情况应立即加以紧固。梭车的梭头前后2m的钢丝绳是重点部位，要重点检查，每班应有专人检查2次，并做好记录。在发生掉道事故或碰撞道轨上物品时，要立即检查钢丝绳，否则不准开车。

2）预紧钢丝绳的方法。钢丝绳的预紧力，以运输最大重物时，张紧装置重砣不落地为宜。张紧钢丝绳前，应先检查钢丝绳在各部件中位置是否正确。

钢丝绳的预紧方法是：人工（或小绞车）将巷道中多余的钢丝绳存于梭车处，慢慢将绳头送过梭车牵引板和制动插爪后，用手摇柄转动储绳筒，将多余的钢丝绳按顺序缠绕到储绳筒上，然后用5~10t葫芦（一端固定在梭车上，另一端固定在梭车外的钢丝绳上）拉紧钢丝绳，可连续重复上述动作，当达到要求的预紧力时，把钢丝绳在梭车上的固定装置固定牢固，并锁紧储绳筒。

（4）尾轮。

1）每班运行前，必须检查固定尾轮的拉杆和钢丝绳是否松动或变形。

2）由信号工检查尾轮上是否有妨碍转动的杂物，如有必须清除干净，以防安全隐患。

（5）导向轮及各过渡轮。每班运行前，必须检查张紧装置中的导向轮及各过渡轮的轮系是否变形、磨损或扭转，发现问题必须立即处理。

5.2.23.3 使用注意事项

（1）开车时，检查电机温度是否正常、绞车是否漏油，运行时有无异常响声。声光报警、手持电台通话、信号是否清晰可靠，如发现问题必须停车处理，未处理好不准开车。车辆运行时必须严格执行"开车不行人，行人不开车"制度。

（2）跟车时，信号工应在车辆行驶的前方，并与车辆保持不小于5m的距离或在车辆运行的后面，不准在车辆中间位置跟车。

（3）信号工应随身携带信号发射机。梭车运行时，前面的信号工时刻注意车辆行走前方轨道是否正常，轨道中有无影响车辆运行的杂物。后面的信号工负责收放保险杠，遇有异常打点停车，处理好后再开车。

（4）闲杂人员不得在绞车房内逗留，更不允许私自开车和司机谈话。

（5）车辆运行时，除跟车信号工外不允许人员在巷道内行走，更不许碰拉钢丝绳或跨越轨道。

（6）道轨必须符合铺设质量规范要求。每天由专人负责检查道轨、道岔、道间隙（规定道接头左右错口不大于5mm，上下错不超过2mm）。

（7）在确保轨道顺直平滑时，为提高轨道物料的运输效率，梭车允许前顶后拉运送物料。梭车向上顶料车时，前面只能是矿车装的物料，梭车前顶后拉时，两端都必须挂保险绳，挂红灯。

（8）临时手动保险杠需是常闭状态，梭车过来时由前面信号工搬开，过去后由后面的信号工及时将保险杠放回道心。

（9）发现无极绳绞车绳突然松动时，应立即停车检查钢丝绳松动原因，问题处理好，确认无问题方准开车运行。

（10）开车时，司机必须在听清信号后开车，信号不清楚不准开车。

（11）发现张紧装置的导向绳轮上的钢丝绳吊脖时，应立即解决，否则不得开车。

（12）矿车掉道复轨时，必须由一名有经验的老工人统一指挥处理，对绞车的钩环、绳进行检查，无问题时复轨。处理掉道时矿车两侧严禁站人。掉道车的下方必须打设可靠的防跑车老杠，严禁摘钩处理掉道。

（13）信号工必须等车停稳后，方可进行摘挂，摘挂要迅速、准确、严禁漏挂，信号工必须保证信号清晰可靠。

（14）巷道内严格执行"四保险，三固定"制度。

（15）保持机电设备完好，需停电检修绞车运转部件时，必须将电源开关锁住，并挂牌放专人看守。

5.2.23.4　启动与运行操作程序及注意事项

（1）信号工确定具备开车条件后，再发送开车信号，绞车司机在接到信号后，松开手闸，启动开车。

（2）信号工和绞车司机一定要熟记信号的使用规定（一停、二快进、三快退、四慢进、五慢退）。

（3）信号工要注意观察钢丝绳在轨道中的位置，以及车辆运行是否平稳。

（4）绞车司机要注意钢丝绳在绞车滚筒上的缠绕情况，尤其观察张紧装置动作状态，若运行中张紧装置一侧配重突然下坠，而另一侧配重突然提起，说明车辆在运行时出现问题应立即停车，了解情况予以处理。

（5）车辆运行中，绞车司机不得擅自离开工作岗位。

5.2.23.5　运行监测和记录

每班都应对运输货物种类、运输量、设备运行情况、发生的故障原因及处理进行记录。

交接班时，上一班应如实将运行情况或故障情况反映给下一班，接班者应及时了解上一班的设备运行状态，若存在安全隐患应立即排除。

5.2.23.6　停车操作及注意事项

信号工待车辆即将运行到位时发送停车信号，绞车司机接到停车信号后马上操纵停车按钮停车。

信号工也可以用发射机的紧急停车按钮停车。停车后绞车司机应注意绞车制动闸制动是否可靠。

5.2.23.7 维修保养与常见故障处理

（1）绞车维护。

1）要经常观察轮衬的磨损情况，轮衬绳槽磨损到固定绞制螺栓后要及时更换。

2）轴承的润滑油使用黄油，每周至少加油一次，轴承温升超过70℃时应立即停车查明原因，并检查其磨损情况，如发现磨损过快或有异常声响，则应查明原因进行修理或更换。

3）油量不足时应随时补充，根据润滑油的光泽、黏度和有无污染杂质，每3~6个月换油一次。

4）开式大小齿轮可以从齿轮罩处加入机油或黄油，经常保持其润滑良好，每周加油一次。

5）电液闸推动器可加注46号机械油，并且加满。

制动器中制动闸瓦磨损后要及时更换。制动闸间隙过大或过小时，可以旋转反正丝母来进行调整，刹车石棉带磨损后应即时更换。

6）机房内应保持整洁，整个绞车应保持清洁不积尘污。

（2）张紧装置维护。各滑轮的轴端均有注油嘴，每周须用黄油枪注钙基润滑脂一次。

导向轮磨损时，应及时调整方向或调整前后导轮使用，严重时须更换。

配重导向杆等应加注黄油，每周加油一次。

（3）尾轮维护。尾轮中间轴端上有注油嘴，每周须用黄油枪注钙基润滑脂一次。

固定尾轮用的钢丝绳直径，应选用不小于 $\phi18.5mm$，须缠绕至少3圈，紧固绳卡不得少于6只，并经常检查松动状况。

（4）轮组维护。

1）经常检查各轮组的运转情况，及时清理影响轮子转动的杂物。轮子转动不灵活时应及时处理。

2）定期给各轮组加注钙基润滑脂。

3）定期检查各轮组的磨损情况，磨损厉害时须更换轮体或调换方向使用。

所有参与运输施工人员必须认真学习本措施，严格遵守以上运输安全技术措施。

5.2.24 钉道工安全操作规程

（1）钉道工要学习铺轨质量标准，必须按设计要求铺道。

（2）钉道工要经常检查所使用的工具是否牢固可靠。

（3）钉道工要经常巡视检查运输线路，发现问题及时处理，轨道修理前必须将材料工具准备好，并与调车站联系，经调车站允许后方可开始维修工作，修理地点前后60m以外必须设置醒目标志：井下挂红灯，没有架线的地方必须设人员警戒。地面夜间挂红灯，白天设警标。

（4）铺弯道时，必须提前弯好钢轨，弯道半径要一致，重点地段应加钉护轨并加设拉杆。

（5）轨枕间距直巷不超过600mm，弯道处适当加密。

（6）道床要用道碴填平实，道床材质及厚度应符合设计，轨枕三分之二高度应埋入道碴内，道床应经常清理，保持无杂物，无浮煤。铺道前要对轨道枕木规格、长度、铁道型号、螺丝、夹板、道岔型号等检查一遍，确保所用型号规格均合格，否则严禁使用。

（7）同一巷道铺轨应采用同型号钢轨，两种轨型高差大于2mm时，接头处应使用异形夹板，有条件时，接缝处应采用焊接方法连接。

（8）轨道接头要悬接，禁止垫接。直线段采用对接。曲线段和斜坡采用错接，错接距离不得小于2m。铺设轨道时，必须符合标准。

（9）钉道时，混凝土轨枕要塞紧木楔，钢轨下加橡胶垫，道钉紧贴道底直接垂直打入，木轨枕内外道钉要错开。

（10）钉道时二人对面打锤必须配合好，处理歪浮道钉时，应通知对方。

（11）用撬棍撬枕木道钉时，要用手掌压住撬棍，不能握紧撬棍或坐在撬棍上，手握撬棍位置要躲开轨面。

（12）铺设弯道时，外轨要适当加高、轨距要适当加宽。

（13）搬运轨枕要轻装轻卸并注意周围人员，禁止使用坏损的轨枕。

（14）压撬枕木必须脸向外侧，起顶时两手错开钢轨。

（15）用抱锤栽钉，不准打抢锤，防止飞钉伤人。严禁在轨道上或轨缝处用道锤锤直道钉，以免伤人。

（16）手工锯轨、钻眼时要把钢轨垫平稳，不许手脚伸向轨下；不准用手指探试轨眼。

（17）装卸钢轨或大件时，必须有专人指挥，动作一致，注意周围环境及脚下障碍物。

（18）上螺丝时，不准用手指探测螺丝孔，上卸螺丝严禁他人用道锤打夹板，紧螺丝时不准用道锤打螺丝帽，使用刹子刹螺丝时，拿刹人和打锤人不得在一条直线上。

（19）钉道钉时要稳、准，二人对站不准打过锤，不准抢锤压钉子，压撬棍人要面向外侧，轨底有异物不准用手清除。

（20）摇道时，拿杠子人要注意前后人员，两脚顺枕木空站立。

（21）有架线地段作业时，要拉开架线分区开关。使用工具不许超过架线高度，站在矿车上卸料时刻注意防止碰触架线。

（22）拆除旧巷道内轨道及在通风不良的独头巷道作业，要与通修段联系，经通修段人员确认安全后方能作业。

（23）斜巷作业各种材料工具要拿牢、放稳，以防滚落伤人。

（24）斜坡铺道、修道应遵守下列规定：

1）提升斜坡必须按设计要求铺设地滚，地滚必须安装牢固。

2）在斜坡上进行修道、更换地滚和注油等工作，必须得到信号工的允许。

3）修道、更换地滚等工作完成后，必须将物料清理干净。

4）在斜坡上只准一组人员工作，严禁同时作业。工作地点下方不得有人，坡头设好警戒。

5）运输斜坡铺道，当巷道坡度超过 20°时，应按设计要求加设底梁固定轨道，轨道错接距离不得小于 2m。

（25）在通风不良和失修巷道内铺设及拆道前，要检查瓦斯、顶帮和支架，确认安全方可进行工作。

（26）铺轨工作完毕应将巷道杂物清理干净。

（27）拆道、运道应遵守下列规定：

1）拆道前应先检查巷道是否有应运出的物料，物料未运出前，不许拆道。

2）拆除锈蚀的螺丝可用扁铲铲断，操作时防止螺帽飞起伤人。

3）人工搬运旧道要拆开道节，以防断裂伤人。

4）抬钢轨时，两头不得同时抬起，人员站在同一侧。

5）装运钢轨时，先检查车辆是否平稳，将钢轨捆绑牢固，运送前与调度站联系，轨道的运输捆绑标准执行《长沟峪煤矿运送物料车管理规定》。

6）人工运送钢轨时，人员不得在两侧推车。

7）在斜坡上禁止人工手抬、肩扛钢轨，应用绳索拉或设好挡闸，人力溜放、拉放只准一组人员进行工作，并在斜坡下口设好警戒。

8）斜坡拆下的钢轨，利用绞车提升或下放时，必须集中装运，捆绑牢固，采用信号联系，上、下口设好警戒。

（28）井下使用电气焊必须执行电气焊安全技术措施，持工作票。

（29）有关电焊、气割、起重等工作，应由经过专业技术培训合格的人员承担，并执行矿相关工种的操作规程。

（30）除遵守本规程外，还要遵守《煤矿安全规程》及公司、矿、段有关规定。

5.2.25　电钳工操作规程

接班时必须做到：

（1）上岗前必须佩戴好安全帽及其他劳动防护用品，穿好工作服并扣全扣子、扎紧袖口；检查劳保用品是否穿戴整齐（包括工作服、绝缘靴、工作帽）。

（2）携带齐全机电维修工具和绝缘用具；检查电工工器具（主要指绝缘钳、扳手、电工刀、螺丝刀、试电笔、万用表）是否准备齐全。

（3）检查沿途所管辖范围内电缆、接线盒、照明灯、电气开关设备的摆放、吊挂、防爆外壳完好、清洁卫生等情况，查阅各种有关记录簿的记录事项，了解供电线路的变化并询问交班电工进行验证。

（4）检查工具箱内备件及工具的数量和完好情况，向交班人员询问备件的使用情况。

（5）询问交班人员前两班所出现的故障，问清故障现象、故障原因和采取措施。

（6）配合绞车司机、刮板运输机司机、皮带司机、掘进机司机、耙装机司机、喷浆机司机检查相关设备的运行情况，对检查出的问题要求交班司机和交班电工进行处理，短时间内无法处理的汇报工区值班人员，由接班司机和接班电工处理。

（7）有下列情况之一者，接班人员应拒绝接班并向工区值班人员汇报。

1）设备状态及运行情况不明。

2）安全保护装置及闭锁失灵或损坏。

3）工具、材料、配件无故不全或有丢失现象。

4）各种记录和技术资料不全或有丢失现象。

5）设备和工作场所不整洁。

6）交班电工提前上井或离开迎头不进行交接班。

工作前必须做到：

（1）维修前必须检查、清点应带的工具、仪表、零部件、材料，检查验电器是否保持良好状态。

（2）必须熟悉所维修范围内的供电系统、电气设备和电缆线路的主要技术特征以及电缆的分布情况。必须熟悉施工掘进工作面机电电气设备的性能、原理等，掌握使用和保养知识。

（3）在井下电气设备上工作，严禁带电作业。井下电气设备在检查、维修、搬移时应不少于两人协同工作，相互监护。检修前必须首先切断电源，并进行闭锁，检查工作地点瓦斯浓度在1%以下时，打开防爆外壳，验电确认已停电后再放电、装设接地线，操作手把上挂"有人工作，禁止合闸"警告牌，然后才允许检修电气设备。高压电气设备停送电操作，必须持有工作票，并严格按照工作票内容操作。挂接接地线或使用接地线放电时，必须先接接地端，再接导体端。验电器电压等级必须略大于电源电压。

工作中必须做到：

（1）工作中严格按照机械电气设备的检查维护（修）程序及安全规程，查找故障原因要认真，根据故障现象和设备原理进行分析，不要受经验主义影响。

（2）打开设备防爆外壳后，不得对设备进行送电。需要送电试运行时，必须将所有设备防爆外壳恢复。

（3）检修电机等电气设备时，拆卸的部件要做标记，妥善放置，组装设备时，防止杂物、工具遗失在设备内；组装完毕，可转动部分电机检查，无异常后再送电试运行。设备的维修质量应达到《煤矿机电设备完好标准》的要求。

（4）电气设备检修过程中不得随意改变原有端子序号、接线方式，不得用关闭保护等方式处理故障，不得用铜丝代替保险管。对各种保护要定期检查，保证灵敏可靠。

（5）电缆选用必须按设计执行，电缆载流量不得小于负荷电流，接线必须符合标准，开关不得超值整定。电缆接线盒的制作和连接必须符合有关工艺要求。

（6）每月检查一次设备的防爆性能，严格按防爆标准保养防爆接合面。每天检查一次设备的外表防爆情况，对失爆的电气设备，必须立即停电进行处理，对在现场无法恢复的防爆设备，必须停止运行，并向值班人员汇报。

（7）电气设备的接地螺栓与接地引线的连接必须接触良好，不准有锈蚀。连接的螺母、垫片应镀有防锈层，并有防松垫圈加以紧固。局部接地极和接地引线的截面尺寸、材质均应符合规定。

（8）严格执行设备检修制度，认真工作，保证质量，不漏检失检，确保设备保护齐全、完好、正常使用，杜绝失爆现象。严禁"三违"，有权拒绝违章指挥。

（9）当发现有人触电时，根据具体情况迅速切断电源或使触点迅速脱离带电体，然后就地进行人工呼吸抢救，同时向地面调度室汇报。触电者未完全恢复，医生未到之前不得中断抢救。

（10）当发现电气设备或电缆着火时，必须迅速切断电源，使用电气灭火器材或沙子灭火，并及时向调度室汇报。严格执行电气设备维护管理制度。

工作后必须做到：

（1）检查电气设备内无棉纱、线头，检查所用工具已回收齐全，拆下停电开关的接地线，合上电气设备防爆外壳，上好固定螺栓，确保螺栓压紧弹簧垫。确认该线路所有电气设备均符合送电条件时，摘下警示牌，打开闭锁，对电气设备进行送电。

（2）合设备防爆外壳时，必须涂抹适量凡士林。

（3）拆除接地线时，必须先拆导体端，再拆接地端。

（4）清理现场卫生，将电缆头、线皮等杂物清理干净。

（5）认真如实填写检查维修记录。

交班时必须做到：

（1）如实向接班电工讲明本班和上一班设备状况、运行情况、巡回检查情况，存在问题，下一班应注意事项、工具、材料和配件存放情况、设备的故障情况及处理方法、供电系统变化情况等。

（2）对接班电工检查出的问题必须及时处理，处理不了的交由接班电工处理。

（3）必须在现场交接班完成后方可上井，有下列情况之一者，交班人员不得交班：

1）按照巡回检查制度规定的内容和要求，本班没有认真对设备进行检查和保养；

2）各种记录簿没有按规定填写；

3）本班发生的事故未弄清楚情况，或留有能处理而未处理的问题，又未得到工区值班人员允许离开时；

4）不是本岗位的人员，又未得到工区值班人员的同意而来接班的；

5）发现接班人员有病、醉酒或精神不正常时应拒绝交班，并及时向工区值班人员汇报。

岗位必知知识：

（1）煤矿安全规程、煤矿机电设备完好标准、煤矿机电设备检修质量标准、电气设备防爆标准、电气安全规程和操作规程；

（2）电工常用仪表的用途和使用方法；

（3）掘进工作面常用设备的结构、性能、工作原理、操作方法、日常维护及故障排除等；

（4）矿山供电常识；

（5）触电急救知识；

（6）矿井巷道布置、煤矿避灾自救知识；

（7）高低压电气设备停送电操作方法。

5.2.26　清煤工操作规程

5.2.26.1　上岗条件

清煤工必须掌握作业规程中与清煤有关的各项规定以及支护工等相关工种

的基本知识，必须经过专业技术培训，考试合格后，方可上岗。

5.2.26.2 安全规定

（1）清煤工必须在完好的支护下清煤。

（2）清煤过程中，若发现有冒顶预兆时，必须立即撤离危险区，并向班（组）长汇报。

（3）清煤时随时观察顶板、煤帮状况，煤壁伞檐超过规定或有片帮危险时必须按规定及时处理。

（4）人员进入机道内擂煤时，必须先停止采煤机和输送机，并进行闭锁。

5.2.26.3 正规操作

（1）清煤时，清煤工站在支架与工作面运输机挡煤板之间，面向采煤机前进方向（在采煤机后方），并与采煤机后滚筒的距离不小于25m。

（2）清煤时要握紧锹把，自上而下清煤。

（3）浮煤清理要符合作业规程要求，清到运输机内，且必须清见底板，严禁清到支架中间。

（4）清煤时应先装块煤，后装碎煤，不许将矸石等杂物清入刮板输送机内。

（5）清理完支架前的浮煤后，要清理干净支架推移油缸、底座及支架脚踏板上的浮煤。

5.2.26.4 收尾工作

收拾好工具，放到指定地点，按规定进行交接班。

5.3 本章小结

本章主要运用流程程序分析和作业分析对综采和综掘作业的主要工种的操作流程进行了优化研究，优化了综采作业的采煤机司机等22个工种岗位操作规程，综掘作业的巷道维修工等26个工种岗位的操作规程。

6 班组长安全管理考核

6.1 班组长的职责

经专家研讨,班组长应具有以下职责:

(1) 班组长是班组的安全、思想政治工作、生产经营活动及其他一切工作的第一责任者。

(2) 大力推动班组民主管理,深化班组内部改革,最大限度地调动全班成员的积极性和创造性,全面完成上级下达的各项经济技术指标,在严格执行安全生产的前提下,按时完成每个班的生产计划和生产任务。

(3) 主动做好班组的思想政治工作,组织好班前会、班后会,组织各种例会、班组的安全学习和培训,包括对新进员工和转岗人员的上岗再培训教育;及时发现在思想上有困难的班组人员,并且解决人员在思想上的问题和心理负担,对员工进行心理疏导,增强班组人员的幸福感和自信心,营造良好的班组环境和氛围。

(4) 带领全班组成员积极参加上级组织的竞赛和岗位练兵,技术比武活动,组织好班内部的竞赛和岗位练兵,技术比武活动。

(5) 始终不渝地贯彻安全第一的方针,认真组织安全质量检查。在自觉接受群监员安全监督的同时,支持群监员搞好岗位监督。

(6) 经常检查班组各类台账的记录情况。

(7) 班组长应该以身作则,带头执行各项规章制度,不违章指挥,不违章操作,不违反劳动和组织纪律,对于违章作业的行为及时制止,并且责令违章人员停止作业,直到危险解除为止。

(8) 在班组的生产、生活和工作当中,班组长要依法依规维护职工的合法权益,对于侵犯职工合法权益的人和事有权向各级领导提出意见和建议。

(9) 班组长负责对班组内部的劳动力进行调配,实行合理的组合,在本班组内可以批准权限范围内的假期,安排顶班、倒休;班组长应该严格执行劳动纪律,维护矿井的安全生产和正常的秩序。

6.2 班组长安全目标管理体系

6.2.1 目标体系

班组长在日常管理工作中,应达成以下目标:

（1）严格执行"安全第一，预防为主，综合治理"的安全生产方针，遵守各项安全生产制度和规定。

（2）不违章指挥，不违章作业，严格遵守劳动纪律，纠正违章行为。

（3）班组中操作机械、电气设备和车辆的相关操作人员都必须做到持证上岗。并且证书必须在合格有效期内，严禁无证人员操作井下的电气设备和车辆。

（4）在班组作业人员上岗作业之前，都必须穿戴规定的服装和劳动保护用品，严格遵守焦煤公司和赵固二矿安全生产责任制的相关规定。

（5）班组必须主动开展安全教育培训和考核，保证每周进行一次集中的安全日学习活动，新员工上岗、转岗和每次放假超过十五天重新上岗的复工人员，都必须进行安全生产教育和培训，保证班组员工对安全生产责任制牢记于心，并且做好相应的培训记录。

（6）确保每名班组成员都会使用自救器、压风自救、灭火器等防护设施和对应的消防器材。

（7）严格执行班前会、班后会制度，在班前会中要对本班的任务做详细的安排，并且强调在作业过程中必须注意的安全隐患、安全管理的薄弱环节和安全防范的重点工作。

6.2.2　措施保障体系

（1）班组长作为班组安全生产的第一责任人，必须要严格执行"安全第一，预防为主，综合治理"的安全生产方针，严格执行国家的安全法律法规和相关文件的规定，严格执行和落实焦煤公司和赵固二矿内部的安全生产责任制、安全生产的各项规章制度和安全生产的各项技术措施。

（2）严格执行班前会和班后会制度，在班前会当中，依据矿相关文件、会议精神，进行总的生产工作安排和安全教育，交代本班的任务和安全注意的事项，按照规定落实现场的安全责任人。按照生产安排和现场的实际情况确定重点工作，分工到每个小组及个人，对特殊、重点、零星工作，进行有针对性的重点安排。班后会时，班长总结当班安全、生产、质量以及其他任务的完成情况，对存在的安全问题和质量标准化方面的问题进行原因分析，提出改正的措施，并且落实到责任人。

（3）班组长对于违章指挥和违章作业的要进行严格的监督作业，对于班组人员存在违章作业的，班组长必须责令其停止工作，直至危险解除。对于违章作业的人员，按照安全奖惩的规定，给予惩罚，并且在全矿通报批评，取消个人的评优资格。对于不听劝阻的违章作业人员，班组长上报给区队，按照相关安全红线管理的相关规定，对于违反规定的员工扣减薪酬 200～1000 元，停工学习 5～7 天，情节严重的给予警告、记过处分，直至留用察看或者解除劳动合同。

（4）班组长要对本班组成员的安全生产教育负责，班组长每周负责主持本班组的安全生产教育和培训，对于新进员工、转岗和复岗员工的安全生产教育和培训，培训主要是围绕三大规程、基本的业务知识、安全法律法规、岗位技能以及新技术新装备应用、安全生产思想教育这几块内容展开。要求班组成员严格按照安全生产责任制和安全生产的各项规章和制度进行工作，同时要求班组成员严格遵守焦煤公司安全生产"红线"和安全管理"重点"，让每个班组成员都牢固树立安全的意识，做到不安全不生产。

（5）在井下进行作业的员工，必须要经过安全生产考核合格，方可从事对应本工种的工作，从事操作机械、电气设备和车辆的员工必须持证上岗，并且证书必须在有效期内，严禁无证人员从事相关的操作作业。

（6）建立班组级别的安全生产管理台账，及时、准确和完整地记录班组台账，以利于后续的检查和提供原始的资料和数据记录，记录每个班组作业时存在的安全隐患和安全管理的重点，记录在班组作业过程存在的问题，班组台账要做到日清日结，员工打分台账要每天打分。

（7）定期组织灾害应急响应的演练和教育，教会班组人员学会自救和互救作业，组织班组员工实地学习和实用压风自救装置、自救器、灭火器等自救设备和消防器材，按照一个季度或者年度的时间安排组织班组员工进行应急救援演练，通过应急救援演练，让员工熟悉井下发生事故时候的避灾路线、逃生线路和发生事故时候的自救互救措施。在发生灾害的时候，最重要的是不能慌，保持一颗清醒的头脑，在逃生的过程中要互帮互助，两人以上同行，共同撤离到安全的地带。当发生火灾事故时，脸朝下扑倒在巷道底板或者水沟当中，用湿毛巾堵住嘴和鼻子，以避开扑面的火焰和防止高浓度气体的伤害，同时，迅速取下随身携带的自救器，以最快的速度佩戴好自救器，并且迅速撤离。当发生水灾时候，要沉着冷静，分析水情，了解周围巷道的情况，然后沿着附近巷道向上撤离。

1）赵固二矿工作面水灾避灾路线：14030 工作面→14030 工作面上顺槽→14030 工作面上顺槽车场→西轨道大巷→轨道大巷→副井底→地面。

2）工作面火灾、瓦斯事故避灾路线：14030 工作面→14030 工作面下顺槽→14030 工作面下顺槽车场绕道→西轨道大巷→轨道大巷→副井底→地面。

说明：撤离优先，避险就近。除水灾以外，在自救器有效的时间内无法撤离的，应立即撤离至顺槽内避难所或西避难硐室进行紧急避险。

6.3　班组的绩效考核

6.3.1　现有的区队对班组的考核

根据班组长的绩效考核办法，可以知道班组长的最终考核得分是和三项内容有关：班组长自身得分、区队对班组的考核得分以及班组成员的平均得分。对这三项的内容在企业原有的基础上进行了改进。

　　根据改善前的区队对班组的考核及评分标准（表6-1）可以知道，改善前的考核细则项目及要求的条列数见表6-2。

表 6-1　区队对班组考核及评分标准（改善前）

区队对班组考核及评分标准

序号	考核项目	考核内容	考核办法	评 分 标 准	加扣分
1	安全现场管理	班组安全无工伤事故	现场	出现微伤的扣20分/人·次	
			现场	出现轻伤的扣50分/人·次	
			现场	出现轻伤以上事故的扣100分/人·次	
		安全"红线"及管理"重点"考核	现场	出现队查扣5分/人	
			现场	出现矿查扣10分/人	
			现场	出现矿级以上查扣20分/人	
		班组安全无"三违"	现场	出现队查严重三违的扣5分/人	
			现场	出现队查一般三违的扣2分/人	
			现场	出现矿及矿级以上查严重三违的扣10分/人	
			现场	出现矿及矿级以上查一般三违的扣5分/人	
		班组安全生产无隐患	现场	队查重大隐患扣2分/条，机电班减半扣分	
			现场	队查严重隐患扣1分/条，机电班减半扣分	
			现场	队查一般隐患扣0.4分/条，机电班减半扣分	
			现场	队查季度集中整治重复隐患、"焦煤信息库"隐患、"薄弱环节"问题或者反复反弹隐患的扣0.8分/条，机电班减半扣分	
			现场	矿查重大隐患扣5分/条，机电班减半扣分	
			现场	矿查严重隐患扣3分/条，机电班减半扣分	
			现场	矿查一般隐患扣1分/条，机电班减半扣分	
			现场	矿查季度集中整治重复隐患、"焦煤信息库"隐患、"薄弱环节"问题或者反复反弹隐患的扣2分/条，机电班减半扣分	
			现场	上级查重大隐患扣10分/条，机电班减半扣分	
			现场	上级查严重隐患扣6分/条，机电班减半扣分	
			现场	上级查一般隐患扣2分/条，机电班减半扣分	
			现场	上级查季度集中整治重复隐患、"焦煤信息库"隐患、"薄弱环节"问题或者反复反弹隐患的扣4分/条，机电班减半扣分	

序号	考核项目	考核内容	考核办法	评 分 标 准	加扣分
1	安全现场管理	班组安全生产无隐患	现场	队查职业病危害防治管理不到位扣 1 分/条，机电班减半扣分	
			现场	矿查职业病危害防治管理不到位扣 2 分/条，机电班减半扣分	
			现场	上级查职业病危害防治管理不到位扣 4 分/条，机电班减半扣分	
			现场	队查安全风险管控措施现场执行不到位扣 1 分/条，机电班减半扣分	
			现场	矿查安全风险管控措施现场执行不到位扣 2 分/条，机电班减半扣分	
			现场	上级查安全风险管控措施现场执行不到位扣 4 分/条，机电班减半扣分	
		质量标准化、文明生产符合标准	现场	设备材料乱扔乱放、码放不整齐的扣 0.2 分/处，矿查 2 倍扣分，上级查 4 倍扣分；机电班减半扣分	
			现场	设备材料未挂牌管理、牌板填写与实际不符、更改不及时的扣 0.4 分/处，矿查 2 倍扣分，上级查 4 倍扣分；机电班减半扣分	
			现场	巷道内有食品袋或饮料瓶等杂物的扣 0.2 分/处，矿查 2 倍扣分，上级查 4 倍扣分；机电班减半扣分	
			现场	巷道内的设备、电缆、小线卫生差、吊挂不整齐或不符合要求的扣 0.2 分/处，矿查 2 倍扣分，上级查 4 倍扣分；机电班减半扣分	
			现场	无各种记录本、记录未填写、填写不符合要求的扣 0.5 分/处，矿查 2 倍扣分，上级查 4 倍扣分；机电班减半扣分	
			现场	现场环境卫生差的扣 0.2 分/处，矿查 2 倍扣分，上级查 4 倍扣分；机电班减半扣分	
			现场	其他文明生产、质量标准化不符合要求的扣 0.2 分/处，矿查 2 倍扣分，上级查 4 倍扣分；机电班减半扣分	
2	安全培训	熟练掌握岗位应知应会内容	查资料和现场	薄弱环节、岗位作业流程、安全"红线"及管理"重点"、事故警示教育、分级管控、应急培训、职业病危害防治等相关应知应会、必知必会内容不会的扣 1 分/人，矿查 2 倍扣分，上级查 4 倍扣分	
				薄弱环节、岗位作业流程、安全"红线"及管理"重点"、事故警示教育、分级管控、应急培训、职业病危害防治等相关应知应会、必知必会内容不熟练的扣 0.5 分/人，矿查 2 倍扣分，上级查 4 倍扣分	

序号	考核项目	考核内容	考核办法	评 分 标 准	加扣分
3	安全效果	头面无被停现象	现场	被上级检查停头面一次扣 50 分	
				因此造成矿井停产扣 100 分	
				被矿井责令停头面一次扣 20 分	
4	其他工作	发现重大事故	查资料和现场	发现重大事故征兆，立即采取措施，及时向区队或上级相关部门报告的，避免事故发生或明显减轻事故危害程度的班组，在享受其他奖励的同时，再给予班组 2~10 分的双基分的奖励	
		双基工作成绩显著		对于班组工作成绩显著，受到矿级以上部门表彰的班组给予 5~10 分的双基分的奖励	
		合理化建议		班组提出安全方面的合理化建议，经采纳后对安全生产有明显效果的，每一条给予班组 5~10 分的双基分奖励	

表 6-2 改善前区队对班组的考核

序号	考核项目	考核内容	条列数
1	安全现场管理	班组安全无工伤事故	3
		安全"红线"及管理"重点"考核	3
		班组安全无"三违"	4
		班组安全生产无隐患	18
		质量标准化、文明生产符合标准	7
2	安全培训	熟练掌握岗位应知应会内容	1
3	安全效果	头面无被停现象	3
4	其他工作	发现重大事故	1
		双基工作成绩显著	1
		合理化建议	1

6.3.2 改善后的区队对班组的考核

（1）班组安全无工伤。在班组安全无工伤这一项里，用了微伤、轻伤和事故来划分细则，这是人体损伤程度的鉴定标准，而工伤是按一至十级划分的，每一级都有详细的原则和条款说明，相比较而言更容易鉴别以及进行后续的检查补偿等工作。但工伤的等级划分有点多，在书面上呈现过于繁多。

根据《最高人民法院、最高人民检察院、公安部、国家安全部、司法部发布〈人体损伤程度鉴定标准〉的公告》区分如下：

1）重伤。使人肢体残废、毁人容貌、丧失听觉、丧失视觉、丧失其他器官功能或者其他对于人身健康有重大伤害的损伤，包括重伤一级和重伤二级。

2）轻伤。使人肢体或者容貌损害，听觉、视觉或者其他器官功能部分障碍或者其他对于人身健康有中度伤害的损伤，包括轻伤一级和轻伤二级。

3）轻微伤。各种致伤因素所致的原发性损伤，造成组织器官结构轻微损害或者轻微功能障碍。

1996 年，国家发布了《职工工伤与职业病致残程度鉴定标准》(GB/T 16180—1996)，标准共分 10 级。2006 年，再次发布《劳动能力鉴定职工工伤与职业病致残等级》(GB/T 16180—2006)，前述《职工工伤与职业病致残程度鉴定标准》同时失效。2014 年颁布《劳动能力鉴定职工工伤与职业病致残等级》(GB/T 16180—2014)，前述 2006 版文件同时失效。《劳动能力鉴定职工工伤与职业病致残等级》(GB/T 16180—2014) 系当前生效的国家标准。劳动功能障碍分为十个伤残等级，最重的为一级，最轻的为十级。

(2) 添加生产任务（定量指标）项。由定量和定性考核指标结合，可以一定程度上避免人为因素对绩效考核效果带来的影响，在现有的考核项中大都是定性的指标，比如安全红线、安全管理重点、三违现象等，这都是按照企业制定的这一类章程中的要求去一一对照检查，这种定性的章程对于某些情况是很难做出很明确的说明的；还有一般和严重的区别也是人为判断的，是根据当时已发生和未发生的情况判断的，很容易存在可操作性。

在此提出建议：添加生产任务指标。由于各班组的工作种类的不同，针对各自的共性和特性工作的绩效考核结果难以在同一绩效环境中进行统一、难以量化，可以用任务数量完成率和任务质量完成率来体现，提高公平性的同时，对整个班组的生产力以及班组员工的工作能力、工作态度有了更加直观的参考数据。

对于评分标准，根据企业自身对任务完成的松弛度来决定，在此选择的数据只作为参考假定，企业可根据实际情况进行调整。

(3) 文明生产单独成项，质量标准划分到生产任务。在原有的质量标准化、文明生产标准项上着重强调了文明卫生，而对任务质量只是一笔带过，也没有具体的扣分细则说明，所以把任务质量、文明生产标准改为文明生产标准单项列出。

对于文明生产考核细则罗列提出的建议：可依据现场 6S 管理——整理、整顿、清扫、清洁、素养、安全分类分条列出。

(4) 添加台账记录情况。在班组长的职责中有检查台账记录，而台账的表面意思是流水账，也就是所谓的明细记录，这是需要班组内负责不同任务的不同成员共同记录完成的，是整个班组共同的责任，台账记录的详细准确对班组甚至企业以后的查阅管控是非常有益的，所以对于台账记录这一项，考录后是有必要纳入对班组考核项中的。比如在区队检查台账时，按条扣分或是按规范程度、详细情况予以加分或者扣分。

（5）合并相同检查项。根据表6-1改善前区队对班组的考核及评分标准可以发现，对于检查方面，不同级别检查相同方面所扣的分数是不一样的，在"质量标准化、文明生产符合标准"这一项目中，以队查扣分数为基数，矿查和上级检查所扣分数分别是其的2倍、4倍。但在之前的安全"红线"及管理"重点"、考核班组安全无"三违"、班组安全生产无隐患这三项中扣分规律与其一致，但单独成条，而且隐患高达18条，也是这一原因，如此设计研究者认为企业可能是因为很重视安全隐患问题，所以才逐一重复列出，强调其安全的重要性。但是从心理学上来看，在主观上会给人一种约束条例太多、有些苛刻、计分烦琐等主观假象。

（6）机电队扣半分做以下说明。在此提出的建议：对于队查、矿查、上级检查相同的项合并起来，归为一条，只写上队查扣分，在表的最后一栏上写——注：以上所有检查项以队查扣分为基础，若遇矿查则2倍扣分，遇上级检查4倍扣分。

改善后区队对班组的考核由43项变为35项，改善后的区队对班组的考核及评分标准表见表6-3。

表6-3 区队对班组考核及评分标准（改善后）

区队对班组考核及评分标准					
序号	考核项目	考核内容	考核办法	评 分 标 准	加扣分
1	安全管理	班组安全无工伤事故	现场	出现微伤的扣20分/人·次	
				出现轻伤的扣50分/人·次	
				出现轻伤以上事故的扣100分/人·次	
		安全"红线"及管理"重点"考核	现场	出现队查扣5分/人	
		班组安全无"三违"	现场	出现队查一般三违的扣2分/人	
				出现队查严重三违的扣5分/人	
		班组安全生产无隐患	现场	队查一般隐患扣0.4分/条，机电班减半扣分	
				队查严重隐患扣1分/条，机电班减半扣分	
				队查重大隐患扣2分/条，机电班减半扣分	
				队查季度集中整治重复隐患、"焦煤信息库"隐患、"薄弱环节"问题或者反复反弹隐患的扣1分/条，机电班减半扣分	

序号	考核项目	考核内容	考核办法	评 分 标 准	加扣分
1	安全管理	班组安全生产无隐患	现场	队查季度集中整治重复隐患、"焦煤信息库"隐患、"薄弱环节"问题或者反复反弹隐患的扣0.8分/条，机电班减半扣分	
				队查职业病危害防治管理不到位扣1分/条，机电班减半扣分	
				队查安全风险管控措施现场执行不到位扣1分/条，机电班减半扣分	
2	生产现场管理	生产任务管理	验收	完成分配生产任务的80%以下，扣10分	
				完成分配生产任务的90%以下，扣5分	
				定额完成，不扣分；超额完成5%，加5分	
				任务质量合格率达90%以上，加5分；否则扣5分	
				任务质量的优质品率达90%以上，加3分；否则扣1分	
				任务质量的废品率达10%，扣5分；低于3%，加3分	
				任务的返工率达5%以上，扣3分	
		文明生产符合标准	现场	无各种记录本、记录未填写、填写不符合要求的扣0.5分/处，矿查2倍扣分，上级查4倍扣分；机电班减半扣分	
				队查设备材料乱扔乱放、码放不整齐的扣0.2分/处，机电班减半扣分	
				队查巷道内有食品袋或饮料瓶等杂物的扣0.2分/处，机电班减半扣分	
				队查巷道内的设备、电缆、小线卫生差、吊挂不整齐或不符合要求的扣0.2分/处，机电班减半扣分	
				队查设备材料未挂牌管理、牌板填写与实际不符、更改不及时的扣0.4分/处，机电班减半扣分	
				队查现场环境卫生差的扣0.2分/处，机电班减半扣分	
				队查其他文明生产、质量标准化不符合要求的扣0.2分/处，机电班减半扣分	
3	安全效果	头面无被停现象	现场	被矿井责令停头面一次扣20分	
				被上级检查停头面一次扣50分	
				因此造成矿井停产扣100分	

续表 6-3

序号	考核项目	考核内容	考核办法	评 分 标 准	加扣分
4	培训	熟练掌握岗位应知应会内容	查资料和现场	薄弱环节、岗位作业流程、安全"红线"及管理"重点"、事故警示教育、分级管控、应急培训、职业病危害防治等相关应知应会、必知必会内容不熟练的扣0.5分/人	
		台账记录		队查台账内容不合格，0.1分/条·次	
5	其他工作	发现重大事故	查资料和现场	发现重大事故征兆，立即采取措施，及时向区队或上级相关部门报告的，避免事故发生或明显减轻事故危害程度的班组，在享受其他奖励的同时，再给予班组2~10分的双基分奖励	
		双基工作成绩显著		对于班组工作成绩显著，受到矿级以上部门表彰的班组给予5~10分的双基分奖励	
		合理化建议		班组提出安全方面的合理化建议，经采纳后对安全生产有明显效果的，每一条给予班组5~10分双基分奖励	

注：以上所有有队查的检查项以队查扣分为基础分，若遇矿查则2倍扣分，遇上级检查4倍扣分。

6.3.3　现有的队长对班组长的考核

根据资料统计归纳出各队的考核详情，见表6-4，可以得出各个队长对班组长的考核项在分类上大致是一致的，但在考核细则的划分和不同考核项或者考核内容的基准分数、比重等方面有不同的考量。在对各队评判标准进行横向比较下，综合来说综采队的条例标准相对来说更加详细完善，所以以综采队设定的标准为基础，对比其他队，加入了综采队没有考虑到的一些细节，然后简化一些重复项。改善后的队长对班组长考核细则见表6-6。

表 6-4　各队对班组长的考核办法

区队	班组长月度安全"双基"建设得分
皮带队	无说明
十二队	无说明
综掘一队	无说明
综掘二队	说明不清（有打分表）
通风队	百分加减
机电队	队长对班组长考核得分±安全重点工作

续表6-4

区队	班组长月度安全"双基"建设得分
综采队	安全管理考核得分＋隐患治理考核得分＋现场管理考核得分＋基础管理考核得分
综掘三队	Σ（队长对班组长考核得分×50%）＋Σ（区队对所在班组考核得分×50%）
巷修队	Σ（队长对班组长考核得分×50%）＋（区队对班组考核得分×50%）±Σ（重点工作加、减分）

安全绩效考核制度主要包括：

（1）安全绩效的考核按照区队"双基"制度分为两个层次，一是区队对班组的考核，二是班组对个人的考核。

（2）考核的内容为三违现象、隐患问题以及工程质量。

（3）绩效奖惩。根据考核结果，安全结构工资进行二次分配，从而达到保持和强化正确的安全行为，控制和消除不良安全行为的目的。

6.3.4　改善后的队长对班组长的考核

队长对班组长的考核实行连带考核与奖惩。班组长的连带考核与奖惩实际上就是连带责任考核奖惩与薪酬挂钩。班组长对职工的安全行为负有连带责任，其连带考核与奖惩应有利于加强班组长对职工技术、安全、避灾三大技能的指导、检查和督促能力，增强其履职履责的主动性和紧迫感，更大程度地激励其认真对待组织内每个职工技能的提高，使煤矿的安全责任得以更好地落实。

6.3.4.1　连带考核模型

班组长的安全管理技能主要由班组内所有职工的技能状况来反映，因此，其安全管理技能的连带考核模型，如式（6-1）：

$$E = \overline{E} \times K_1 + E_1 \times (1 - K_1 - K_2) + E_2 \times K_2 \qquad (6\text{-}1)$$

式中，E 为班组长的最终考核得分；E_1 为队长对班组长的考核得分；E_2 为区队对班长考核得分；K_1 为班组长管理技能考核修正系数，一般 K_1 取 10%～20%，建议取20%（K_1 这里取 10%～20% 的依据是，班组长自身生产技能在班组长个人考核上应占 60%～80% 的权重）；K_2 为班组考核修正系数，一般 K_2 取 10%～20%，建议取20%（K_2 这里取 10%～20% 的依据是，班组长自身技能在班组长个人考核得分理论上应占据 60%～80% 的权重）；$\overline{E}$ 为班组内所有职工考核周期内的考核平均得分，按下式计算：

$$\overline{E} = \frac{1}{n-1} \sum_{i=1}^{n-1} E_i$$

式中，n 为班组内的人数；E_i 为班组内第 i 个职工的考核周期得分。

显而易见，该模型充分体现了班组长的安全管理技能，也能体现出整个班组的工作状态，同时将职工的技能提升与班组长的个人利益紧密地联系在一起。这里的考核是班组长管理技能的连带考核。

不同班组长的考核方法应当大体接近，而考核类型、考核数目视班组长工作类型而定。

6.3.4.2　考核结果的奖惩

要对班组长进行奖惩，还必须将其连带考核的结果与其自身生产技能考核的结果进行加权汇总，并根据汇总得分对班组长进行分级。这里采用五级级阶分级方式，因为从心理学的角度出发，人们能够接受的级阶最多为九级，但最容易接受的级阶是五级。当然，在实践中，每个煤矿的实际需要是不同的，具体分几级，可视各自的需要而定。班组长连带考核分级准则见表6-5。

表 6-5　班组长连带考核分级准则

级阶	I	II	III	IV	V
得分	$E \geqslant 90$	$90 > E \geqslant 80$	$80 > E \geqslant 70$	$70 > E \geqslant 60$	$E < 60$
绩效工资比例/%	150	130	110	90	70

不同的考核级阶应设置相对应的奖惩级阶，每级级阶的奖惩额度也应有所不同，其数额应依次递减，并与班组长的个人收入挂钩。实践中，不同的煤矿在确定各个级阶具体奖惩额度时，应在保证一定激励效果的前提下，根据自身的实际需要来确定，并随着班组长收入的增加进行动态调整。另外，具体确定班组长的奖惩级阶时，还需考虑班组长的汇总考核结果中包含了班组内所有职工的技能考核结果，这就使得职工自身所犯错误会完全连带到班组长身上，显然这对班组长来说有失公平，为消除这种不公平，这里采用以下方式处理：

（1）班组长的考核结果处于 I 级档次，其奖惩按 I 级标准执行。

（2）如果班组长的自身考核得分处于 I 级档次，而最终考核得分处于其他档次，则班组长的奖惩额度除相应档次的额度外再加上班组职工平均奖惩额度的10%来计算最终奖惩额度。

上述处理既考虑了班组职工考核结果与班组长的关联关系，又考虑了职工自身错误无限连带的不合理性，是一种较科学、合理且可行的处理方式。

班组长与班员以工作积分表的形式签订绩效合约。员工年度绩效考核结果，按得分顺序划分为 A、B、C、D 四个等级。原则上，A 级占比 25%、B 级 40%、C 级 30%、D 级 5% 以内。评为 A 级的班组，其 A 级员工比例可适当上调（5%以内）；评为 D 级的班组，其 A 级员工比例则适当下调（5%以内）。其中班组考核结果等同于班组长考核结果，班员考核结果平均值参与班组长考核结果计算。

对这五个档次的分配人数上，应该类似上述内容划分百分比，有差异比较才有进步。

改善后队长对班组长考核细则见表6-6。

表 6-6　改善后队长对班组长的考核细则

队长对班组长考核细则

序号	考核项目	考核内容	评 分 标 准	扣分
1	安全管理	工伤事故	班内出现三级非伤亡事故的，扣 20 分/（人·次）	
			班内出现轻伤或二级非伤亡事故的，扣 30 分/（人·次）	
			班内出现重伤或一级非伤亡事故的，扣 40 分/（人·次）	
			班组长出现三级非伤亡及以上事故的，扣 40 分/（人·次）	
		安全"红线"及管理"重点"	班内出现区队自查违反安全"红线"的，扣 10 分/（人·次）；矿查扣 12 分/（人·次）；上级检查，扣 15 分/（人·次）	
			班内出现区队自查违反安全管理"重点"的，扣 8 分/（人·次），矿查扣 10 分/（人·次）；上级检查，扣 12 分/（人·次）	
		违章	班内出现区队自查严重违章的，扣 6 分/（人·次）；矿查扣 8 分/（人·次）；上级检查，扣 10 分/（人·次）	
			班内出现区队自查一般违章的，扣 4 分/（人·次）；矿查扣 6 分/（人·次）；上级检查，扣 8 分/（人·次）	
2	隐患治理	隐患	班组出现矿查一般隐患到期未整改的，扣 4 分/次，上级检查，扣 8 分/次	
			班组出现矿查重大隐患到期未整改的，扣 10 分/次；上级检查，扣 20 分/次	
			个人管辖范围内出现典型问题和重复隐患的，队查扣 2 分/条，矿查扣 4 分/条，矿及以上单位查扣 6 分/条	
			班组出现矿查薄弱环节隐患到期未整改的，扣 6 分/次；上级检查，扣 12 分/次	
			班组出现矿查职业病危害防治及安全风险管控等隐患到期未整改的，扣 5 分/次；上级检查，扣 10 分/次	
3	现场管理	生产任务	班组出现矿查文明生产问题到期未整改的，扣 2 分/次；上级检查，扣 4 分/次	
			班组未完成当班生产作业计划的，扣 2 分/次	
			班内出现工程质量不达标扣 5 分/次	
			按照计划消耗，核算实际消耗，材料超支按照百分比，每超 1% 扣 1 分，以此累加，直至扣完	
		现场管理	现场有不按规定码放、挂牌管理等违反材料管理规定的其他现象的，扣 2 分/次	
			班组长不现场交接班，或交接班不清楚的，扣 5 分/次	
			井下出现各类问题未及时汇报的，扣 5 分/次	

序号	考核项目	考核内容	评 分 标 准	扣分
3	现场管理	现场管理	区队安全工作未执行的，扣10分/次	
			班组生产期间出现设备损坏的，扣5分/次	
			班前会未布置好当班安全生产及各岗位应协调处理的事项，明确工作中注意的问题的，扣2分/次	
			各项记录不填写或填写与事实不符、由他人代写的，扣2分/次	
4	基础管理	安全培训	班组对薄弱环节、岗位作业流程、焦煤公司安全"红线"及管理"重点"、事故警示教育、应急培训、职业危害防治、分级管控等相关应知应会、必知必会内容不会背诵的，扣1分/次；自身不会背或不熟练扣5分/次	
			月末培训学习记录不认真的，扣3分/次	
			培训考核不达标的，扣5分/次	
			出现实操不合格或未进行实操的，扣5分/次	
		廉政考核	出现吃、拿、贿等问题的，扣20分/次	
			班内员工出现上访现象的，扣20分/次	
			出现乱加分的，扣10分/次	
			出现打分不及时的，扣2分/次	
		班组出勤	班组未履行请假手续无故缺勤，扣5分/次	
			要求班组出勤率必须符合要求（不低于80%），出勤率每低1%扣2分	
			班组长旷工缺勤一次扣5分	
5	奖惩考核	加分项	具有自主创新项目及成果，显著提高井下施工安全性的，根据使用效果，加5~10分/项	
			班组或个人被上级通报表扬的，加2分/次	
			班组或个人获得矿级荣誉的，加3分/次；获得焦煤公司荣誉的，加5分/次；获得大公司及以上荣誉的，加10分/次	
			及时发现重大安全隐患，避免安全重大安全事故发生的，给予5分的奖励	
			对区队安全管理提供有价值建议被采纳的，安全效果显著的，加2分/条	

注：以上所有班内或者班组的检查项，如果检查到班组长出现此情况，则双倍扣分。

6.4　本章小结

　　本章主要对班组长安全管理考核体系进行了研究。首先分析了班组长的职责；其次分析了班组长考核的目标体系和措施保障体系；最后对班组的绩效考核内容和方式进行了分析优化。

7 焦煤公司双重预防体系

根据《煤矿安全生产标准化管理体系考核定级办法（试行）》(煤安监行管〔2020〕16 号)、《河南省安全生产条例》、《河南省安全生产风险管控与隐患治理办法》(河南省人民政府令第 191 号)、《河南省安全生产委员会办公室 河南煤矿安全监察局关于印发河南省煤矿安全生产风险分级管控与事故隐患排查治理双重预防体系建设规定的通知》(豫安委办〔2020〕54 号) 等国家和地方有关文件规定，结合焦煤公司安全管理工作实际，构建了基于"4＋1"的公司和基层单位两级双重预防体系。

7.1 双重预防体系建设的一般要求

7.1.1 基本要求

7.1.1.1 双重预防体系建设的一般原则

（1）"全人员参与、全过程控制、全方位覆盖"原则。企业开展风险隐患双重预防体系建设工作，应全人员参与、全过程控制、全方位覆盖，全面彻底排查、科学严谨管控各类风险，精准治理事故隐患，构筑起管控源头风险、消除事故隐患的双重安全防线，有效防范各类生产安全事故。

（2）建立与运行并重原则。企业结合企业自身特点，坚持建立与运行并重的风险分级管控与隐患排查治理体系，提升安全生产管理水平，持续改进安全生产工作，构建安全生产长效机制。

（3）有效性原则。企业在双重预防体系创建过程中应确保"控制风险、治理隐患、避免事故"，保障人身安全健康，保证生产经营活动的有序进行。

（4）持续改进原则。企业应采用"计划、实施、检查、改进"的"PDCA"动态循环模式，通过自我检查、自我纠正和自我完善，持续改进风险分级管控与隐患排查治理双重预防体系，实现双重预防体系闭环管理。

7.1.1.2 机构与职责

煤矿是双重预防体系建设和运行工作的责任主体，应当明确双重预防体系建设和运行的管理部门和人员，并明确：

（1）矿长为本单位双重预防工作的第一责任人；

（2）各分管负责人负责分管范围内的双重预防工作；

（3）分管安全负责人按要求组织监督检查，负责双重预防工作的考核；

（4）各科室（部门）、区队（车间）、班组、岗位人员的双重预防工作职责。

7.1.1.3 管理制度

双重预防体系管理制度应包含以下内容：安全风险辨识、安全风险评估、风险分级管控、岗位作业流程标准化、事故隐患排查、事故隐患治理与验收、双重预防机制教育培训、运行考核、奖励处罚等。

7.1.2 安全风险分级管控

7.1.2.1 安全风险辨识

（1）人员组织。每年底，矿长组织各分管负责人、副总工程师和相关科室（部门）、区队（车间）进行年度安全风险辨识评估，同时对各岗位作业活动存在的风险进行辨识评估；矿长和各分管负责人按要求开展专项风险辨识评估。参与辨识人员必须经过安全风险辨识评估技术培训。

（2）风险点划分。年度辨识人员依据功能独立、易于管理、大小适中、责任明确的原则划分风险点，形成风险点台账。

风险点台账内容应包括：风险点名称、排查日期、开始日期、解除日期等信息。风险点台账应根据现场实际及时更新。

（3）辨识对象识别。煤矿应根据风险点台账，识别各风险点中的辨识对象，辨识对象主要分为四种类型：设备设施（系统）类、作业活动类、作业环境类及其他。

1）设备设施（系统）类指风险点内有毒有害物质或能量的载体，如采煤机、综掘机、瓦斯抽放系统等；

2）作业活动类应涵盖常规作业活动和非常规作业活动，常规作业活动如：割煤作业、移架作业、探放水作业，非常规作业活动如：启封密闭、排放瓦斯等；

3）作业环境类指风险点中可能包含的水、火、瓦斯、顶板、煤尘、冲击地压、热害等环境类因素；

4）其他是依据煤矿实际情况对辨识对象的补充。

（4）风险辨识内容。煤矿每年底应对所有风险点开展安全风险辨识，重点对井工煤矿瓦斯、水、火、煤尘、顶板、冲击地压及提升运输系统，露天煤矿边坡、爆破、机电运输等容易导致群死群伤事故的危险因素开展安全风险辨识评估。年度辨识应编制年度风险辨识报告，制定《煤矿重大安全风险管控方案》。辨识结果应用于确定下一年度安全生产工作重点，并指导和完善下一年度生产计划、灾害预防和处理计划、应急救援预案、安全培训计划、安全费用提取和使用计划。

煤矿应组织相关人员对各岗位作业活动进行梳理，对作业活动可能存在的风险进行全面辨识，并制作岗位风险告知卡，纳入岗位作业流程标准化中。

当出现下列情况时，应组织开展专项风险辨识：

1）新水平、新采（盘）区、新工作面设计前，由总工程师组织有关科室（部门），重点辨识评估地质条件和重大灾害因素等方面存在的安全风险。有新增重大风险或需调整措施的补充完善《煤矿重大安全风险管控方案》，辨识评估结果应用于完善设计方案，指导生产工艺选择、生产系统布置、设备选型、劳动组织确定等。

2）生产系统、生产工艺、主要设施设备、重大灾害因素（露天煤矿爆破参数、边坡参数）等发生重大变化，由分管负责人组织有关科室（部门），重点辨识评估作业环境、生产过程、重大灾害因素和设施设备运行等方面存在的安全风险。有新增重大风险或需调整措施的补充完善《煤矿重大安全风险管控方案》，辨识评估结果应用于指导编制或修订完善作业规程、操作规程等。

3）启封密闭、排放瓦斯、反风演习、工作面通过空巷（采空区）、更换大型设备、采煤工作面初采和收尾、强制放顶前、掘进工作面贯通前；老空区探放水、煤仓疏通作业、突出矿井过构造带及石门揭煤等高危作业实施前；露天煤矿抛掷爆破；新技术、新工艺、新设备、新材料试验或推广应用前；连续停工停产1个月以上的煤矿复工复产前，由分管负责人（复产复工前专项辨识评估由矿长）组织有关科室（部门）、生产组织单位，重点辨识评估作业环境、工程技术、设备设施、现场操作等方面存在的安全风险。有新增重大风险或需调整措施的补充完善《煤矿重大安全风险管控方案》，辨识评估结果作为编制安全技术措施依据。

4）本矿发生死亡事故或涉险事故、出现重大事故隐患，全国煤矿发生重特大事故，本省或所属集团其他煤矿发生较大事故后，由矿长组织分管负责人和科室（部门），对本矿存在的类似安全风险进行专项风险辨识，识别安全风险辨识评估结果及管控措施是否存在漏洞、盲区。有新增重大风险或需调整措施的补充完善《煤矿重大安全风险管控方案》，辨识评估结果应用于指导修订完善设计方案、作业规程、操作规程、安全技术措施等技术文件。

专项辨识完成后，应编制专项辨识评估报告并补充重大安全风险清单。

（5）风险类型。煤矿应按照可能导致的事故及伤害类型，将辨识出的风险划分为不同的风险类型，一般包括：物体打击、运输、机械伤害、起重伤害、触电、淹溺、灼烫、火灾、高处坠落、坍塌、冒顶片帮、水灾、放炮、火药爆炸、瓦斯爆炸、锅炉爆炸、容器爆炸、其他爆炸、中毒和窒息、冲击地压、煤与瓦斯突出、煤尘爆炸、职业病伤害（粉尘、噪声、辐射、热害等）及其他。

（6）辨识方法。安全风险的辨识方法可使用以下方法：

1）安全检查表法；

2）经验分析法；

3）作业危害分析法。

7.1.2.2　安全风险评估

风险评估方法可采用但不限于以下方法：

（1）风险矩阵法；

（2）作业条件危险性评价法。

安全风险等级从高到低划分为重大风险、较大风险、一般风险和低风险，分别用红、橙、黄、蓝四种颜色标示，结合矿图制作安全风险四色图。

7.1.2.3　制定风险管控措施

煤矿应根据安全生产法律、法规、标准及规程、安全生产标准化各专业要求等，并结合实际情况，制定安全风险管控措施。管控措施需遵循安全、可行、可靠的原则，可从以下方面制定风险管控措施：（1）工程技术；（2）安全管理；（3）人员培训；（4）个体防护；（5）应急处置。

《煤矿重大安全风险管控方案》内容应当包括：可能引发重特大事故的重大安全风险清单、管控措施、责任单位和责任人、时限、技术、资金、应急处置等内容。

由矿长组织实施《煤矿重大安全风险管控方案》，人员、技术、资金满足要求，重大安全风险管控措施落实到位。

煤矿应在重大安全风险的区域设定作业人数上限，满足《煤矿井下单班作业人数限员规定（试行）》（煤安监行管〔2018〕38 号）文件要求，入口显著位置悬挂限员牌板。

7.1.2.4　分级管控

按照煤矿管理层级，逐一分解落实安全风险管控责任。上一级负责管控的风险，下一级必须同时负责管控：

（1）重大风险由煤矿矿长管控；

（2）较大风险由分管负责人和科室（部门）管控；

（3）一般风险由区队（车间）负责人管控；

（4）低风险由班组长和岗位人员管控。

对安全风险进行分专业、分区域管控：

（1）分专业管控。各专业的较大及以上风险由该专业分管负责人和分管科室（部门）管控；

（2）分区域管控。各生产（服务）区域（场所）的风险由该风险点的责任单位管控；

（3）分系统管控。各系统存在的风险由该系统分管负责人和分管科室（部门）管控。

煤矿应组织人员定期开展安全风险管控措施落实情况的检查工作。检查周期及范围如下：

（1）矿长每月组织 1 次针对生产各系统和各岗位的重大安全风险管控情况的安全检查，检查重大风险管控措施的落实情况和管控效果，检查前制定工作方案，明确检查时间、方式、范围、内容和参加人员；

（2）分管负责人每半月至少组织 1 次针对分管范围内安全风险管控情况的安全检查，检查管控措施落实情况；

（3）生产期间，科室（部门）、区队每天安排管理、技术和安监人员进行巡查，对作业区域内的安全风险管控措施落实情况进行检查；

（4）班组和岗位作业人员熟知岗位风险告知卡，在作业过程中随时关注和岗位相关安全风险的变化情况，发现问题立即上报；

（5）按照《煤矿领导带班下井及安全监督检查规定》，执行煤矿领导带班制度，跟踪、记录带班区域重大安全风险管控措施落实情况，发现问题及时组织整改。

7.1.2.5 管控清单

煤矿年度风险辨识评估后，应编制矿长、分管负责人和技术管理部门、区队的安全风险管控清单。安全风险管控清单内容主要包括：风险点、辨识对象、风险类型、风险描述、风险等级、管控措施以及责任岗位。

7.1.2.6 安全风险分级管控考核

煤矿应制定安全风险分级管控考核制度，对风险管控工作开展情况和管控效果进行考核，结果应纳入月度绩效考核。

7.1.3 隐患排查治理

7.1.3.1 隐患分级

煤矿隐患分为重大隐患和一般隐患。

（1）重大隐患。重大隐患判定依据《煤矿重大生产安全事故隐患判定标准》（原国家安全生产监督管理总局令第 85 号）判定。煤矿应制定重大隐患年度排查计划，并按计划展开排查。

（2）一般隐患。除重大隐患之外的为一般隐患，为便于隐患管理，煤矿可根据集团或本矿的实际情况将一般隐患等级进行细分。

7.1.3.2　隐患类型与专业

隐患类型参照风险类型（见 5.1.5 节）划分。隐患专业划分：井工煤矿按照采掘、机电、运输、通风、地测防治水、冲击地压防治、煤与瓦斯突出和其他等专业划分；露天煤矿按照钻孔爆破、采装、机电运输、排土、边坡、疏干排水等专业划分。

7.1.3.3　排查组织

煤矿应根据组织机构确定不同的排查级别，一般包括：矿级、科室（部门）级、区队（车间）级、班组岗位级。

煤矿应组织人员定期开展隐患排查工作，隐患排查工作可与风险管控工作相结合。排查周期及范围如下：

（1）矿长每月至少组织分管负责人及安全、生产、技术等业务科室（部门）、生产组织单位（区队）开展 1 次覆盖生产各系统和各岗位的事故隐患排查，排查前制定工作方案，明确排查时间、方式、范围、内容和参加人员；

（2）煤矿各分管负责人每半月组织相关人员对分管领域至少开展 1 次全面的事故隐患排查；

（3）生产期间，科室（部门）、区队每天安排管理、技术和安检人员进行巡查，对作业区域开展事故隐患排查；

（4）班组和岗位作业人员作业过程中随时排查事故隐患。

7.1.3.4　隐患治理

（1）治理措施。能够立即治理完成的事故隐患，当班采取措施，及时治理消除，并做好记录；不能立即治理完成的事故隐患，明确治理责任单位（责任人）、治理措施、资金、时限，并组织实施；重大事故隐患由矿长按照责任、措施、资金、时限、预案"五落实"的原则，组织制定专项治理方案，并组织实施，并将治理方案按规定及时上报。对治理过程危险性较大的事故隐患（指可能危及治理人员及接近治理区人员安全，如爆炸、人员坠落、坠物、冒顶、电击、机械伤人等），应制定现场处置方案，治理过程中现场有专人指挥，安检员现场监督，并设置警示标识。

排查发现重大事故隐患后，及时向当地煤矿安全监管监察部门书面报告，并向企业职工代表大会或其常务机构报告。由矿长组织制定专项治理方案并组织实施,治理方案应按规定及时上报当地煤矿安全监管监察部门。方案应当包括以下内容:1)治理的目标和任务;2)采取的治理方法和措施;3)经费和物资;4)机构和人员的责任;5)治理的时限;6)治理过程中的风险管控措施(含应急处置)。

煤矿应建立重大事故隐患信息档案。

(2)分级治理。煤矿应根据隐患的等级实行分级治理。重大隐患由矿长牵头治理,一般隐患根据治理难度和涉及范围,确定责任单位及人员。

(3)隐患验收销号。

1)煤矿自行排查发现的一般事故隐患完成治理后,由煤矿指定部门、人员负责验收,验收合格后予以销号;

2)负有煤矿安全监管职责的部门和煤矿安全监察机构检查发现的一般事故隐患,按照煤矿自身发现隐患治理的流程销号后,还应采用书面或信息化手段报告发现部门或其委托部门(单位);

3)重大隐患治理完成后,按照《关于建立煤矿重大事故隐患治理督办制度的通知》(晋应急发〔2019〕188号)执行。

(4)事故隐患督办。制定、执行隐患提级督办制度,对未按规定时限完成治理以及验收未通过的隐患应提级督办;煤矿排查出的重大隐患,由煤矿企业自行挂牌督办;煤矿安全监管监察部门检查发现的重大隐患由煤矿及属地煤矿安全监管部门予以挂牌督办,指定责任单位、责任人,隐患治理完成、经验收合格后予以销号,解除挂牌督办。

7.1.3.5 隐患台账

煤矿应对隐患排查的结果进行记录,建立隐患台账,跟踪隐患治理的全过程。

煤矿隐患台账内容主要包括:排查日期、排查类型、排查人、隐患地点(风险点)、隐患描述、专业、隐患类型、隐患等级、治理措施、责任单位、责任人、治理期限、验收人、销号日期等。

7.1.3.6 隐患排查治理考核

煤矿应制定隐患排查治理考核制度,对隐患排查和治理情况进行考核,结果应纳入月度绩效考核。

7.1.4 公告公示

(1)风险公告警示。煤矿应在井口(露天煤矿交接班室)和存在重大安全风险区域的显著位置,公示存在的重大安全风险、管控责任人和主要管控措施。

（2）隐患公示监督。煤矿应及时通报事故隐患情况，包括：

1）在井口信息站或其他显著位置，每月向从业人员通报事故隐患分布、治理进展情况；

2）发现重大隐患后，应在井口（露天煤矿交接班室）或其他显著位置公示重大事故隐患的存在场所、主要内容、挂牌时间、责任人、停产停工范围、整改期限和销号情况；

3）建立事故隐患举报奖励制度，公布事故隐患举报电话、信箱、电子邮箱等，接受从业人员和社会的监督。

7.1.5　信息平台建设

煤矿应采用信息化手段，实现双重预防体系日常运行的信息化管理，至少包括：

（1）实现对安全风险记录、管控、统计、分析、上报等全过程的信息化管理；

（2）实现对岗位作业流程标准化的记录、培训和考核的信息化管理；

（3）实现对事故隐患排查治理记录统计、过程跟踪、逾期报警、信息上报的信息化管理；

（4）实现风险数据库和安全风险管控清单的更新维护功能。

信息平台需具备风险及隐患的统计分析、风险预警和权限分级管理等功能，实现风险与隐患数据应用的无缝对接。针对风险隐患数据的采集和传递，宜使用移动终端以提高安全信息管理的效率。

煤矿应通过信息平台向煤矿安全监管监察部门报告企业的风险分级管控和隐患排查治理情况，内容包括：

（1）年度和专项辨识完成后，10个工作日内上报辨识基本信息，包括：辨识名称、组织人、参与部门、参与人员、辨识时间、风险点数量、风险数量、重大风险数量等；

（2）每年年底前上报本年度的运行分析报告和下一年度的年度风险辨识报告，以及风险点台账；

（3）年度和专项辨识完成后，上报、更新重大安全风险清单及管控方案；

（4）每月上报煤矿月度分析总结报告；

（5）排查发现重大隐患后，应录入信息系统，直接上报。

煤矿应将信息平台的使用要求纳入考核。

7.1.6　教育培训

煤矿每年应组织员工开展有关双重预防体系安全知识的培训，培训内容至少包括：

（1）年度风险辨识评估前组织对矿长和分管负责人等参与安全风险辨识评估工作的人员开展 1 次安全风险辨识评估技术培训，且不少于 4 学时；

（2）年度辨识完成 1 个月内对入井（坑）人员和地面关键岗位人员培训与本岗位相关的安全风险培训，内容包括重大安全风险清单以及与本岗位相关的重大安全风险管控措施，且不少于 2 学时；专项辨识评估完成后 1 周内，且需在应用前，对相关作业人员进行培训。通过培训，应确保重大安全风险区域作业人员了解相关的重大安全风险管控措施，掌握自身职责并严格落实；

（3）每年至少组织矿长、分管负责人、副总工程师及生产、技术、安全科室（部门）相关人员和区队管理人员进行 1 次事故隐患排查治理专项培训，且不少于 4 学时；

（4）每年至少对入井（坑）岗位人员进行事故隐患排查治理基本技能培训，包括事故隐患排查方法、治理流程和要求、所在区（队）作业区域常见事故隐患的识别，且不少于 2 学时。

7.1.7 持续改进

双重预防体系建设应该按照 PDCA 循环的思想进行持续改进，不断提升风险管控水平，实现安全生产。

（1）持续改进类型。

1）每日分析改进。隐患的责任部门负责人每日应组织人员分析当天新发现隐患的产生原因，制定改进措施。

发生事故后，矿长（分管负责人）应及时组织安全、业务科室（部门）、责任单位和相关责任人，分析事故产生的原因，制定改进措施并落实。

2）隐患持续改进。矿长每月应至少组织分管负责人及安全、生产、技术等业务科室（部门）责任人和生产组织单位责任人（区队长）召开 1 次月度分析总结会议，对隐患产生的根源进行分析，会议内容包括：①通报重大隐患的排查治理情况；②通报月度隐患排查治理情况，分析隐患产生的根源，并提出改进措施；③通报重大安全风险管控措施落实情况；④形成月度分析总结报告。

3）风险持续改进。矿长每季度至少开展 1 次风险分析总结会议（可与月度会议合并），对风险辨识的全面性、管控的有效性进行总结分析，并结合国家、省、市、县或主体企业出台或修订法律、法规、政策、规定和办法，补充辨识新风险、完善相应的风险管控措施，更新安全风险管控清单，并在该月度分析总结报告中予以体现。对风险的分析总结应包括：

① 有风险管控措施，现场未落实；

② 风险管控措施已落实，但没有达到管控要求；

③ 风险辨识不全面或未制定管控措施。

4）机制持续改进。煤矿矿长每年应组织相关业务科室（部门）至少进行1次双重预防体系的运行分析，对煤矿双重预防体系的各项制度与流程在本矿内部执行的有效性和对法律法规、规程、规范、标准及其他相关规定的适宜性进行评价，评估体系实施运行效果，适时调整相关制度、流程、职责分工等内容，并形成双重预防体系年度运行分析报告，用于指导下一年度机制运行。

（2）持续改进考核。煤矿应结合持续改进类型建立考核制度，明确考核的内容、形式和标准，并将考核结果纳入安全绩效管理，考核制度应包括：1）考核责任单位；2）被考核单位及人员职责；3）考核周期；4）考核标准。

7.1.8 文件管理

煤矿应完整保存双重预防体系运行的纸质资料或电子资料的记录，并分类建档管理。至少应包括：

（1）风险点台账、安全风险管控清单、年度和专项辨识评估文件等；

（2）重大隐患排查计划、排查记录、治理方案、治理记录等；

（3）月度、半月检查记录；

（4）隐患台账；

（5）月度分析总结会议记录和报告；

（6）双重预防体系年度运行分析报告。

年度和专项风险辨识报告、重大事故隐患信息档案至少保存3年，其他风险辨识后和隐患销号后保存1年，其余相关性文件保存1年。

7.2 公司层级双重预防体系

7.2.1 概述

根据国家安全生产工作重心下移、关口前移的要求，风险必须化解在隐患之前，隐患必须消除在事故之前。因此，集团公司提出要转变安全管理理念，由查隐患向防风险转变，实现安全风险辨识管控和隐患排查治理体系的闭环管理。建设"规范、管用、智能、可持续、全覆盖"的双重预防体系，实现源头防范、系统治理，将双重预防体系深度融合到公司安全管理的各个环节，做到关口前移、超前防范、源头治理，推动公司实现安全高效发展。

焦煤公司负责落实上级规定和公司层面的体系运行，指导、监督、考核所属基层单位双重预防体系建设工作。公司主要负责人是公司双重预防体系建设的第一责任人，对下属基层单位双重预防体系监管工作全面负责；公司主管负责人负责对下属基层单位双重预防体系进行监督管理；公司分管负责人组织分管业务系统双重预防体系建设运行工作；公司主管部门具体负责下属基层单位双重预防体系日常监督管理工作；公司业务部门负责本部门业务范围双重预防体系运行工作。

焦煤公司下属各基层单位应当按照双重预防体系建设"五有"标准（有科学完善的工作推进机制、有全面覆盖的风险辨识分级管控体系、有责任明确的隐患排查治理体系、有线上线下的智能化信息平台、有奖惩分明的激励约束制度），建立健全风险自辨自控、隐患自查自治工作机制，明确主要负责人和各级、各岗位人员责任。风险分级管控工作制度应对安全风险辨识评估范围、方法和安全风险的辨识、评估、管控工作流程做出规定并落实。事故隐患排查治理工作制度应对事故隐患分级标准，事故隐患排查、登记、治理、督办、验收、销号、分析总结、检查考核做出规定并落实。

公司下属各基层单位是双重预防体系建设的责任主体，负责制定本单位双重预防体系管理制度、考核办法等；基层单位主要负责人是本单位双重预防体系建设的第一责任人，对本单位双重预防体系工作全面负责；主管负责人对本单位双重预防体系进行监督管理；分管负责人组织分管业务系统双重预防体系建设运行工作；主管部门具体负责本单位双重预防体系日常监督管理工作；业务部门负责组织落实本部门业务范围双重预防体系运行工作。

公司下属生产矿井应将双重预防体系建设内容纳入职工安全培训计划，并遵守下列规定：

（1）年度风险辨识评估前组织对矿长和分管负责人等参与安全风险辨识评估工作的人员开展1次安全风险辨识评估技术培训，且不少于4学时。

（2）入井人员和地面关键岗位人员安全培训内容包括年度和专项安全风险辨识评估结果、与本岗位相关的重大安全风险管控措施，且每年该项内容培训不少于2学时。

（3）每年至少组织矿长、分管负责人、副总工程师及安全、采掘、机电运输、通风、地测防治水等科室相关人员和区（队）管理人员进行1次事故隐患排查治理专项培训，且不少于4学时。

（4）入井人员和地面关键岗位人员每年至少进行1次事故隐患排查治理基本技能培训，包括事故隐患排查方法、治理流程和要求、所在区（队）作业区域常见事故隐患的识别，且每年该项内容培训不少于2学时。

公司下属地面生产经营单位双重预防体系建设内容纳入职工安全培训的方式、内容等按照《河南省安全生产条例》《河南省安全生产风险管控与隐患治理办法》等有关规定执行。

7.2.2　风险分级管控

7.2.2.1　安全风险分级

安全风险是指发生危险事件和危害暴露的可能性，与随之引发的人身伤害或健康损害或财产损失或环境破坏的严重性的组合。安全风险等级从高到低依次分为重大风险、较大风险、一般风险和低风险四个等级，对应使用红、橙、黄、蓝四色标注。

（1）重大风险（红色）：危险因素多，管控难度大，如发生事故，将造成特大经济损失或者煤矿重大事故；

（2）较大风险（橙色）：危险因素较多，管控难度较大，如发生事故，将造成重大经济损失或者煤矿较大事故；

（3）一般风险（黄色）：风险在受控范围内，如发生事故，将造成较大经济损失或者一般事故；

（4）低风险（蓝色）：风险在受控范围内，如发生事故，将造成一般经济损失或者工伤事故。

风险点可按照点、线、面相结合的原则，根据生产经营场所（单位）、生产系统、岗位（作业地点）、设备、设施、操作、管理活动等进行划分，但应涵盖临时性特殊的作业活动。

7.2.2.2　风险辨识评估

应当按照生产（作业）流程的阶段、场所、设备、装置、作业活动、人员或上述几种方式的结合来对生产全过程进行风险辨识评估，并充分考虑过去、现在、将来三种时态和正常、异常、紧急三种状态下的危险有害因素。针对风险点内的危害因素，对辨识出的风险进行等级评估。

除通过风险评估确定的重大风险外，有下列情形的，直接确定为重大风险（红色风险）：（1）违反法律、法规及国家标准中强制性条款的；（2）发生过死亡、重大财产损失事故或三次及以上工伤事故，且现在发生事故的条件依然存在的。

公司开展风险辨识评估时，应当符合下列要求：

（1）每季度由安全健康环保部牵头组织各业务部室对下属基层单位进行一次风险辨识评估。在基层单位现状风险辨识评估和专项辨识评估基础上，结合公司检查掌握的情况，对存在重大风险、较大风险的工作面（厂、车间）及采取的管控措施进行现状评估分析，提出改进意见。

（2）每季度由通风管理部负责对下属煤与瓦斯突出煤矿的瓦斯防治系统进行一次安全风险辨识评估；由地测部负责对下属水文地质条件复杂、极复杂煤矿的水害防治系统进行一次安全风险辨识评估。

（3）每半年由通风管理部负责对下属煤与瓦斯突出煤矿各个系统及作业地点开展一次安全风险辨识评估。

（4）公司主要负责人及时组织开展以下专项安全风险辨识评估：煤矿新水平设计前、新采区设计前、非瓦斯、非水害事故矿井复工复产前的专项安全风险辨识评估由生产技术部牵头组织；省外煤矿发生重大以上事故、省内其他煤矿发生较大以上事故后的专项安全风险辨识评估根据事故类型由分管业务部室负责牵头组织；省内外其他行业发生较大以上事故需要组织专项安全风险辨识评估的由非煤产业部牵头组织。

（5）公司各专业系统、分管业务部室对辨识评估出的重大风险应及时通知基层单位完善管控措施并定期（每月）跟踪落实管控情况，管控措施跟踪落实情况应在安全检查"三联单"或月度专业相关会议上体现，确保风险管控到位。

下属矿井开展风险辨识评估应当符合下列要求：

（1）每年进行 1 次全面系统的年度安全风险辨识评估。

（2）出现以下 4 种情形之一的，开展 1 次专项辨识评估：1）新水平、新采（盘）区、新工作面设计前；2）生产系统、生产工艺、主要设施设备、重大灾害因素等发生重大变化时；3）启封密闭、排放瓦斯、反风演习、工作面通过空巷（采空区）、更换大型设备、采煤工作面初采和收尾、综采（放）工作面安装回撤、掘进工作面贯通前，突出矿井过构造带及石门揭煤等高危作业实施前，新技术、新工艺、新设备、新材料试验或推广应用前，连续停工停产 1 个月以上的煤矿复工复产前；4）本矿发生死亡事故或涉险事故、出现重大事故隐患，全国煤矿发生重特大事故，或者省内煤矿发生较大事故、所属集团煤矿发生一般事故后。

（3）每月对以下 8 个方面，开展 1 次现状安全风险辨识评估：1）采煤工作面安全风险辨识评估；2）煤巷掘进工作面安全风险辨识评估；3）岩巷掘进工作面安全风险辨识评估；4）一通三防安全风险辨识评估；5）瓦斯防治安全风险辨识评估；6）机电运输安全风险辨识评估；7）防治水安全风险辨识评估；8）矿井基础管理安全风险辨识评估。

矿井开展年度安全风险辨识评估应当遵守下列规定：

（1）每年底由矿长组织各分管负责人、副总工程师和相关科室、区（队）进行。

（2）重点对瓦斯、水、火、煤尘、顶板及提升运输系统等容易导致群死群伤事故的危险因素开展安全风险辨识评估。

（3）安全风险辨识评估范围应覆盖井下所有系统、场所、区域。

（4）年底前完成《年度安全风险辨识评估报告》的编制，制定《煤矿重大安全风险管控方案》，将辨识评估结果应用于确定下一年度安全生产工作重点。

（5）《煤矿重大安全风险管控方案》应包含重大安全风险清单，相应的管理、技术、工程等管控措施，以及每条措施落实的人员、技术、时限、资金等内容；对下一年度生产计划、灾害预防和处理计划、应急救援预案、安全培训计划、安全费用提取和使用计划等提出意见。

矿井开展专项安全风险辨识评估时应当遵守下列规定：

（1）新水平、新采（盘）区、新工作面设计前，开展1次专项辨识评估：1）专项辨识评估由总工程师组织有关科室进行；2）重点辨识地质条件和重大灾害因素等方面存在的安全风险；3）编制专项辨识评估报告，有新增重大风险或需调整措施的补充完善《煤矿重大安全风险管控方案》；4）辨识评估结果用于完善设计方案，指导生产工艺选择、生产系统布置、设备选型、劳动组织确定等。

（2）生产系统、生产工艺、主要设施设备、重大灾害因素等发生重大变化时，开展1次专项辨识评估：1）专项辨识评估由分管负责人组织有关科室进行；2）重点辨识作业环境、生产过程、重大灾害因素和设施设备运行等方面存在的安全风险；3）编制专项辨识评估报告，有新增重大风险或需调整措施的补充完善《煤矿重大安全风险管控方案》；4）辨识评估结果用于指导编制或修订完善作业规程、操作规程。

（3）启封密闭、排放瓦斯、反风演习、工作面通过空巷（采空区）、更换大型设备、采煤工作面初采和收尾、综采（放）工作面安装回撤、掘进工作面贯通前，突出矿井过构造带及石门揭煤等高危作业实施前，新技术、新工艺、新设备、新材料试验或推广应用前，连续停工停产1个月以上的煤矿复工复产前，开展1次专项辨识评估：1）专项辨识评估由分管负责人（其中复工复产前专项辨识评估由矿长）组织有关科室、生产组织单位（区队）进行；2）重点辨识作业环境、工程技术、设备设施、现场操作等方面存在的安全风险；3）编制专项辨识评估报告，有新增重大风险或需调整措施的补充完善《煤矿重大安全风险管控方案》；4）辨识评估结果用于对安全技术措施编制提出指导意见。

（4）本矿发生死亡事故或涉险事故、出现重大事故隐患，全国煤矿发生重特大事故，或者省内煤矿发生较大事故、所属集团煤矿发生一般事故后，开展1次针对性的专项辨识评估：1）专项辨识评估由矿长组织分管负责人和科室进行；2）识别安全风险辨识评估结果及管控措施是否存在漏洞、盲区；3）编制专项辨识评估报告，有新增重大风险或需调整措施的补充完善《煤矿重大安全风险管控方案》；4）辨识评估结果用于指导修订完善设计方案、作业规程、操作规程、安全技术措施。

矿井开展现状安全风险辨识评估时，应当遵守下列规定：

（1）现状风险辨识评估由分管负责人组织有关科室、区队进行。

（2）依据 8 项安全风险辨识评估标准，对各个系统及作业地点进行安全风险辨识评估。

（3）辨识评估结果应用于确定采掘工作面、安全生产系统及矿井风险等级，判定是否能够组织正常生产作业。

7.2.2.3　风险管控

下属矿井制定风险管控措施时，应按照分级负责的原则进行。

（1）《煤矿重大安全风险管控方案》由矿长组织实施，保障人员、技术、资金满足需要，重大安全风险管控措施落实到位；重大风险应当编制专项应急预案。

（2）矿长掌握并落实本矿重大安全风险及主要管控措施，分管负责人、副总工程师、科室负责人、专业技术人员掌握相关范围的重大安全风险及管控措施。

（3）在重大安全风险区域作业的区（队）长、班组长掌握并落实该区域重大安全风险及相应的管控措施；区（队）长、班组长组织作业时对管控措施落实情况进行现场确认。

（4）矿长每年组织对重大安全风险管控措施落实情况和管控效果进行总结分析，指导下一年度安全风险管控工作。

下属矿井应该落实安全风险分级管控责任，上一级负责管控的风险，下一级必须同时负责管控。矿井应当将安全风险管控纳入安全生产责任制，具体履行下列风险管控责任：

（1）建立包括辨识部位、存在风险、风险分级、事故类型、主要管控措施、责任部门和责任人等内容的风险管控制度。

（2）根据生产工艺、设备、设计等环节变化情况，及时修改完善相应的安全操作规程。

（3）将风险管控纳入年度教育和培训计划并组织实施，确保从业人员熟悉掌握相关知识技能。

（4）依据风险辨识评估和分级结果，编制风险管控清单，实施风险分级管控，并建立预报预警机制。

（5）及时向负有安全生产监督管理职责部门报送重大风险辨识、评估、管控等基本信息。

下属矿井应当根据风险辨识评估和分级结果，编制风险管控清单。风险管控清单应当包括风险点名称、风险描述、可能导致后果、风险等级、风险管控措施、管控层级、排查频次、责任部门和责任人等内容。矿井在年度、专项安全风险辨识评估及管控措施定期检查分析后，及时补充完善重大风险清单，持续更新风险管控清单。

下属矿井应完整保存风险管控的记录资料，并分类建档管理。至少应包括风险分级管控制度、风险点台账、风险管控清单、年度、专项风险辨识评估资料、月、半月检查分析记录等。记录资料或档案应至少保存一年以上。

下属矿井进行风险公示公告时，应当遵守下列规定：

（1）矿井应当在行人井口和存在重大安全风险区域的显著位置设置安全风险公告栏，公告存在的重大安全风险、可能的事故类别及后果、管控责任人和主要管控措施、应急措施、报告方式等。

（2）重大安全风险区域设定作业人数上限，人数应符合有关限员规定，井口显著位置悬挂限员牌板。

（3）对存在风险的岗位，应当为岗位作业人员制作岗位风险告知卡、应急处置卡。

（4）对存在风险的工作场所、岗位和设备设施，应当设置明显警示标志，并强化危险源监测和预警。

公司下属地面生产经营单位具体履行的风险管控职责、应当开展的安全风险辨识、风险管控清单的编制、安全风险的公示、警示标志的设置等应遵守《河南省安全生产风险管控与隐患治理办法》相关规定和行业相关规定。

7.2.3　事故隐患排查治理

7.2.3.1　事故隐患分级

事故隐患是指生产经营单位违反安全生产法律、法规、规章、规程和安全生产管理制度规定，或者因其他因素在生产经营活动中存在可能导致事故发生的人的不安全行为、物的危险状态、环境和管理上存在的缺陷。

按照事故隐患的影响范围、整改难易程度和危害程度，事故隐患分为重大事故隐患和一般事故隐患。

（1）重大事故隐患是指危害和整改难度较大，应当全部或者局部停产停业，并经过一定时间整改治理方能排除的事故隐患，或者因外部因素影响致使生产经营单位自身难以排除的事故隐患。

（2）一般事故隐患是指危害和整改难度较小，发现后能够立即整改排除的隐患。

重大事故隐患由公司挂牌督办，一般事故隐患由下属基层单位按照"五定"原则落实整改责任、实现闭环管理。

重大生产安全事故隐患的认定，按照国家、河南省和集团公司有关判定标准进行确定。

（1）上级部门检查出的重大事故隐患由基层单位按相关规定组织整改落实。

（2）基层单位自查的重大事故隐患应及时上报，隐患上报实行"双线把关"制。即：基层单位分管领导对排查出的重大事故隐患进行审核，重点对隐患内容的描述、定性的准确性、整改措施和整改时间进行把关，并经主管负责人和主要负责人审定签字后上报公司分管业务部室；公司分管部室对基层单位上报的重大事故隐患要及时组织审查，且经公司分管领导审定后由业务部室反馈给责任单位并报送公司安全健康环保部。

7.2.3.2　事故隐患排查

事故隐患排查的周期及频次，应当遵守下列规定：

（1）公司每季度、各业务管理部门每月组织进行一次事故隐患排查。

（2）基层单位采用定期隐患排查和专项隐患排查相结合的方式进行。

下属矿井定期隐患排查，应当遵守下列规定：

（1）矿长每月至少组织分管负责人及安全、生产、技术等业务部门、区队开展一次覆盖生产各系统和各岗位的事故隐患排查（包含重大风险管控措施落实情况检查），排查前制定工作方案，明确排查时间、方式、范围、内容和参加人员。

（2）矿井分管采掘、机电运输、通风、地测防治水等工作的负责人每半月组织相关人员对分管范围的重大安全风险管控措施落实情况、管控效果和事故隐患至少开展1次排查。

（3）科室区队在矿井生产期间，每天安排管理人员、技术人员、班组长和安检人员进行巡查，对作业区域开展事故隐患排查。

（4）岗位作业人员每班进班前进行安全确认，并在作业过程中随时排查事故隐患。煤矿安全生产管理人员和其他从业人员根据岗位职责，依据风险管控清单，对风险部位、风险管控措施或者专项应急预案的落实情况进行定期排查。

（5）矿领导带班下井过程中跟踪带班区域重大安全风险管控措施落实情况，排查事故隐患，记录重大安全风险管控措施落实情况和事故隐患排查情况。

公司下属地面生产经营单位的定期隐患排查，参照矿井相关标准执行。

公司下属基层单位有以下情形时需组织不定期的专项隐患排查：（1）有关安全生产法律法规、标准规范发布或者变更、修改时；（2）有可能影响安全的作业条件、设备设施、工艺技术及工艺参数改变时；（3）新建、改建、扩建项目；（4）复工复产、发生事故或者险情时；（5）地震风险影响期、夏季汛期、冬季冷冻以及极端或异常天气、重大节假日、大型活动时；（6）其他应当进行专项事故隐患排查时。

7.2.3.3　事故隐患治理

公司下属基层单位的事故隐患实施分级治理，不同等级的事故隐患由相应层级的单位负责治理，并遵守下列规定：

（1）重大事故隐患由基层单位主要负责人（矿长、总经理）按照责任、措施、资金、时限、预案"五落实"的原则，组织制定专项治理方案，并组织实施。重大事故隐患专项治理方案应当包括下列内容：1）治理的目标和任务；2）采取的方法和措施；3）经费和物资的落实；4）负责治理的部门和人员；5）治理的期限和要求；6）安全措施和应急预案；7）复查工作要求和安排；8）其他需要明确的事项。

（2）不能立即治理完成的事故隐患，基层单位应明确治理责任单位、责任人、治理措施、资金、时限，并组织实施。

（3）能够立即治理完成的事故隐患，应当班采取措施，及时治理消除，并做好记录。

下属基层单位制定事故隐患治理的安全措施时，应当遵守下列规定：

（1）事故隐患治理应当制定安全技术措施，并落实到位。

（2）对治理过程危险性较大的事故隐患（指可能危及治理人员及接近治理区人员安全，如爆炸、人员坠落、坠物、冒顶、电击、机械伤人等），应制定现场处置方案，治理过程中现场有专人指挥，并设置警示标识，安检员现场监督。

（3）事故隐患排除前或者排除过程中无法保证安全的，应当从危险区域内撤出作业人员，及时疏散可能危及的其他人员，暂时停止作业或者停止使用相关设施、设备和装置，并设置警示标志，必要时应当派人员值守；对难以停产或者停止使用的相关设施、设备和装置，应当加强监护，防止事故发生。

7.2.3.4　事故隐患的闭环管理

公司下属基层单位事故隐患治理督办，应当遵守下列规定：

（1）事故隐患治理督办应当明确责任单位和责任人员。

（2）未按规定完成治理的事故隐患，由上一层级单位（部门）和人员实施督办。

（3）挂牌督办的重大事故隐患，治理责任单位（部门）应及时记录治理情况和工作进展，并按规定上报公司分管业务部室和安全健康环保部。

（4）公司各分管业务部室要定期对基层单位重大事故隐患的治理方案、治理进度、措施落实、整改验收等情况进行监督检查，确保重大事故隐患整改治理工作落到实处。

下属基层单位的事故隐患验收销号，应当遵守下列规定：

（1）基层单位及上级公司自查发现的一般事故隐患整改完成后，由基层单位组织复查验收，验收合格后予以销号。

（2）上级安全监管监察部门检查发现的各类事故隐患，基层单位完成治理后，需报告发现隐患的监管监察部门进行复查，复查合格后予以销号。

（3）重大事故隐患整改完毕后，由基层单位先行组织验收，验收合格后报公司分管部室，由分管部室组织对重大隐患的整改效果进行验收，验收合格并履行手续后方可销号。

事故隐患的公示监督，应当遵守下列规定：

（1）每月向从业人员通报事故隐患分布、治理进展情况。

（2）及时在井口或其他显著位置公示重大事故隐患的地点、主要内容、治理时限、责任人、停止作业（施工）范围。

（3）建立事故隐患举报奖励制度，公布事故隐患举报电话，接受从业人员和社会监督。

（4）事故隐患涉及相邻地区、单位或者公众安全的，应当及时报告所在地人民政府及其有关部门，告知相关单位采取适当方式加以明示，并加强对治理工作的协调。

公司下属基层单位主要负责人（矿长、总经理）每月组织召开事故隐患治理会议，对事故隐患的治理情况进行通报，分析事故隐患产生的原因，编制月度统计分析报告，布置月度安全风险管控重点，提出预防事故隐患的改进措施。基层单位对发现的重大隐患进行追根溯源，推行隐患责任倒查机制，追溯风险评估、风险管控措施落实责任，追究隐患排查治理过程中失职部门和有关人员的责任。公司业务部室对基层单位存在的重大安全隐患及共性问题，同样进行溯源追责，避免同类问题重复出现。

下属各基层单位应当将事故隐患治理纳入安全生产责任制，并作为安全生产治理重点内容，履行下列职责：

（1）建立事故隐患排查、治理、奖惩考核等工作制度，明确本单位负责人和各岗位人员的事故隐患治理责任。

（2）对从业人员进行事故隐患治理技能教育和培训。

（3）依据风险管控清单，对风险部位、风险管控措施或者专项应急预案的落实情况进行定期排查和专项排查。

（4）对排查出的事故隐患，应制定措施及时治理，并将治理情况如实记录，向从业人员通报。

（5）定期向负有安全生产监督管理职责部门报告事故隐患治理情况。

（6）及时向负有安全生产监督管理职责部门报告重大事故隐患及治理方案。

（7）落实隐患溯源及责任追究，考核隐患治理情况。

公司下属各基层单位应当如实记录下列事故隐患治理情况：（1）风险管控措施落实情况、风险失控表现、失职部门和人员；（2）事故隐患排查的时间、具体部位或者场所；（3）事故隐患的级别和具体情况；（4）参加事故隐患排查的人员及其签字；（5）事故隐患治理情况和复查验收时间、结论、人员及其签字。

事故隐患治理情况记录应当保存 2 年以上。

7.2.4　双重预防体系的信息化

公司下属矿井必须积极使用河南省煤矿安全生产信息管理系统，通过电脑或手机实现风险隐患动态管控，对风险记录、跟踪、统计、分析、上报等全过程实时在线管理；对事故隐患排查治理记录统计、过程跟踪、异常情况自动报警、信息上报、考核等全过程实时在线管理。

下属矿井统一使用河南省煤矿安全生产信息管理系统和集团公司主动预防信息管理系统（以下简称信息管理系统），实现矿井安全监管部门、煤矿安全监察机构与煤矿企业安全生产信息管控平台多网融合、信息对接、资源共享、互联互通。

矿井重大事故隐患应当上传信息管理系统，并实行闭环管理，一般事故隐患由煤矿自行"闭环"管理、整改销号。

矿井辨识评估的重大、较大风险和排查的重大事故隐患，由矿井主要负责人审批后报公司安全健康环保部及分管部室，同时上传信息管理系统；公司排查出的重大事故隐患，公司主要负责人审批后上报集团公司，同时上传信息管理系统（公司需和矿井沟通，做到风险隐患不重复上传）。

下属矿井应建立"双重预防体系"信息报送机制，及时更新和完善信息管理系统中涉及本单位信息，更新内容主要包括：企业基本信息、管理机构、风险评估清单等。

地面生产经营单位的双重预防信息化建设按《河南省安全生产风险管控与隐患治理办法》规定和公司相关要求执行。

7.2.5　考核与奖惩

7.2.5.1　双重预防体系的考核

公司分管部室及所属基层单位要将"双重预防体系"建设纳入日常安全管理，利用日常安全大检查、专项检查、月度考核等形式，推动双重预防体系建设各项工作有效落实。要积极落实公司、基层单位两级考核责任。

（1）公司除做好公司层面的双重预防体系运行外，对下属基层单位的双重预防体系的运行效果进行监督考核。

（2）基层单位是"双重预防体系"建设的责任主体，应制定考核奖惩办法，落实考核责任。

基层单位自查各类安全风险及隐患治理基本信息按规定录入信息管理系统的，公司不再进行负面清单考核。

7.2.5.2 双重预防体系的奖惩措施

（1）基层单位双重预防体系管理机制运行不畅、未组织实施年度安全风险辨识评估的，对主要负责人扣减薪酬 3000 元、主管负责人扣减薪酬 2000 元。

（2）基层单位安全风险分级管控和隐患排查治理，存在提供假图纸、假数据、假资料、假整改、假报告的，对矿井主要负责人扣减薪酬 1000 元/次，对分管负责人扣减薪酬 2000 元/次，对责任人扣减薪酬 1000～2000 元/次，情节严重的直至给予警告及以上行政处分。

（3）基层单位双重预防体系管理制度、考核办法落实不到位的，对负有责任的分管负责人扣减薪酬 500～1000 元/次。

（4）基层单位重大安全风险未制定管控措施或措施制定不合理、敷衍塞责的，且尚未构成党政纪处分的，对主要负责人和主管负责人扣减薪酬 1000 元/次、分管负责人扣减薪酬 1500 元/次、直接责任人扣减薪酬 500～1000 元/次。

（5）基层单位未按规定组织开展专项辨识评估或现状安全风险辨识评估的，对分管负责人扣减薪酬 1000 元/次。

（6）基层单位较大安全风险管控措施落实不到位造成隐患的，视情节轻重，给予直接责任人扣减薪酬 500 元/次；对负管理责任的管理人员扣减薪酬 500～1000 元/次。

（7）基层单位重大安全风险管控措施落实不到位造成重大事故隐患的，给予直接责任人扣减薪酬 1000～2000 元/次，情节严重的留用察看直至解除劳动合同处理；对负管理责任的管理人员，且尚未构成党政纪处分的，给予扣减薪酬 2000 元/条。

· （8）基层单位未按规定编制风险清单或未按规定将辨识评估的风险上报分管部室或上传信息管理系统的，给予直接责任人员及相关责任人扣减薪酬 500～1000 元/次。

（9）基层单位对重大安全风险管控措施不落实或因违反管理规定、违章指挥、违章作业造成重大事故隐患或典型一般事故隐患的，视情节轻重，依照严重"三违"或安全"红线"有关规定，给予职工扣减薪酬、留用察看直至解除劳动合同处理；对负管理责任的管理人员按照《河南能源化工集团有限公司员工奖惩暂行规定》进行严肃问责。

（10）基层单位未按照规定开展事故隐患排查治理（包括月度和专业系统每

半月对重大安全风险管控措施落实情况、管控效果开展检查分析）或存在假排查的，对基层单位、专业科室、区队（车间）主要负责人、分管负责人给予扣减薪酬 1000～1500 元/次。

（11）基层单位对重大事故隐患应查未查、应报未报、应治未治，且尚未构成党政纪处分的，给予基层单位分管副职、安全副职和单位主要负责人分别扣减薪酬 4000 元/条、2000 元/条、2000 元/条。

（12）基层单位重大事故隐患未制定整改方案、整改方案不合理或整改时间消极拖延，敷衍塞责，且尚未构成党政纪处分的，对分管副职、安全副职和单位主要负责人分别扣减薪酬 4000 元/条、2000 元/条、2000 元/条。

（13）基层单位对已列入整改计划的重大事故隐患无故延期整改（遇到不可抗拒的因素除外）或不按治理措施进行整改或整改假闭合，且尚未构成党政纪处分的，对基层单位分管负责人、主管负责人和主要负责人分别扣减薪酬 5000 元/条、3000 元/条、3000 元/条，并由主要负责人和分管负责人分别缴纳 3000 元整改保证金方可办理延期手续，重新进行整改。

（14）基层单位因安全风险辨识管控不到位、隐患排查治理不到位或整治不及时导致轻重伤事故或二级及以下非伤亡事故的，对照本办法第五十二条至第六十一条加倍处罚，并根据情节的严重程度予以诫勉处理；情节严重的，按照《河南能源化工集团有限公司员工奖惩规定（试行）》（豫能〔2020〕36 号）进行责任追究。对基层单位存在重大事故隐患未及时排查上报或整改不及时，被政府部门或河南能源查出的，按照《河南能源化工集团有限公司安全环保隐患与事故管理及责任追究规定》（豫能〔2020〕113 号）进行追责。

（15）生产单位发生重伤以上工伤事故或二级以上非伤亡事故的，按照《河南能源化工集团有限公司安全环保隐患与事故管理及责任追究规定》（豫能〔2020〕113 号）进行追责；生产单位发生轻重伤工伤事故或二级及以下非伤亡事故的，按焦煤公司相关规定进行追责。

（16）基层单位对检查其他单位的典型隐患问题未开展"举一反三"或"举一反三"不认真、走过场，导致问题隐患重复反弹的，对责任单位扣除月度安全绩效 0.5～1 分/次。

（17）基层单位出现下列情况之一的，对直接责任人员及相关责任人给予扣减薪酬 500～1000 元/次：未按照要求将排查的重大事故隐患和典型一般事故隐患录入信息管理系统的；未按规定编制隐患排查方案，隐患排查治理会议纪要、信息台账缺失或存在严重错误的。

（18）基层单位对发现安全生产重大异常信息或有严重安全威胁的事故隐患，立即上报矿调度室或采取紧急措施进行处置排除的人员，给予 500～2000 元的奖励。对举报隐患经核查属实的，视隐患危险严重程度给予 200～1000 元的奖励。

（19）公司分管部室要加强对基层单位双重预防体系的监管管理，并明确分管负责人，对分管系统内基层单位违反上述相关条款规定，分管部室未发现或未主动处理的，对分管部室扣减月度安全绩效 0.5～1 分/次；分管部室未对重大风险进行有效跟踪管控或出现应查未查重大隐患的加倍处罚；情节严重的，给予分管部室责任人通报批评或警告处分。对双重预防体系其他相关内容考核，按照安全绩效考核有关规定执行。

（20）公司分管部室未按要求认真开展安全风险辨识的，对责任部室扣减当月安全绩效 0.5～1 分/次。

（21）公司主管部室对基层单位安全风险分级管控的效果未进行有效监管考核的，对主管部门扣减月度安全绩效 0.5～1 分/次。

（22）基层单位、公司分管部室全面深入开展双重预防体系建设工作，有效保障机制运行，季度内不存在重大事故隐患且实现零事故的，季度末给予基层单位、分管部室安全绩效奖励 1～1.5 分。

7.3 矿井层级（赵固二矿）双重预防体系

根据《国家煤矿安全监察局关于印发〈煤矿安全生产标准化管理体系定级办法（试行）〉和〈煤矿安全生产标准化管理体系基本要求及评分办法（试行）〉的通知》（煤安监行管〔2020〕16 号）、《河南省安全生产风险管控与隐患治理办法》（河南省人民政府令第 191 号）及河南能源、焦煤公司等要求，各矿井结合矿井实际，构建各自的双重预防体系，不断完善矿井安全生产风险管控与生产安全事故隐患治理双重预防工作机制，落实安全生产主体责任，杜绝各类生产安全事故，实现安全高效生产。

7.3.1 概述

赵固二矿通过健全"双重预防体系"推动安全纵深防御、关口前移、源头治理，强化融合落实，实现融合运用一体化有效推进，确保体系务实高效运行；强化应用落实，将风险评估结果作为安全决策的必要条件，持续提高员工运用双预控的自觉意识，切实做到全员识风险、知隐患、明措施、善管控；强化考核落实，采取正向激励措施，促使基层单位主动管控安全风险、主动排查治理隐患；形成矿井监管有效、基层单位责任落实的管理机制，提升矿井安全生产风险整体预控能力，夯实遏制重特大事故的坚实基础。

7.3.1.1 组织领导

为加强双重预防体系建设，确保实效，赵固二矿成立双重预防体系建设领导小组。由矿长、党委书记共同担任组长，分管副矿长、总工程师、纪委书记、工会主席、总会计师共同担任副组长，成员包括分管副总师、机关各科室和区队主要负责人。

领导小组下设办公室，办公室设在安全监察科，安全副矿长兼任办公室主任，具体负责体系运行的工作协调、督促检查、考核奖惩等工作。

7.3.1.2　职责划分

A　矿长职责

（1）矿井双重预防体系建设的第一责任人，对矿井双重预防体系运行工作全面负责，负责建立矿井双重预防体系制度。

（2）每年年底前，负责组织各分管负责人、副总工程师和相关业务科室、区队进行年度安全风险辨识，形成年度安全风险辨识评估报告，组织实施《煤矿重大安全风险管控方案》，人员、技术、资金满足要求，重大安全风险管控措施落实到位。

（3）负责每年组织对重大安全风险管控措施落实情况和管控效果进行总结分析，指导下一年度安全风险管控工作。

（4）每月组织分管负责人及相关科室、区队对重大安全风险管控措施落实情况、管控效果及覆盖生产各系统、各岗位的事故隐患排查。

（5）负责将风险管控、隐患排查纳入年度教育和培训计划并组织实施，参与矿井组织的安全风险辨识评估技术和事故隐患排查治理专项培训，掌握并落实本矿重大安全风险及主要管控措施。

（6）负责向负有安全生产监督管理职责部门报送重大风险辨识、评估、管控等基本信息和重大隐患、事故隐患治理情况。

（7）矿井发生死亡事故或涉险事故、出现重大事故隐患，全国煤矿发生重特大事故，或者所在省份、所属集团煤矿发生较大事故后，复工复产前，负责组织专项安全风险辨识评估。

（8）严格执行煤矿领导带班制度，下井过程中跟踪带班区域重大安全风险管控措施落实情况，排查事故隐患，记录重大安全风险管控措施落实情况和事故隐患排查情况。

B　党委书记职责

（1）矿井双重预防体系宣传教育第一责任人，对宣传教育工作负责。

（2）按照"一岗双责、党政同责"的要求，抓好矿井双重预防体系运行工作。

（3）监督落实各层级人员双重预防体系工作职责执行情况。

（4）参加矿长组织的月度安全生产风险分级管控与隐患排查治理体系工作

相关会议，持续降低事故风险。

（5）参与矿井组织的安全风险辨识评估技术和事故隐患排查治理专项培训，掌握并落实本矿重大安全风险及主要管控措施。

（6）严格执行煤矿领导带班制度，下井过程中跟踪带班区域重大安全风险管控措施落实情况，排查事故隐患，记录重大安全风险管控措施落实情况和事故隐患排查情况。

C 安全副矿长职责

（1）负责配合矿长建立健全矿井双重预防体系管理制度、安全生产责任制、岗位安全操作规程等制度，负责建立预报预警机制，并做好监督落实。

（2）协助矿长组织开展年度安全风险评估工作，牵头编制年度安全风险辨识评估报告和年度事故隐患排查计划、隐患排查标准数据库，根据辨识结果指导下一年度应急救援预案的编制和安全培训计划。

（3）协助矿长每月组织对重大安全风险管控措施落实情况、管控效果及覆盖生产各系统、各岗位的事故隐患排查，负责监督重大安全风险管控措施和重大隐患整改方案落实情况。

（4）负责外委单位安全管理协议的签订，明确各方的风险管控与事故隐患治理责任。

（5）负责矿井重大安全风险和重大安全隐患的公告，监督落实涉及重大安全风险和事故隐患治理资金投入。

（6）协助矿长组织实施双重预防体系培训教育工作和信息系统管理工作，参与矿井组织的安全风险辨识评估技术和事故隐患排查治理专项培训，掌握并落实本矿重大安全风险及主要管控措施。

（7）严格执行煤矿领导带班制度，下井过程中跟踪带班区域重大安全风险管控措施落实情况，排查事故隐患，记录重大安全风险管控措施落实情况和事故隐患排查情况。

D 总工程师职责

（1）分管通风、地质灾害防治与测量等方面在双重预防体系运行的具体工作，负责编制分管范围内重大安全风险的专项应急预案。

（2）负责对新水平、新采（盘）区、新工作面设计前，重大灾害因素等发生重大变化时，启封密闭、排放瓦斯、反风演习、掘进工作面贯通前，过构造带及石门揭煤等高危作业实施前，新技术、新工艺、新设备、新材料试验或推广应用前，有关法律、法规和标准修改后，组织开展专项辨识评估，并根据存在的安全风险制定清单和管控措施，保证重大安全风险管控措施落实到位。

（3）参与矿长组织的年度安全风险评估工作，根据辨识结果指导专业科室完善灾害预防处理计划，参与矿井组织的安全风险辨识评估技术和事故隐患排查治理专项培训，掌握并落实分管系统重大安全风险及主要管控措施。

（4）参加矿长每月组织对重大安全风险管控措施落实情况、管控效果及覆盖生产各系统、各岗位的事故隐患排查会议，严格落实安排工作。

（5）负责每半月组织一次相关人员对覆盖分管范围的重大安全风险管控措施落实情况、管控效果和事故隐患进行分析。

（6）严格执行煤矿领导带班制度，下井过程中跟踪带班区域重大安全风险管控措施落实情况，排查事故隐患，记录重大安全风险管控措施落实情况和事故隐患排查情况。

　　E　生产副矿长职责

（1）分管采煤、掘进、巷修等方面在双重预防体系运行的具体工作，负责编制分管范围内重大安全风险的专项应急预案。

（2）生产系统、生产工艺发生重大变化时，工作面通过空巷（采空区）、采煤工作面初采和收尾，新技术、新工艺、新设备、新材料试验或推广应用前，有关法律、法规和标准修改后，组织开展专项辨识评估。

（3）负责每半月组织一次相关人员对覆盖分管范围的重大安全风险管控措施落实情况、管控效果和事故隐患进行分析。

（4）参与矿长组织的年度安全风险评估工作，根据辨识结果指导专业科室完善生产作业计划，参与矿井组织的安全风险辨识评估技术和事故隐患排查治理专项培训，掌握并落实分管系统重大安全风险及主要管控措施。

（5）参加矿长每月组织对重大安全风险管控措施落实情况、管控效果及覆盖生产各系统、各岗位的事故隐患排查会议，严格落实安排工作。

（6）严格执行煤矿领导带班制度，下井过程中跟踪带班区域重大安全风险管控措施落实情况，排查事故隐患，记录重大安全风险管控措施落实情况和事故隐患排查情况。

　　F　开拓副矿长职责

（1）分管开拓、建设项目等方面在双重预防体系运行的具体工作，协助生产副矿长组织开展生产系统、生产工艺发生重大变化时，新技术、新工艺、新设备、新材料试验或推广应用前专项辨识评估。负责编制分管范围内重大安全风险的专项应急预案。

（2）负责协助生产副矿长每半月组织一次相关人员对覆盖分管范围的重大安全风险管控措施落实情况、管控效果和事故隐患进行分析。

（3）参与矿长组织的年度安全风险评估工作，根据辨识结果指导专业科室完善生产作业计划。参与矿井组织的安全风险辨识评估技术和事故隐患排查治理专项培训，掌握并落实分管系统重大安全风险及主要管控措施。

（4）参加矿长每月组织对重大安全风险管控措施落实情况、管控效果及覆盖生产各系统、各岗位的事故隐患排查会议，严格落实安排工作。

（5）严格执行煤矿领导带班制度，下井过程中跟踪带班区域重大安全风险管控措施落实情况，排查事故隐患，记录重大安全风险管控措施落实情况和事故隐患排查情况。

G 防突副矿长职责

（1）分管防突等方面在双重预防体系运行的具体工作，负责编制分管范围内重大安全风险的专项应急预案。

（2）重大灾害因素发生重大变化时，启封密闭、排放瓦斯、反风演习、掘进工作面贯通前，过构造带及石门揭煤等高危作业实施前，新技术、新工艺、新设备、新材料试验或推广应用前，有关法律、法规和标准修改后，负责协助总工程师组织开展专项辨识评估和排查。

（3）负责协助总工程师每半月组织一次相关人员对覆盖分管范围的重大安全风险管控措施落实情况、管控效果和事故隐患进行分析。

（4）参与矿长组织的年度安全风险评估工作，根据辨识结果指导专业科室完善生产作业计划和灾害预防处理计划。参与矿井组织的安全风险辨识评估技术和事故隐患排查治理专项培训，掌握并落实分管系统重大安全风险及主要管控措施。

（5）参加矿长每月组织对重大安全风险管控措施落实情况、管控效果及覆盖生产各系统、各岗位的事故隐患排查会议，严格落实安排工作。

（6）严格执行煤矿领导带班制度，下井过程中跟踪带班区域重大安全风险管控措施落实情况，排查事故隐患，记录重大安全风险管控措施落实情况和事故隐患排查情况。

H 机电副矿长职责

（1）分管机电运输、环保管理等方面在双重预防体系运行的具体工作，负责编制分管范围内重大安全风险的专项应急预案。

（2）矿井主要设施设备发生重大变化时，更换大型设备、综采工作面安装回撤、新技术、新工艺、新设备、新材料试验或推广应用前，有关法律、法规和标准修改后，负责组织开展专项辨识评估。

（3）负责每半月组织一次相关人员对覆盖分管范围的重大安全风险管控措施落实情况、管控效果和事故隐患进行分析。

（4）参与矿长组织的年度安全风险评估工作，根据辨识结果指导专业科室完善生产作业计划和灾害预防处理计划。参与矿井组织的安全风险辨识评估技术和事故隐患排查治理专项培训，掌握并落实分管系统重大安全风险及主要管控措施。

（5）参加矿长每月组织对重大安全风险管控措施落实情况、管控效果及覆盖生产各系统、各岗位的事故隐患排查会议，严格落实安排工作。

（6）严格执行煤矿领导带班制度，下井过程中跟踪带班区域重大安全风险管控措施落实情况，排查事故隐患，记录重大安全风险管控措施落实情况和事故隐患排查情况。

I　总会计师职责

（1）负责矿井重大安全风险及事故隐患排查治理涉及整改所需资金投入的工作。有关法律、法规和标准修改后及时组织专项辨识评估。

（2）参与矿长组织的年度安全风险评估工作，根据辨识结果指导专业科室完善生产作业计划和灾害预防处理计划。参与矿井组织的安全风险辨识评估技术和事故隐患排查治理专项培训，掌握并落实分管系统重大安全风险及主要管控措施。

（3）参加矿长每月组织对重大安全风险管控措施落实情况、管控效果及覆盖生产各系统、各岗位的事故隐患排查会议，严格落实安排工作。

（4）严格执行煤矿领导带班制度，下井过程中跟踪带班区域重大安全风险管控措施落实情况，排查事故隐患，记录重大安全风险管控措施落实情况和事故隐患排查情况。

J　纪委书记、工会主席职责

（1）参加矿长组织开展的年度安全风险辨识评估工作及月度重大安全风险检查分析会议和综合隐患排查会议。

（2）协助党委书记监督落实各层级人员双重预防体系工作职责执行情况。

（3）配合矿长、党委书记协查举报的重大安全风险、重大安全隐患等，接到举报进行核查处理。

（4）参与矿井组织的安全风险辨识评估技术和事故隐患排查治理专项培训，掌握并落实分管系统重大安全风险及主要管控措施。

（5）严格执行煤矿领导带班制度，下井过程中跟踪带班区域重大安全风险管控措施落实情况，排查事故隐患，记录重大安全风险管控措施落实情况和事故隐患排查情况。

K　副总师职责

（1）地测防治水副总工程师职责。

1）协助总工程师做好地质灾害防治与测量方面在双控预防体系运行中的具体工作。

2）参与矿长组织的年度安全风险评估工作，参与矿井组织的安全风险辨识评估技术和事故隐患排查治理专项培训，掌握并落实分管系统重大安全风险及主要管控措施。

3）参加矿长每月组织对重大安全风险管控措施落实情况、管控效果及覆盖生产各系统、各岗位的事故隐患排查会议，严格落实安排工作。

4）参加分管领导每半月组织对覆盖分管范围的重大安全风险管控措施落实情况、管控效果和事故隐患的分析活动。

5）严格执行煤矿领导带班制度，现场跟踪重大安全风险管控措施及事故隐患整改落实情况，发现问题安排相关人员及时整改。

（2）生产副总工程师职责。

1）协助生产副矿长做好采煤、掘进系统在双控预防体系运行中的具体工作。

2）参与矿长组织的年度安全风险评估工作，参与矿井组织的安全风险辨识评估技术和事故隐患排查治理专项培训，掌握并落实分管系统重大安全风险及主要管控措施。

3）参加矿长每月组织对重大安全风险管控措施落实情况、管控效果及覆盖生产各系统、各岗位的事故隐患排查会议，严格落实安排工作。

4）参加分管领导每半月组织对覆盖分管范围的重大安全风险管控措施落实情况、管控效果和事故隐患的分析活动。

5）严格执行煤矿领导带班制度，现场跟踪重大安全风险管控措施及事故隐患整改落实情况，发现问题安排相关人员及时整改。

（3）一通三防副总工程师职责。

1）协助总工程师、防突副矿长做好通风、防突方面在双控预防体系运行中的具体工作；重点做好瓦斯、火灾、煤尘管理在双控预防体系运行中的具体工作。

2）参与矿长组织的年度安全风险评估工作，参与矿井组织的安全风险辨识评估技术和事故隐患排查治理专项培训，掌握并落实分管系统重大安全风险及主要管控措施。

3）参加矿长每月组织对重大安全风险管控措施落实情况、管控效果及覆盖生产各系统、各岗位的事故隐患排查会议，严格落实安排工作。

4）参加分管领导每半月组织对覆盖分管范围的重大安全风险管控措施落实情况、管控效果和事故隐患的分析活动。

5）严格执行煤矿领导带班制度，现场跟踪重大安全风险管控措施及事故隐患整改落实情况，发现问题安排相关人员及时整改。

（4）安全副总工程师职责。

1）协助分管领导做好矿井双控预防体系运行中的具体工作。

2）协助分管矿长、矿长组织的年度安全风险评估工作，参与矿井组织的安全风险辨识评估技术和事故隐患排查治理专项培训，掌握并落实分管系统重大安全风险及主要管控措施。

3）协助分管矿长、矿长每月组织对重大安全风险管控措施落实情况、管控效果及覆盖生产各系统、各岗位的事故隐患排查会议，严格落实安排工作。

4）严格执行煤矿领导带班制度，现场跟踪重大安全风险管控措施及事故隐患整改落实情况，发现问题安排相关人员及时整改。

（5）副总经济师职责。

1）协助分管领导做好分管范围在双控预防体系运行中的具体工作。

2）参与矿长组织的年度安全风险评估工作，参与矿井组织的安全风险辨识评估技术和事故隐患排查治理专项培训，掌握并落实分管系统重大安全风险及主要管控措施。

3）参加矿长每月组织对重大安全风险管控措施落实情况、管控效果及覆盖生产各系统、各岗位的事故隐患排查会议，严格落实安排工作。

L　业务部门职责

（1）参与矿长组织的年度安全风险评估工作，参与矿井组织的安全风险辨识评估技术和事故隐患排查治理专项培训，掌握并落实分管系统重大安全风险及主要管控措施。

（2）参加矿长每月组织对重大安全风险管控措施落实情况、管控效果及覆盖生产各系统、各岗位的事故隐患排查会议，严格落实安排工作。

（3）参加分管领导每半月组织对覆盖分管范围的重大安全风险管控措施落实情况、管控效果和事故隐患的分析活动。

（4）参与矿井月度、每半月事故隐患排查治理工作；每天安排管理、技术人员对作业区域分管业务开展事故隐患排查治理工作。

（5）参与矿长组织制定重大事故隐患治理方案，建立跟踪落实台账，建档管理。

（6）参与分管领导组织的专项排查，并形成排查报告。

（7）全过程参与、组织、协调和推进分管范围内安全风险分级管控和隐患排查治理体系运行工作。

M　基层区队职责

（1）各基层单位负责人是本单位体系建设第一责任人，负责落实上级、矿井双重预防体系管理制度。组织开展本单位的安全风险辨识评估、管控措施学习执行、隐患排查治理整改效果的资料整理、考核等各项工作。

（2）跟班队长、班组长是本班组体系建设第一责任人，负责组织做好日常各岗位风险辨识评估及管控措施的执行落实、隐患排查治理等各项工作。

（3）在重大安全风险区域作业的区队长、班组长掌握并落实该区域重大安全风险及相应的管控措施；区队长、班组长组织作业时对管控措施落实情况进行现场确认。

（4）职工为本岗位双重预防体系管控措施落实直接责任人，负责做好本岗位安全风险辨识评估，掌握本岗位安全风险及管控措施并严格执行落实，工作中随时做好事故隐患排查治理工作。

7.3.1.3　教育培训

加强双重预防体系建设教育和技能培训，确保管理层和每名员工都掌握安全风险、隐患排查的基本情况及防范、应急措施。人力资源科（培训）负责将双重预防体系建设纳入全员日常培训范围，负责制定落实培训计划，健全培训档案。

7.3.1.4　安全风险警示标识

各风险点的责任单位，按照有关规定和作业场所的安全风险特点，在有重大风险的作业场所和有关设备、设施上设置明显的、符合相关规定要求的安全警示标识。

7.3.1.5　双重预防体系过程管控

矿井、系统、区队、班组、岗位以风险点为基本单元，对照安全风险管控清单开展安全风险管控效果检查分析和隐患排查工作。检查分析安全风险管控措施落实情况，开展隐患排查；补充完善安全风险管控清单和隐患清单，对新增风险采取临时风险管控措施。

7.3.2　安全风险分级管控

安全风险分级管控是指在安全生产过程中，针对各系统、各环节可能存在的安全风险、危害因素以及重大危险源，进行超前辨识、分析评估、分级管控的管理措施。

7.3.2.1　安全风险分级

安全风险是指发生危险事件和危害暴露的可能性，与随之引发的人身伤害或健康损害或财产损失或环境破坏的严重性的组合。从高到低依次划分为重大风险、较大风险、一般风险和低风险4个等级，并分别采用红、橙、黄、蓝四种颜色标示。风险点的级别确定一般是按照风险点各危险源评价出的最高风险级别作为该风险点的级别。

（1）重大风险/红色风险，评估属不可容许的危险；必须建立管控档案，明确不可容许的危险内容及可能触发事故的因素，采取安全措施，并制定应急措施；当风险涉及正在进行中的作业时，应暂停作业。

（2）较大风险/橙色风险，评估属高度危险；必须建立管控档案，明确高度危险内容及可能触发事故的因素，采取安全措施；当风险涉及正在进行中的作业时，应采取应急措施。

（3）一般风险/黄色风险，评估属中度危险；必须明确中度危险内容及可能触发事故的因素，综合考虑伤害的可能性并采取安全措施，完成控制管理。

（4）低风险/蓝色风险，评估属轻度危险和可容许的危险；需要跟踪监控，综合考虑伤害的可能性并采取安全措施，完成控制管理。

7.3.2.2　安全风险管控等级

煤矿安全风险管控等级分为矿井级、专业级、区队级和班组（岗位）级四个等级。

（1）矿井级，负责红色（重大风险）的管控。由矿长负责组织针对重大安全风险及管控措施制定实施方案，明确人员和资金保障；问题严重，在整改期间有可能造成事故的，由专业分管负责人组织相关业务科室编制具体的重大安全风险辨识管控方案。管控方案应当包括人员、技术、资金保障等内容，并在划定的重大安全风险区域设定作业人数上限。安全副矿长负责组织安监部门进行跟踪监督。

（2）专业级，负责橙色（较大风险）的管控。由专业分管负责人组织相关业务科室、区队进行整改，安全监察科负责跟踪监督。

（3）区队级，负责黄色（一般风险）的管控。由基层区队主要负责人组织班组、岗位进行整改。

（4）班组（岗位）级，负责蓝色（低风险）的管控。其他可以立即管控整改的问题，由班组长组织进行整改。

7.3.2.3　安全风险辨识评估

安全风险辨识范围为矿井地面、井下所有系统及生产经营活动区域和地点。

安全风险评估方法采用作业条件危险性评价法（LEC）（作业活动类）和风险矩阵法（LS）（设备设施类）。

A　作业条件危险性分析法

对于一个具有潜在危险性的作业条件，K. J. 格雷厄姆和 G. F. 金尼认为，影响危险性的主要因素有三个：

（1）发生事故或危险事件的可能性；

（2）暴露于这种危险环境的频率；

（3）事故一旦发生可能产生的后果。

用公式来表示，则为

$$D = L \times E \times C$$

式中，D 为作业条件的危险性；L 为事故或危险事件发生的可能性；E 为暴露于危险环境的频率；C 为发生事故或危险事件的可能结果。

a 发生事故或危险事件的可能性

事故或危险事件发生的可能性与其实际发生的概率相关。若用概率来表示时，绝对不可能发生的概率为 0；而必然发生的事件，其概率为 1。但在考察一个系统的危险性时，绝对不可能发生事故是不确切的，即概率为 0 的情况不确切。所以，将实际上不可能发生的情况作为"打分"的参考点，定其分数值为 0.1。

此外，在实际生产条件中，事故或危险事件发生的可能性范围非常广泛，因而人为地将完全出乎意料、极少可能发生的情况规定为 1；能预料将来某个时候会发生事故的分值规定为 10；在这两者之间再根据可能性的大小相应地确定几个中间值，如将"不常见，但仍然可能"的分值定为 3，"相当可能发生"的分值规定为 6。同样，在 0.1 与 1 之间也插入了与某种可能性对应的分值。于是，将事故或危险事件发生可能性的分值从实际上不可能的事件为 0.1，经过完全意外有极少可能的分值 1，确定到完全会被预料到的分值 10 为止（见表 7-1）。

表7-1　事故或危险事件发生可能性分值

分值	事故或危险情况发生可能性	分值	事故或危险情况发生可能性
10*	完全会被预料到	0.5	可以设想，但高度不可能
6	相当可能	0.2	极不可能
3	不经常，但可能	0.1*	实际上不可能
1*	完全意外，极少可能		

注：* 为"打分"的参考点。

b 暴露于危险环境的频率

众所周知，作业人员暴露于危险作业条件的次数越多、时间越长，则受到伤害的可能性也就越大。为此，K. J. 格雷厄姆和 G. F. 金尼规定了连续出现在潜在危险环境的暴露频率分值为 10，一年仅出现几次非常稀少的暴露频率分值为 1。以 10 和 1 为参考点，再在其区间根据在潜在危险作业条件中暴露情况进行划分，并对应地确定其分值。例如，每月暴露一次的分值定为 2，每周一次或偶然暴露的分值为 3。当然，根本不暴露的分值应为 0，但这种情况实际上是不存在的，是没有意义的，因此无须列出。关于暴露于潜在危险环境的分值见表 7-2。

表 7-2　暴露于潜在危险环境的分值

分值	出现于危险环境的情况	分值	出现于危险环境的情况
10 *	连续暴露于潜在危险环境	2	每月暴露一次
6	逐日在工作时间内暴露	1 *	每年几次出现在潜在危险环境
3	每周一次或偶然地暴露	0.5	非常罕见地暴露

注:* 为"打分"的参考点。

c　发生事故或危险事件的可能结果

造成事故或危险事故的人身伤害或物质损失可在很大范围内变化，以工伤事故而言，可以从轻微伤害到许多人死亡，其范围非常宽广。因此，K. J. 格雷厄姆和 G. F. 金尼将需要救护的轻微伤害的可能结果分值规定为 1，以此为一个基准点；而将造成许多人死亡的可能结果规定为分值 100，作为另一个参考点。在两个参考点 1~100 之间，插入相应的中间值，列出表 7-3 中可能结果的分值。

表 7-3　发生事故或危险事件可能结果的分值

分值	可能结果	分值	可能结果
100 *	大灾难，许多人死亡	7	严重，严重伤害
40	灾难，数人死亡	3	重大，致残
15	非常严重，一人死亡	1 *	引人注目，需要救护

注:* 为"打分"的参考点。

d　作业条件的危险性

确定了上述三个具有潜在危险性的作业条件的分值，并按公式进行计算，即可得危险性分值。据此，要确定其危险性程度时，则按下述标准进行评定。

由经验可知，危险性分值在 20 以下的环境属低危险性，一般可以被人们接受，这样的危险性比骑自行车通过拥挤的马路去上班之类的日常生活活动的危险性还要低。当危险性分值在 20~70 时，则需要加以注意；危险性分值 70~160 的情况时，则有明显的危险，需要采取措施进行整改；同样，根据经验，当危险性分值在 160~320 的作业条件属高度危险的作业条件，必须立即采取措施进行整改。危险性分值在 320 分以上时，则表示该作业条件极其危险，应该立即停止作业直到作业条件得到改善为止。危险性分值详见表 7-4。

表 7-4　危险性分值

分值	危险程度	分值	危险程度
>320	极其危险，不能继续作业	20~70	可能危险，需要注意
160~320	高度危险，需要立即整改	>20	稍有危险，或许可以接受
70~160	显著危险，需要整改		

作业条件危险性评价法评价人们在某种具有潜在危险的作业环境中进行作业的危险程度，该法简单易行，危险程度的级别划分比较清楚、醒目。但是，由于它主要是根据经验来确定三个因素的分数值及划定危险程度等级，因此具有一定的局限性。而且它是一种作业条件的局部评价，故不能普遍适用。此外，在具体应用时，还可根据自己的经验、具体情况适当加以修正。

B　风险矩阵法

安全风险可以表示为

$$R = L \times S$$

式中，R 为风险度；L 为危险事件发生可能性；S 为危险事件可能造成的损失。

风险矩阵图如图 7-1 所示。

风险矩阵	一般风险(III级)		较大风险(II级)		重大风险(I级)		有效类别	赋值	损失 人员伤害程度及范围	由于伤害估算的损失
低风险(IV级)	6	12	18	24	30	36	A	6	多人死亡	500万以上
	5	10	15	20	25	30	B	5	一人死亡	100万~500万之间
	4	8	12	16	20	24	C	4	多人受严重伤害	4万~100万
	3	6	9	12	15	18	D	3	一人受严重伤害	1万~4万
	2	4	6	8	10	12	E	2	一人受到伤害，需急救；或多人受轻微伤害	2000~1万
	1	2	3	4	5	6	F	1	一人受轻微伤害	0~2000
	L	K	J	I	H	G	有效类别			
	1	2	3	4	5	6	赋值			
	不可能	很少	低可能	可能发生	能发生	有时发生	发生的可能性			
	估计从不发生	10年以上可能发生一次	10年内可能发生一次	5年内可能发生一次	每年可能发生一次	1年内能发生10次或以上	发生可能性的衡量(发生频率)			
	1/100年	1/40年	1/10年	1/5年	1/1年	≥10/1年	发生频率量化			

风险值	风险等级	说明
30~36	I级	重大风险
18~25	II级	较大风险
9~16	III级	一般风险
1~8	IV级	低风险

图 7-1　风险矩阵图

矿井每年应开展一次年度安全风险辨识评估。应当针对下列内容开展全面安全风险辨识：（1）生产工艺和生产技术；（2）普通设备设施和特种设备，能源隔离、机械防护等涉及安全生产的设备设施及其检验检测情况；（3）建筑物、易燃易爆和有毒有害生产经营环境，以及与生产经营相关相邻的作业环境、场所和气象条件；（4）从业人员的健康状况、安全防护状况和安全作业行为；安全生产责任制、操作规程、教育培训、现场作业、应急救援等安全生产管理制度的制定和落实情况。

出现下列情况时，矿井应进行一次专项安全风险辨识评估：（1）新水平、新采（盘）区、新工作面设计前；（2）生产系统、生产工艺、主要设施设备、重大灾害因素（露天煤矿爆破参数、边坡参数）等发生重大变化时；（3）启封密闭、排放瓦斯、反风演习、工作面通过空巷（采空区）、更换大型设备、采煤工作面初采和收尾、综采工作面安装回撤、掘进工作面贯通前，过构造带及石门揭煤等高危作业实施前，新技术、新工艺、新设备、新材料试验或推广应用前，连续停工停产1个月以上的煤矿复工复产前；（4）本矿发生死亡事故或涉险事故、出现重大事故隐患，全国煤矿发生重特大事故，或者所在省份、所属集团煤矿发生较大事故后；（5）有关法律、法规和标准修改后。

安全风险辨识评估结果的报送应符合以下规定：（1）专项评估结果2天内经有关领导审核后报送安全监察科，同时上传河南省双重预防体系信息管理系统；（2）矿井年度辨识评估得出的重大安全风险清单及其管控措施经矿长审核后，报送属地安全监管部门和驻地煤监机构。

安全风险辨识评估结果的应用应符合以下规定：（1）将辨识评估结果应用于确定下一年度安全生产工作重点，《煤矿重大安全风险管控方案》对下一年度生产计划、灾害预防和处理计划、应急救援预案、安全培训计划、安全费用提取和使用计划等提出意见；（2）矿井专项安全风险辨识结果应用于指导修订完善设计方案、作业规程、操作规程、安全技术措施，完善设计方案，指导生产工艺选择、生产系统布置、设备选型、劳动组织确定等。

7.3.2.4　安全风险管控

A　矿井年度安全风险管控

（1）由矿长组织制定相应的管控措施，有效防范和化解重大风险。

（2）矿井每月重大安全风险管控。由矿长每月组织对重大安全风险管控措施落实情况和管控效果进行排查，带班期间应跟踪管控措施落实情况。针对管控过程中出现的问题调整完善管控措施，并结合年度和专项安全风险辨识评估结果，布置月度安全风险辨识管控重点，明确责任分工。

（3）有重大安全风险的区域设定作业人数上限，人数应符合有关限员规定，入口显著位置悬挂限员牌板。

（4）每年组织对重大安全风险管控措施落实情况和管控效果进行总结分析，指导下一年度安全风险管控工作。

B　专业安全风险分级管控

（1）矿井分管负责人每半月组织对分管范围内月度安全风险辨识管控重点、

专业较大及以上安全风险管控情况进行一次检查分析，带班期间，重点检查管控措施落实情况，改进完善管控措施。

（2）分管负责人、副总工程师、科室负责人、专业技术人员掌握相关范围的重大安全风险及管控措施。

C　区队安全风险管控

（1）各区队每旬开展一次全面安全检查（可与隐患排查一起进行），检查风险管控措施落实情况；跟班干部每班对生产现场开展一次全面安全检查，检查风险管控措施落实情况（可与跟班队长现场交接班记录合并）；根据月度生产作业计划或施工状态转换后要及时对新增风险采取临时风险管控措施，2天内上报业务科室，业务科室2天内报安全监察科。

（2）班组（岗位）安全风险管控。基层区队班组长每班组织对作业环境和重点工序进行安全巡查，各岗位作业人员在作业过程中随时对岗位作业条件进行安全检查，重点检查风险管控措施落实情况（可与班组、岗位隐患排查清单合并）。对新增风险采取临时风险管控措施，由班组长或跟班队长负责上报区队值班人员，区队要建立登记汇总台账。

7.3.2.5　安全风险管理

安全风险教育培训应符合以下要求：

（1）年度辨识评估完成后1个月内对入井（坑）人员进行安全风险管控培训，内容包括重大安全风险清单、与本岗位相关的重大安全风险管控措施，且不少于2学时。具体由人力资源科（培训）负责。

（2）专项辨识评估完成后1周内，由区队负责对相关作业人员开展培训，相关科室负责落实，安全监察科负责监督。

（3）年度风险辨识评估前组织对矿长和分管负责人等参与安全风险辨识评估工作的人员开展1次安全风险辨识评估技术培训，且不少于4学时。具体由人力资源科（培训）、安全监察科负责。

（4）岗位风险培训，由矿井培训部门制定培训计划，内容应包括：双重预防体系的基本知识、年度和专项辨识评估结果、与本岗位相关的安全风险清单及风险管控措施。通过培训使从业人员掌握本岗位危险源辨识、风险分析、风险评价、风险管控、隐患排查治理的知识和技能。

安全风险的公告应符合以下规定：

（1）岗位安全风险告知卡。应在有安全风险的工作岗位设置岗位安全风险告知卡，告知从业人员本岗位存在的主要危险危害因素、后果、事故预防、风险管控措施、应急措施、应急电话等信息。

（2）重大安全风险、重大安全隐患公告栏。在醒目位置公示重大风险和重大隐患，存在重大风险的区域公示告知重大风险；重大风险公示风险点、风险描述、主要管控措施、管控责任人等；重大隐患公示风险点、隐患描述、主要治理措施、责任人、治理时限等。

（3）公告内容发生变化时，相关单位负责及时更新，使在风险场所的全体作业人员了解和掌握本区域风险的基本情况，做到自觉遵守，相互监督。

安全风险分级管控采用河南省双重预防信息管理系统实现安全风险管控、隐患治理、统计分析、风险预警、数据上报等全过程的信息化管理。

7.3.3　事故隐患排查治理

7.3.3.1　事故隐患分级

根据事故隐患的风险大小和治理难易程度分为：重大事故隐患、一般事故隐患。

（1）重大事故隐患：根据危害程度严重和整改难度大小，重大事故隐患分为 A、B 两级。

1）A 级重大事故隐患是指生产施工作业现场或系统存在不立即处置会导致生产安全事故发生的隐患。

2）B 级重大事故隐患是指生产施工作业活动中存在不处置会导致生产安全事故发生的隐患。

（2）一般事故隐患：根据危害程度严重和整改难度大小，一般事故隐患分为 C、D 两级。

1）C 级一般隐患：危害和整改难度较大，有一定的整改难度，整改需要一定的时间，又构不成重大隐患的隐患。

2）D 级一般隐患：有一定的危害和整改难度，发现后能在整改时间内完成整改的隐患。

事故隐患等级的认定应符合以下认定标准。

A　重大事故隐患认定标准依据

（1）《煤矿重大生产安全事故隐患判定标准》（原国家安全生产监督管理总局令第 85 号）；

（2）《煤矿生产事故隐患排查治理制度建设指南（试行）》和《煤矿重大事故隐患治理督办制度建设指南（试行）》（安监总厅煤行〔2015〕116 号）

（3）《河南能源化工集团煤矿重大隐患认定标准清单（试行办法）的通知》（河南能源〔2016〕660 号）；

（4）上级部门颁布的其他认定标准。

B　一般事故隐患认定标准

除重大事故隐患认定以外的其他隐患均属一般事故隐患范畴。

7.3.3.2 事故隐患排查周期

（1）每月召开综合事故隐患排查会议前，由矿长提前组织召开隐患排查工作方案会议，结合重大安全风险管控方案和当前存在的突出问题，制定事故隐患排查工作方案。排查方案体现"五明确"（排查时间、方式、范围、内容和参加人员）的要求，参加排查人员严格按照工作方案要求进行排查。

（2）每月下旬由矿长组织，分管矿长、副总及各科室、区队主要负责人和职工代表参加，对重大安全风险管控措施进行落实，并对各系统、岗位进行隐患排查。

（3）排查出的隐患由安全监察科建立台账，并安排人员做好隐患的督办及验收。同时，建立矿井重大事故隐患管理台账，对重大事故隐患进行跟踪管理。

（4）安全监察科将所排查出的事故隐患向全矿各单位公布。另外，安全监察科负责将重大事故隐患主要内容、治理时限、责任人员及停工停产范围等内容在井口大屏向从业人员通报。

（5）各系统事故隐患排查由分管副矿长主持，分管副总、相关业务科室人员、区队有关人员及时参加，每半月开展1次，后半月的隐患排查会议可与矿井隐患排查会议一并召开，对分管范围内的重大安全风险管控措施进行落实，并对系统内、岗位进行隐患排查。

（6）排查出的事故隐患由组织科室建立台账，并安排人员做好事故隐患的督办及验收。同时，建立专业重大事故隐患管理台账，对系统内的重大事故隐患进行跟踪管理。

（7）领导带班下井过程中跟踪带班区域重大安全风险管控措施落实情况，排查事故隐患，记录重大安全风险管控措施落实情况和事故隐患排查情况。

（8）区队每旬定期召开一次班组长以上管理人员参加的安全生产分析会，分析上级部门、矿领导及科室涉及本区队的安全风险措施管控及事故隐患整改情况，排查本区队作业区域内的安全风险管控措施不到位而造成的隐患，建立事故隐患台账并制定整改措施。

（9）班组在每班开始作业前，由当班班组长按照交接班记录本内容对所辖范围内的安全状况进行全面排查。班中现场安全条件变化时，班组长要随时开展针对性的安全检查，并做好现场记录。

（10）岗位人员事故隐患排查。固定岗位人员上岗作业前，必须对照交接班记录本进行一次全面排查和安全确认，班中按规定进行巡检排查事故隐患，并做好现场记录。

（11）生产期间，各科室、区队管理技术人员和安监员对井下作业区域进行隐患排查，并督促区队及时整改。

出现下列情况时，应当及时进行专项事故隐患排查。

（1）有关安全生产法律、法规、规章、标准、规程发布或者修改；

（2）新建、改建、扩建项目；

（3）周边环境、作业条件、设备设施、工艺技术及工艺参数发生改变；

（4）复工复产、发生事故或险情；

（5）汛期、冬季冷冻、极端或者异常天气、重大节假日、大型活动；

（6）其他应当进行专项排查的情况。

7.3.3.3　事故隐患的登记上报

（1）安全监察科、业务科室、区队分别建立矿井、专业和本单位隐患排查治理台账和上级检查隐患排查治理台账（安全监察科台账包括上级挂牌督办隐患台账）。事故隐患排查治理管理台账应包括事故隐患地点、责任单位、隐患内容、检查人、检查时间、整改措施、限改时间、整改负责人、复查时间、复查情况、复查人等。

（2）重大隐患发现后及时向当地煤矿安全监管监察部门及焦煤公司书面报告，并建立重大事故隐患信息档案。上报的重大事故隐患信息应当包括以下内容：1）隐患的基本情况和产生原因；2）隐患危害程度、波及范围和治理难易程度；3）需要停产治理的区域；4）发现隐患后采取的安全措施。

7.3.3.4　事故隐患治理

事故隐患实行分级治理。

（1）重大隐患审核实行"双把关"。各分管科室由分管副矿长及时组织对排查出的重大事故隐患进行审核，重点对隐患内容的描述、定性的准确性、整改措施和整改时间进行把关，并经安全副矿长和矿长审定签字后上报焦煤公司分管业务部室；焦煤公司业务部室分管领导审定后报送安全部。

（2）重大事故隐患由矿长组织按照责任、措施、资金、时限、预案"五落实"原则，组织制定专项治理方案，并实施治理。隐患治理完成后，由分管科室牵头组织验收，经区队负责人、分管科室、安全监察科、分管领导签字，报矿长审核签字，报安全监察科存档备案，报请焦煤公司业务主管部门对隐患治理情况进行复查。

上报的重大事故隐患治理方案应当包括以下内容：1）治理的目标和任务；2）治理的方法和措施；3）落实的经费和物资；4）治理的责任单位和责任人员；5）治理的时限、进度安排和停产区域；6）采取的安全防护措施和制定的应急预案；7）复查工作要求和安排；8）其他需要明确的事项。

（3）各级人员在发现重大事故隐患时，要立即组织现场人员停止作业活动并撤离危险区域，同时要通知调度室，调度室立即通知受威胁区域内的所有人员停止作业活动并撤离到安全地点。

（4）能够立即治理完成的事故隐患由班组负责现场立即治理，隐患治理完成后，区队负责对隐患治理完成情况进行复查。

（5）不能立即治理的事故隐患，应按照"五定"原则进行组织实施，并签字存档备查。

矿井各生产组织单位对所排查出的事故隐患要有相对应的安全技术措施，并落实到位，当班能够立即治理完成的隐患，安全技术措施可以采取口头告知的形式；对治理过程危险性较大的事故隐患（指可能危及治理人员及接近治理区人员安全，如爆炸、人员坠落、坠物、冒顶、电击、机械伤人等）由区队或专业科室协助及时组织整改，编制针对性措施，治理过程中现场要有专人指挥施工，并设置警示标志，安监员现场监督。

7.3.3.5　事故隐患监督管理

事故隐患的治理督办按以下规定执行：

（1）安全监察科是矿事故隐患治理的督办科室，安全监察科科长是第一责任人，各业务主管科室科长是各分管专业事故隐患治理督办的第一责任人，各区队主要负责人是本区队事故隐患治理督办的第一责任人，应切实履行好治理督办责任。

（2）督办升级：对不能按时完成治理的事故隐患，及时按规定由上一级单位（部门）和人员实施督办，加大治理的督促力度。事故隐患治理完成后，相应的验收责任单位应当及时对事故隐患治理结果进行验收，验收合格后解除督办、予以销号。

（3）挂牌督办的重大事故隐患，要在井口挂牌公布，挂牌公布内容包括：检查时间、隐患等级、隐患地点、隐患内容、整改方案、停工停产范围、整改期限、资金、挂牌整改责任人（包括矿井主要负责人、分管矿领导、科室负责人、落实整改单位及责任人）。安全监察科及相关科室要经常督促有关隐患责任人落实各项防范措施，对重大事故隐患的治理情况进行监控并跟踪落实，及时掌握重大隐患整改进度，督促有关责任人按整改方案对重大事故隐患进行治理，彻底消除重大事故隐患。

事故隐患治理完成后的验收销号按以下规定执行：

（1）矿各专业科室、区队分别建立矿井、专业和本单位事故隐患排查治理台账（安全监察科台账包括上级挂牌督办事故隐患台账）。根据台账事故隐患内容跟踪治理，必须按照"谁验收、谁复查、谁签字、谁负责"的原则逐项整改销号。

（2）安全监管职责的部门和煤矿安全监察机构检查发现的事故隐患，完成治理后，以书面报告报送。

每月 5 日前将月度事故隐患排查治理情况在井口电子显示屏进行公示，向全矿从业人员通报事故隐患排查治理情况。任何单位和个人发现重大事故隐患和严重不安全行为，均有权向矿工会、安监、纪检和有关业务部门报告。受理部门接到报告后，应当及时组织核实。

7.3.3.6　事故隐患治理保障措施

安全生产过程中查出的一般事故隐患、重大事故隐患及时录入到主动预防型信息管理系统和河南省双重预防信息管理系统，各区队、业务科室录入的隐患必须按照时间节点及时整改、复查和销号。

（1）区队、班组和岗位人员对所排查出的主要隐患或当班未整改完毕的隐患，建立登记台账。区队、班组和岗位人员所查的当班整改的隐患原则上只在现场记录本上做记录，不需作"五落实"要求和上传主动预防型安全信息化管理系统和河南省双重预防信息管理系统。

（2）各级排查或检查发现的事故隐患（原则上当班立即整改的除外），要于 2 天内录入主动预防型安全信息化管理系统和河南省双重预防信息管理系统。

矿长每月组织召开事故隐患排查治理会议，分析重大安全风险管控情况、事故隐患产生的原因。编制《月度事故隐患统计分析报告》，安排下月安全风险管控重点，提出预防事故隐患的措施。

矿井建立安全生产费用提取、使用制度，确保事故隐患排查治理工作资金有保障。依据《安全生产法》和国家安监总局《高危行业企业安全生产费用财务管理暂行办法》提取费用的规定，并严格按照《赵固二矿事故隐患排查治理资金使用专项制度》执行和落实。

事故隐患排查治理的专项培训应符合以下规定：

（1）每年至少组织矿长、分管副矿长、副总工程师及安全、采掘、机电运输、通风、地质灾害防治与测量等科室相关人员和区队管理人员进行 1 次事故隐患排查治理专项培训，且不少于 4 学时。

（2）每年至少对入井岗位人员进行 1 次事故隐患排查治理基本技能培训，包括事故隐患排查方法、治理流程和要求、所在区队作业区域常见事故隐患的识别，且不少于 2 学时。

7.3.4　双重预防体系的奖惩

为进一步落实各级人员安全生产责任，进一步做好矿井安全风险分级管控和隐患排查治理双重预防体系，有效控制生产过程中的各类风险，及时消除隐患，防范各类事故的发生。本矿范围内负有双重预防体系监督管理的个人和单位，因未履行或未完全履行职责的，均应按本规定追究有关责任人的责任。

风险隐患管理的奖惩实行自纠免责原则。科室、区队在双重预防体系运行过程中查出的问题，已整改落实或已制定安全、技术、组织实施，纳入整改程序限期整改落实的，不予进行追究。双重预防体系的责任追究按以下规定执行。

（1）上一级负责管控的风险，下一级必须同时负责管控，上一级可以提级管控下一级风险，凡无故降级管控或未管控的，视风险等级对责任单位负责人扣减薪酬200～500元。

（2）重大安全风险管控措施未在现场执行或执行不到位的，对相关责任人及责任单位负责人扣减薪酬200元/次；重大安全风险管控措施落实不到位造成重大事故隐患的，对直接责任人、责任单位有关责任人扣减薪酬1000～3000元，对分管科室负责人扣减薪酬500～1000元。

（3）上级检查出的重大隐患要倒追安全风险评估不到位责任，对责任单位有关责任人扣减薪酬1000元，对分管科室负责人扣减薪酬500元。

（4）较大安全风险管控措施未在现场执行或执行不到位的，对相关责任人及责任单位负责人扣减薪酬200元/次；较大安全风险管控措施落实不到位造成典型一般事故隐患的，视情节轻重，对直接责任人扣减薪酬200～500元；对责任单位有关管理人员及分管科室负责人扣减薪酬200～500元。

（5）重大安全风险未制定管控方案进行管控或方案制定不合理、敷衍塞责的，对直接责任人扣减薪酬200～500元，对分管科室负责人扣减薪酬100～300元。

（6）年度辨识结果未应用或应用不到位的，对分管科室负责人扣减薪酬100～300元。

（7）现场未悬挂重大安全风险管控牌板，重大安全风险的区域未设定作业人数上限，人数不符合有关限员规定，未悬挂限员牌板的，对责任单位主要负责人扣减薪酬200元。

（8）重大安全风险管控措施未实施专项资金使用管理的，对有关科室主要负责人扣减薪酬100～300元/项。

（9）重大安全风险未按规定流程销号的，对责任单位主要负责人扣减薪酬200元。

（10）一般风险管控措施未在现场执行、执行不到位或风险管控不到位造成隐患的，对相关责任人员及责任单位负责人扣减薪酬100元/次。

（11）未按规定组织开展专项辨识评估、未及时组织每半月对本专业较大及以上安全风险进行检查分析的，辨识结果未应用、应用不到位的，未补充或调整《重大安全风险管控方案》的，对分管副职扣双基分1分，对分管科室负责人扣减薪酬 500 元。

（12）未按时间节点将辨识评估的风险上传"河南省煤矿双重预防体系信息管理系统"，或未按规定补充风险清单的，对直接责任人及相关责任人扣减薪酬 200～500 元。

（13）河南省煤矿双重预防体系信息管理系统"隐患预警"模块出现逾期隐患的，对责任单位主要负责人扣减薪酬 500 元/条，对分管副职扣减薪酬 300 元/条，对系统负责人扣减薪酬 200 元/条，对盯守人员扣减薪酬 200 元/条，被上级通报的加倍处罚。

（14）专业系统隐患排查、旬风险检查分析记录每半月最后一天录入系统，并及时闭合，否则，对责任人扣减薪酬 200 元/条，出现假闭合的，对责任人扣减薪酬 1000 元/条；专业科室每月主管及以上管理人员录入隐患不得低于规定条数，录入隐患数量不够的，对责任人扣减薪酬 100 元/条，被上级通报的加倍处罚。

（15）各区队每天上传隐患不得低于规定条数，凡出现检查类别、隐患级别、限改时间等低级错误的，对责任人扣减薪酬 200 元/条，出现假闭合的，对责任人扣减薪酬 1000 元/条。

（16）迎检提供假图纸、假数据、假资料、假整改、假报告的，被矿井查出的，对责任人扣减薪酬 500 元/次（项），被上级查出的，对责任人扣减薪酬 1000 元/次（项）。

（17）分管范围内出现应查未查、应追究未追究的典型问题，被矿或上级查出的，视情节轻重，对直接责任人、分管负责人及单位负责人扣减薪酬 200～500 元。

（18）每月 25 日前，各单位未将梳理的重大安全风险清单报送安全监察科的（经分管领导签字），对责任人扣减薪酬 200 元，给予责任单位负责人扣减薪酬 300 元。出现应梳理未梳理，应上报未上报的重大安全风险或重大安全隐患的，被领导提出的，对相关责任人及责任单位负责人扣减薪酬 300 元。

（19）"风险预警通知书"下达后，风险管控措施现场未执行、执行不到位或长期得不到好转的，视情节轻重，对责任单位负责人扣减薪酬 200～500 元/项。

（20）主要作业活动类、设备设施类风险点、重要危险源梳理有遗留，等级划分明显不合理等的，对具体工作负责人扣减薪酬 200 元，对责任单位分管负责人及单位负责人扣减薪酬 300 元，对分管科室相关责任人扣减薪酬 200 元。

（21）未按要求组织开展培训的，或开展效果差、流于形式的，对责任单位负责人扣减薪酬 500 元，抽查提问不会的，对责任人扣减薪酬 200 元/人。

（22）矿井组织考试不及格的，对责任人扣减薪酬 200 元/人，对分管负责人及责任单位负责人扣减薪酬300元/人；上级组织考试不及格的，处罚加倍。

（23）无故未参加矿井组织的培训，对责任人扣减薪酬100元/次。

（24）抽查提问双预控应知应会不会或掌握不全的，扣减薪酬100元。

（25）发现应辨未辨、应报未报的重大安全风险、较大安全风险和应查未查、应报未报、应治未治的重大事故隐患，严格按照关于印发《焦煤公司风险隐患上溯问责办法》的通知（焦煤办字〔2020〕242号）对分管矿领导进行上溯问责。

特殊情况的责任追究按以下规定执行。

（1）上级组织的安全大检查、安全生产标准化验收、"双基"检查、焦煤公司安全小分队、河南能源安全小分队检查等集中类安全检查中出现的典型问题，由安全监察科负责组织责任追究。

（2）专业检查、日常检查、上级对口部室组织专项检查等出现的典型问题，由分管科室负责组织责任追究。

（3）矿井每周一组织安全活动日检查中出现的典型问题由每组检查人员负责责任追究，并及时将责任追究结果报送安全监察科。

（4）如上级组织的调查或通报，对相关人员的处分重于本规定的，按上级意见执行；如对相关人员处分轻于本规定的，按本规定执行。

（5）重大风险失控或失控造成事故的，依据本矿相关文件之规定，追究相关人员、相关单位和领导的责任。

7.4 本章小结

本章主要对焦煤公司双重预防体系进行了构建。根据国家和河南省的有关规定，首先给出了双重预防体系建设的一般要求，并将焦煤公司的双重预防体系分为公司级和矿井（基层单位）级两级体系。分别对每一级体系的风险辨识评估、隐患排查治理、双重预防体系的奖惩等进行了分析设计。

参 考 文 献

[1] 汪刘凯, 孟祥瑞, 何叶荣, 等. 基于 CA-SEM 的煤矿安全事故风险因素结构模型 [J]. 中国安全生产科学技术, 2015, 11 (12): 150 ~ 156.

[2] 荆树伟, 温志芳, 阎俊爱. 基于 FMEA 和模糊 VIKOR 的煤炭开采企业风险识别 [J]. 工业工程, 2017, 20 (2): 91 ~ 98.

[3] 闫振国, 常心坦, 范京道, 等. 基于子图同构的煤矿通风系统高风险区域识别 [J]. 煤炭科学技术, 2018, 46 (11): 63 ~ 68.

[4] 谢国民, 单敏柱, 付华. 基于 FOA-SVM 的煤矿瓦斯爆炸风险模式识别 [J]. 控制工程, 2018, 25 (10): 1859 ~ 1864.

[5] 陈全, 陈婷. 煤矿企业危险源辨识方法的研究和应用 [J]. 煤炭技术, 2019, 38 (10): 127 ~ 129.

[6] 温廷新, 孔祥博. 基于 KPCA-GA-BP 的煤矿瓦斯爆炸风险模式识别 [J]. 安全与环境学报, 2021, 21 (1): 19 ~ 26.

[7] Debi Prasad Tripathy, Charan Kumar Ala. Identification of safety hazards in Indian underground coal mines [J]. Journal of Sustainable Mining, 2018, 17 (4): 167 ~ 238.

[8] Muhammad Athar, Azmi Mohd Shariff, Azizul Buang, et al. Review of process industry accidents analysis towards safety system improvement and sustainable process design [J]. Chemical Engineering & Technology, 2019, 42 (3): 524 ~ 538.

[9] Dimitris Boukas, Tom Kontogiannis. A system dynamics approach in modeling organizational tradeoffs in safety management [J]. Human Factors and Ergonomics in Manufacturing & Service Industries, 2019, 29 (5): 389 ~ 404.

[10] 鲁锦涛, 任利成, 戎丹, 等. 基于灰色—物元模型的煤矿瓦斯爆炸风险评估 [J]. 中国安全科学学报, 2021, 31 (2): 99 ~ 105.

[11] 靳江红, 李鑫磊, 王庆. 粉尘爆炸风险评估方法及应用研究 [J]. 中国安全科学学报, 2019, 29 (7): 164 ~ 169.

[12] 韩艳杰, 张志军, 李亚俊. 基于新型综合集成法的矿井通风系统安全评价 [J]. 中国安全生产科学技术, 2014, 10 (2): 75 ~ 80.

[13] 郭隆鑫, 李希建, 刘柱, 等. 基于融合权与集对云的煤矿安全评价及应用 [J]. 中国安全生产科学技术, 2021, 17 (2): 65 ~ 70.

[14] 郜彤, 刘传安. 基于大数据分析的煤矿安全风险预测系统研究 [J]. 煤炭工程, 2018, 50 (7): 173 ~ 176.

[15] Wang Qiaoxiu, Wang Hong, Qi Zuoqiu. An application of nonlinear fuzzy analytic hierarchy process in safety evaluation of coal mine [J]. Process Safety and Environmental Protection, 2016, 86: 78 ~ 87.

[16] Bakhtavar Ezzeddin, Samuel Yousef. Assessment of workplace accident risks in underground collieries by integrating a multi-goal cause-and-effect analysis method with MCDM sensitivity analysis [J]. Stochastic Environmental Research and Risk Assessment, 2018, 32: 3317 ~ 3332.

[17] Kasap Yasar, Subas Ela. Risk assessment of occupational groups working in open pit mining: analytic hierarchy process [J]. Journal of Sustainable Mining, 2017, 16 (2): 38~46.

[18] Mottahedi Adel, Ataei Mohammad. Fuzzy fault tree analysis for coal burst occurrence probability in underground coal mining [J]. Tunnelling and Underground Space Technology Incorporating Trenchless Technology Research, 2019, 83: 165~174.

[19] Zarei Esmaeil, Khakzad Nima, Cozzani Valerio, et al. Safety analysis of process systems using Fuzzy Bayesian Network (FBN) [J]. Journal of Loss Prevention in the Process Industries, 2019, 57: 7~16.

[20] 吴兵, 许正东, 彭燕, 等. 基于煤矿事故防范的危险源与隐患辨析 [J]. 中国煤炭, 2014, 40 (11): 102~105.

[21] 杨勇, 谷小敏, 张书林. 煤矿安全隐患实时闭环管理技术的研究 [J]. 煤矿开采, 2015, 20 (6): 115~118.

[22] 谭章禄, 王泽, 陈晓. 基于 LDA 的煤矿安全隐患主题发现研究 [J]. 中国安全科学学报, 2016, 26 (6): 123~128.

[23] 赵红泽, 何桥, 韦钊, 等. 基于全过程煤矿安全隐患排查的绩效考核研究 [J]. 煤矿安全, 2016, 47 (12): 230~233.

[24] 韦钊, 赵红泽, 何桥. 煤矿企业班组隐患排查体系研究及实践 [J]. 煤炭工程, 2017, 49 (1): 135~137, 141.

[25] 张瑞新, 李靖, 李泽荃, 等. 露天煤矿安全生产隐患排查治理分析及研究 [J]. 华北科技学院学报, 2019, 16 (1): 1~6.

[26] Luo Xiong, Yang Xiaona, Wang Weiping, et al. A novel hidden danger prediction method in cloud-based intelligent industrial production management using timeliness managing extreme learning machine [J]. China Communication, 2016, 13 (7): 74~82.

[27] Zhao Hongze, He Qiao, Zhao Wei, et al. Predicting hidden danger quantity in coal mines based on gray neural network [J]. Symmetry, 2020, 12 (4): 622.

[28] 何国家, 刘双勇, 孙彦彬. 煤矿事故隐患监控预警的理论与实践 [J]. 煤炭学报, 2009, 34 (2): 212~217.

[29] 罗大伟, 信众. 基于物联网技术的煤矿事故隐患监控系统的研究 [J]. 煤炭技术, 2013, 32 (11): 127~129.

[30] 崔超. 基于 PDA 的煤矿隐患排查系统研究 [J]. 煤矿安全, 2014, 45 (3): 224~226, 229.

[31] 曹庆贵, 张静, 孙启华, 等. 煤矿事故隐患管理与预警系统的设计与应用 [J]. 矿业安全与环保, 2016, 43 (3): 107~110, 114.

[32] 韦钊, 张瑞新, 何桥, 等. 煤矿井下隐患排查信息传输系统实验研究 [J]. 煤矿安全, 2016, 47 (4): 232~234, 237.

[33] 许俊, 田佩芳. 基于 GIS 的煤矿安全隐患排查治理综合信息管理平台设计及应用研究 [J]. 中国煤炭, 2017, 43 (1): 82~88.

[34] 原江涛, 张瑞新, 赵红泽, 等. 煤矿案例推理隐患排查治理信息系统开发及应用 [J]. 中国安全科学学报, 2018, 28 (8): 135~141.

［35］Wang Wensheng, Huang Hui. Natural disaster hidden danger recognition decision support system for coal mine［J］. Przeglad Elektrotechniczny, 2012, 88（9b）：215～218.

［36］赵作鹏，尹志民，陈金翠，等. 煤矿隐患数据挖掘模型及适用挖掘算法［J］. 煤炭科学技术，2010，38（3）：27，67～69.

［37］李仕琼. 矿井安全隐患数据挖掘模型及算法分析［J］. 煤炭技术，2013，32（12）：104～106.

［38］刘双跃，杨蕾，彭丽. 基于改进 Apriori 算法的煤矿物态隐患系统设计与应用［J］. 煤炭技术，2015，34（4）：318～320.

［39］陈运启. 数据挖掘技术在煤矿隐患管理中的应用［J］. 工矿自动化，2016，42（2）：27～30.

［40］谭章禄，陈晓，宋庆正，等. 基于文本挖掘的煤矿安全隐患分析［J］. 安全与环境学报，2017，17（4）：1262～1266.

［41］陈梓华，马占元，李敬兆. 基于 RNN 的煤矿安全隐患信息关键语义智能提取系统［J］. 煤炭工程，2021，53（3）：185～189.

［42］陈颖，陶可，刘业娇，等. 非煤矿山风险分级管控和隐患排查治理建设方法研究［J］. 工业安全与环保，2021，47（5）：55～58.

［43］姚璐，姚绒绒，马汉鹏，等. 煤矿安全生产标准化中双重预防机制重要性研究［J］. 煤炭与化工，2021，44（3）：96～99，103.

［44］张旋. 风险—隐患—事故演化规律研究及其在煤矿双预控中的应用［D］. 北京：中国矿业大学，2020.

［45］靳涛. 浅析煤矿安全双重预防机制体系的建设［J］. 内蒙古煤炭经济，2020（19）：173～174.

［46］王磊，王龙龙. 基于 BP 神经网络的煤矿企业双重预防机制运行效力评价［J］. 中国高新科技，2020（7）：54～56.

［47］Liu Quanlong, Dou Fenfen, Meng Xianfei. Building risk precontrol management systems for safety in China's underground coal mines［J］. Resources Policy, 2020（prepublish）.

［48］高晓旭，申阳阳，门鸿. 煤矿双重预防机制信息系统研究与应用［J］. 煤炭科学技术，2019，47（5）：156～161.

［49］张瑞. 肖家洼煤矿双控体系的建立及应用研究［D］. 北京：中国矿业大学，2019.

［50］郑功. 安全风险分级管控与隐患排查治理双重预防机制体系建设［J］. 化工管理，2020（34）：59～60.

［51］陈新生. 煤炭企业构建双重预防机制的实践与思考［J］. 科技创新与应用，2020（26）：184～186.

［52］张伟. 王坡煤业构建双重预防机制的实践与探索［J］. 煤炭工程，2019，51（S1）：157～160.